데이비드 이글먼의 글은 언제나 매혹적이다. 읽는 내내 한없이 빠져든다. 당신도 이 책을 집어드는 순간, 그가 써내려간 이야기 속으로 끊임없이 빠져들게 될 것이다. 게다가 그 주제가 어마무시하게 신기한 '뇌와 마음' 아닌가?

이야기는 19세기 말 정신분석가 지크문트 프로이트로 시작한다. 무의식은 우리 마음을 어떻게 만들어내는가? 무의식적인 뇌에 대한 그의 직감은 통찰로 가득했지만, 당시 뇌에 대한 이해가 부족했던 터라, 그의 이론은 과학으로 증명 가능한 영역으로 나아가진 못했다. 그로부터 120년이 지난 지금, 무의식에 대한 뇌과학적 설명은 얼마나 깊어졌을까?

데이비드 이글먼은 우리가 뇌에 대해 궁금해하는 질문들에 관해 현대 뇌과학이 가지고 있는 해답을 제시한다. 나는 세상을 어떻게 인지하고 이해하는가? 마음은 어떻게 형성되는가? 마음은 어떤 요소들에 영향을 받는가? 무엇보다도, 이 모든 마음 활동의 기저에 있는 '의식'은 어떻게 작동하는가? 이런 질문들이 흥미로운 건, 우리의 마음이 형성되는 과정이 스스로 구체적으로 인지하지 못하는 '비의식적인 과정'을 통해 이루어진다는 것! 바로 그 대목에서, 이 책은 비의식적으로 진행되는 마음의 형성 과정을 흥미로운 예제들과 적절한 비유들로 친절히 설명해준다.

우리는 '마음대로' 행동하지만, 마음이 작동하는 과정은 우리가 의식하지 못한 채 이루어진다. 그래서 더없이 신비롭다. 하지만 마음이 뇌에 담겨 있다는 걸 믿는다면, 뇌의 구조와 기능을 이해하면 마음의 본질에 조금 더 가까이 다가갈 수 있기에, 이 책은 더없이 유익하다. 뇌와 마음에 대해 평소 알고 싶은 것들을 이 책에서 흥미롭게 탐험해보길 바란다.

_정재승(KAIST 뇌인지과학과 교수)

무의식은 어떻게 나를 설계하는가

무의식은 어떻게 나를 설계하는가

나를 살리기도 망치기도 하는 머릿속 독재자

INCOGNITO

김승욱 옮김

데이비드 이글먼 지음

RHK
알에이치코리아

사람은 자신의 출발점인 부無와

자신을 완전히 에워싼

무한을 모두 보지 못한다.

_ **블레즈 파스칼,《팡세》**

주요 배역

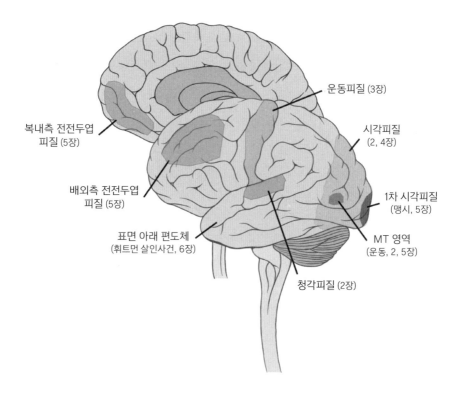

운동피질 (3장)

시각피질
(2, 4장)

복내측 전전두엽
피질 (5장)

1차 시각피질
(맹시, 5장)

배외측 전전두엽
피질 (5장)

MT 영역
(운동, 2, 5장)

표면 아래 편도체
(휘트먼 살인사건, 6장)

청각피질 (2장)

차례

1장
내 머릿속에 누가 있는데, 내가 아니야

거울 속 자신을 자세히 살펴보라. 멋지고 잘생긴 모습 뒤에, 네트워크로 이루어진 기계가 숨은 우주처럼 움직이고 있다. 정교하게 맞물린 뼈대, 튼튼한 근육망, 상당량의 특수한 액체, 서로 협업하는 내부 기관들로 이루어진 그 기계는 어둠 속에서 칙칙폭폭 열심히 움직이며 우리 생명을 유지해준다. 자가 치유 능력을 갖춘 하이테크 감각소재로 이루어진 막, 즉 우리가 피부라고 부르는 막이 이 기계를 매끈하게 덮어 보기 좋은 모양을 연출한다.

이 기계뿐만이 아니라, 뇌도 있다. 우리가 우주에서 찾아낸 것 중 가장 복잡한 소재로 이루어져 있으며 무게가 약 1.4킬로그램인 뇌는 두개골이라는 장갑 벙커 안에서 작은 통로들을 통해 신속하게 전달되는 정보를 모아 모든 작전을 주관하는 통제 센터다.

뇌는 뉴런이라고 불리는 세포와 교세포로 이루어져 있다. 이 세포들이 수천억 개나 된다. 이 세포들은 각각 도시 하나만큼 복잡하며, 그 안에 인간의 게놈 전체를 품고 있다. 수십억 개의 분자들을 복잡하고 효율적으로 교환하는 역할도 한다. 각각의 세포는 초당 최대 수백 번 다른 세포에 전기 펄스를 보낸다. 뇌에서 오가는 이 수많은 펄스들을 각각 광자로 표시한다면, 눈이 부시다 못해 멀 것 같은 광경이 만들어질 것이다.

이 세포들은 어마어마하게 복잡한 네트워크로 연결되어 있어서 인간의 언어로는 미처 표현할 수 없기 때문에 새로운 종류의 수학이 필요하다. 전형적인 뉴런은 이웃 뉴런들과 약 1만 번 접속한다. 뉴런의 수가 엄청나게 많다는 점을 감안하면, 뇌 조직 1세제곱센티미터에서 이루어지는 접속 횟수가 은하수의 별들 숫자와 맞먹는다는 결론이 나온다.

두개골 속의 이 1.4킬로그램짜리 기관, 젤리 같은 농도의 이 분홍색 기관은 우리에게 낯선 계산기다. 자체 구성이 가능한 소형 부품들로 이루어져 있으며, 우리가 꿈에서나 그려보는 모든 기계를 까마득히 앞선다. 그러니 만약 게으름을 피우고 싶어지거나 삶이 따분하게 느껴진다면, 기운 내기 바란다. 우리는 이 행성에서 가장 분주하고 가장 밝게 빛나는 존재다.

우리 이야기는 믿을 수 없을 만큼 대단하다. 우리가 아는 한, 지구상에 우리만큼 복잡한 시스템은 없다. 그래서 우리는 이 시스템의 프로그래밍 언어를 해독하는 일에 앞뒤 가리지 않고 달려들고 있다. 데스크톱 컴퓨터가 주변기기를 스스로 통제해서, 제 커버를 벗기고 웹캠의 렌즈를 그 안의 회로 쪽으로 돌린다고 상상해보라. 우리가 하는 일이 바로 그것이다.

두개골 안에서 우리가 지금까지 발견한 사실은 인류의 지성이 이룩한 가장 의미 있는 발전 중 하나로 꼽힌다. 우리가 하는 행동, 생각, 경험의 수없이 다양한 측면들이 광대하고 촉촉하며 화학물질과 전기로 움직이는 네트워크, 즉 신경계와 불가분의 관계로 묶여 있다는 사실. 이 기계는 우리에게 낯설기 그지없지만, 어쨌든 이것이 비로 우리 자신이다.

엄청난 마법

1949년 아서 앨버츠가 뉴욕주 용커스의 집에서 서아프리카 골드코스트와 팀북투 사이의 마을들로 여행을 떠났다. 아내와 동행한 그가 가져간 것은 카메라 한 대와 지프 한 대, 그리고 (음악을 사랑하기 때문에) 지프의 동력으로 움직이는 녹음기 한 대였다. 그때 그가 서구 세계의 귀를 열어주고 싶어서 녹음한 음악은 일찍이 아프리카에서 나온 가장 중요한 음악 중 하나로 꼽히게 되었다.[1] 그러나 앨버츠는 녹음기를 사용하다가 그곳 사회와 마찰을 빚게 되었다. 서아프리카 토박이 한 명이 녹음기에서 흘러나오는 자신의 목소리를 듣고, 앨버츠가 "자신의 혀를 훔쳐갔다"고 비난한 것이다. 앨버츠는 거울을 꺼내 그 남자의 혀가 고스란히 남아 있음을 납득시킨 뒤에야 간신히 주먹질을 면할 수 있었다.

그곳 주민들이 녹음기를 받아들이지 못한 이유는 어렵지 않게 알 수 있다. 목소리는 덧없어 보인다. 깃털이 가득한 봉투를 열었을 때, 산들바람에 깃털이 죄다 흩어져 결코 다시 주워 담을 수 없게 되는 것과 비슷하다. 목소리에는 무게도 냄새도 없다. 목소리를 손으로 잡을 수도 없다.

그러니 목소리가 물리적인 존재라는 말이 놀라울 수밖에 없다. 공기 중의 분자에 가해지는 아주 미세한 압력까지 감지할 만큼 예민한 기계를 만든다면, 밀도의 변화를 포착해서 나중에 재현할 수 있다. 우리는 이런 기계를 마이크로폰이라고 부른다. 현재 지구에서는 수십억 대의 라디오가 한때 다시 주워 담을 수 없다고 여겼던 깃털을 봉투에 담아 자랑스럽게 제공하고 있다. 앨버츠가 녹음한 음악을 녹음기로 다시 틀어주었을 때, 서아프리카 주민 한 명은 "엄청난 마법"이라고 말했다.

생각의 경우도 마찬가지다. 생각이란 정확히 무엇인가? 무게가 나가는 물건 같지는 않다. 말로 표현하기 어렵고 덧없는 것처럼 느껴진다. 생각에 형태나 냄새 같은 물리적인 성질이 있다고 생각하는 사람은 없을 것이다. 생각도 일종의 엄청난 마법처럼 보인다.

그러나 목소리와 마찬가지로 생각도 물리적인 영향을 받는다. 뇌가 바뀌면 우리가 할 수 있는 생각의 종류도 바뀌기 때문에 확실히 알 수 있는 사실이다. 깊은 수면 상태에서는 생각이 존재하지 않는다. 그러다 뇌가 꿈을 꾸는 수면 상태로 옮겨가면, 기괴한 생각들이 저절로 나타난다. 낮에 우리는 널리 받아들여지는 정상적인 생각을 한다. 그리고 사람들은 알코올, 마약, 담배, 커피, 운동 등을 뇌의 화학적 칵테일에 첨가해서 그런 생각을 열심히 조정한다. 물리적인 뇌의 상태가 생각의 상태를 결정한다.

　물리적인 뇌는 정상적인 생각이 기능하는 데 절대적으로 필요하다. 사고로 새끼손가락을 다치면 괴롭겠지만, 우리 의식이 경험하는 일은 전혀 달라지지 않는다. 반면 새끼손가락과 맞먹는 크기의 뇌 조직이 손상되면, 음악을 이해하거나 동물을 구분하거나 색깔을 구분하거나 위험을 판단하거나 결정을 내리거나 몸이 보내는 신호를 읽어내거나 거울이라는 개념을 이해하는 능력이 변할지도 모른다. 그렇게 해서 베일에 가려져 있는 머릿속 기계의 기묘한 작용이 밝혀진다. 희망, 꿈, 포부, 두려움, 개그 본능, 훌륭한 아이디어, 페티시즘, 유머 감각, 욕망의 근원이 모두 이 기묘한 기관이다. 뇌가 변하면 우리도 변한다. 직관적으로는 생각에 물리적 기반이 없어서 바람에 날리는 깃털 같다고 여기기 쉽지만, 생각은 사실 수수께끼에 둘러싸인 1.4킬로그램짜리 작전 통제 센터의 온전함과 직접적으로 관련되어 있다.

　우리 자신의 뇌 회로를 공부하면서 우리는 가장 먼저 간단한 교훈 하나를 얻는다. 행동과 생각과 느낌 대부분을 우리가 의식적으로 통제하는 것이 아니라는 점. 뉴런으로 이루어진 광대한 정글이 알아서 프로그램을 운영한다. 의식을 지닌 나, 아침에 눈을 뜰 때 깜박거리며 살아나는 '나'는 뇌에서 벌어지는 일 중에서 가장 작은 조각에 불과하다. 우리는 뇌의 기능에 기대어 내면생활을 영위하고 있지만, 뇌는 스스로 쇼를 진행한다. 뇌가 수행하는 작전의 대부분은 우리 의식이 지닌 보안등급을 넘어선다. '나'에게는 그 정보에 접근할 권한이 없다는 뜻이다.

　우리 의식은 대서양을 건너는 증기선에 몰래 숨어든 아주 작은 밀항자와 같다. 이 밀항자는 발밑에 존재하는 거대한 기계에 대해 아무것도 모르면서 여행의 공을 지기 몫으로 돌린다. 이 책은 바로 이 놀라운 사실을 다룬다. 우리가 그 사실을 어떻게 알게 되었는지, 그 사실이 무엇을 의미하는지. 그리고 사람, 시장, 비밀, 스트리퍼, 퇴직금 계좌, 범죄자, 예술가, 율리시스, 주정뱅이, 뇌중풍 환자, 도박꾼, 운동선수, 블러드하운드, 인종차별주의자, 연인, 우리가 지금껏 자신의 것이라고 생각한 모든 결정과 관련해서 이 사실이 무엇을 설명해주는지.

* * *

남자들에게 여자들의 얼굴 사진을 보여주며 얼마나 매력적인지 점수를 매겨보라고 한 실험이 있었다. 20×25센티미터 크기의 사진 속에서 여자들은 카메라를 정면으로 바라보고 있거나, 앞모습이 4분의 3쯤 보이는 각도로 얼굴을 돌리고 있었다. 여자들의 눈동자를 실제보다 더 확대한 사진이 절반 섞여 있다는 사실은 알려주지 않았다. 남자들은 눈동자가 커진 여자들에게 일관되게 더 큰 매력을 느꼈다. 게다가 놀랍게도 이런 결정을 내리게 된 이유를 전혀 알아차리지 못했다. "저쪽 사진보다 이쪽 사진의 눈동자가 2밀리미터 더 크다는 걸 알아차렸습니다." 이렇게 말한 사람은 하나도 없었다. 그들은 자신도 콕 집어낼 수 없는 이유로 특정한 여자에게 더 마음이 끌렸을 뿐이었다.

그렇다면 선택의 주체는 누구인가? 대체로 접근이 불가능한 뇌의 작용 중에, 여성의 팽창된 눈동자가 성적인 흥분 및 준비 상태와 상관관계가 있다는 사실을 아는 뭔가가 있었음이 분명하다. 뇌는 이 사실을 아는데, 실험에 참가한 남자들은 몰랐다. 적어도 명백하게 알지는 못했다. 그들은 또한 자신이 지닌 아름다움이라는 개념과 매력적이라는 느낌이 수천만 년 동안 자연선택을 거치며 조형된 프로그램과 단단히 연결되어 조종당하고 있음을 몰랐을 것이다. 가장 매력적인 여성을 고를 때 그들은 선택의 주체기 시실은 자신이 아니라는 것을 몰랐다. 수십만 세대를 거치며 뇌의 회로에 깊이 각인된 성공적인 프로그램이 선택의 주체였다.

뇌는 정보를 수집해서 행동 방향을 적절하게 조종하는 기능을 한다. 의사결정에 의식이 관여하는지는 중요하지 않다. 대부분의 경우 의식은 관여하지 않는다. 우리가 말하는 주제가 커진 눈동자든, 질투든, 매력이든, 기름진 음식에 대한 사랑이든, 지난주에 떠올린 훌륭한 아이디어든 상관없이 의식은 뇌의 활동에서 가장 작은 역할을 한다. 뇌는 주로 자동으로 움직이며, 의식은 자신의 기저에서 움직이는 그 거대하고 신비로운 공장에 거의 접근하지 못한다.

저 앞에서 빨간색 도요타 한 대가 진입로를 빠져나와 도로로 진입하고 있다는 사실을 의식이 알아차리기도 전에 발이 벌써 브레이크를 향해 절반쯤 다가가 있는 것이 그 증거다. 저쪽 편에서 사람들이 나누는 이야기에 전혀 신경을 쓰지 않다가 자신의 이름이 언급되는 순간 알아차리는 것, 이유도 모른 채 어떤 사람에게 매력을 느끼는 것, 결정을 앞두고 있을 때 신경계가 '육감'을 제공하는 것이 증거다.

뇌는 복잡한 시스템이지만, 그것이 곧 이해할 수 없는 존재라는 뜻은 아니다. 자연선택을 거치면서 우리의 신경회로는 조상들이 진화과정에서 직면했던 문제들을 해결할 수 있게 조성되었다. 뇌도 비장이나 눈과 똑같이 진화의 압박에 의해 형성된 것이다. 우리 의식도 마찬가지다. 의식이 발달한 것은 그편이 이롭기 때문인데, **그 이로움에는 한계가 있다.**

국가들의 특징적인 활동을 생각해보자. 공장이 돌아가고, 통신선을 따라 신호가 분주히 오가고, 기업은 제품을 배송한다. 사람들은 끊임없이 음식을 먹는다. 하수로가 폐수를 일정한 방향으로 유도한다. 경찰은 넓은 국토 전역에서 범죄자를 뒤쫓는다. 사람들은 거래가 성사됐음을 악수로 확인한다. 연인들이 만난다. 비서는 걸려 오는 전화를 처리하고, 교사는 가르치고, 운동선수는 경기하고, 의사는 수술하고, 버스 기사는 운전한다. 내가 사는 훌륭한 나라에서 어느 특정한 순간에 무슨 일들이 벌어지고 있는지 알고 싶다 해도, 이 모든 정보를 한꺼번에 받아들이는 것은 불가능하다. 게다가 설사 그것이 가능하다 해도, 그 모든 정보가 쓸모 있지는 않을 것이다. 우리에게 필요한 것은 요약본이다. 그래서 우리는 신문을 집어 든다. 〈뉴욕타임스〉처럼 묵직한 신문이 아니라 〈USA 투데이〉처럼 가벼운 신문이다. 앞에서 말한 활동들이 신문에 전혀 실려 있지 않아도 우리는 놀라지 않는다. 어차피 우리가 알고 싶은 것은 가장 기본적인 사실들뿐이다. 우리 가족에게 영향을 미치는 새로운 세법을 의회가 방금 통과시켰다는 사실은 알아야 하지만, 그 세법과 관련된 상세한 이야기(변호사와 기업과 필리버스터 등이 등장하는 이야기)는 딱히 중요하지 않다. 이 나라의 식량 생산과 관련된 온갖 시시콜콜한 정보들(소들이 무엇을 어떻게 먹고 그들 중 몇 마리가 식용으로 사용되는지 등) 또한 우리가 원하는 것은 아니다. 광우병이 갑자기 증가하는 경우 그 사실을 빨리 알게 되기를 바랄 뿐이다. 쓰레기가 만들어지고 처리되는 과정 또한 우리 관심사가 아니다. 쓰레기가 우리 집 뒷마당에 갑자기 나타나지만 않으면 된다. 공장의 기반시설에도 우리는 관심이 없다. 공장 노동자들이 파업을 벌이는지가 중요할 뿐이다. 그래서 우리는 신문에서 이런 정보를 얻는다.

우리 의식이 바로 이런 신문과 같다. 뇌는 24시간 내내 분주히 움직인다. 거의 모든 활동이 국지적으로 일어난다는 점도 국가와 똑같다. 작은 집단들이 끊임없이 결정을 내리고 다른 집단에 메시지를 보낸다. 이런 국지적인 상호작용을 통해 더 큰 연합이 만들어진다. 우리가 정신이라는 신문의 헤드라인을 읽을 무렵이면, 중요한 활동과 거래는 이미 이루어진 뒤다. 막후에서 벌어진 일에 우리는 거의 접근할 수 없다. 놀라울 정도다. 우리가 느낌이나 직감이나 생각이라는 형태로 낌새를 알아차리기 전에 모든 정치적 움직임이 이미 바닥부터 지지를 얻어 멈출 수 없는 수준까지 진전되어 있다. 우리는 그 정보를 맨 마지막에 알게 된다.

하지만 우리는 이상한 종류의 신문 독자라서 헤드라인을 읽으면서 마치 자신이 그 생각을 처음 해낸 것처럼 공치사를 한다. "방금 좋은 생각이 났어!" 기쁨에 차서 이렇게 말하지만, 사실은 이 천재적인 발상이 뇌리에 떠오르기 전에 뇌가 이미 엄청난 양의 작업을 해놓았다. 막후에서 어떤 아이디어를 올려보낸다는 것은, 신경회로가 몇 시간, 며칠, 몇 년 동안 정보를 통합하고 새로운 조합을 시험하는 작업을 해왔다는 뜻이다. 그런데도 우리는 막후에 숨어서 움직이는 이 광대한 기계에 별로 감탄하지 않고 그 공을 자신의 것으로 삼는다.

이런 우리를 누가 비난할 수 있을까? 뇌는 비밀리에 활동하면서 엄청난 마법처럼 아이디어를 만들어낸다. 그 거대한 운영 시스템을 의식이 인지하고 조사하는 것은 허락되지 않는다. 뇌는 자신을 숨긴 채 작전을 지휘한다.

그렇다면 훌륭한 아이디어를 떠올린 공은 정확히 누구의 것인가? 스코틀랜드의 수학자 제임스 클러크 맥스웰은 1862년에 전기와 자기를 통합한 중요한 방정식을 만들어냈다. 그리고 임종을 앞둔 어느 날 기묘한 고백을 했다. 자신이 아니라 "자신 안의 어떤 것"이 그 유명한 방정식을 발견했다는 것이다. 그는 아이디어가 자신을 찾아오는 과정을 전혀 모른다고 시인했다. 아이디어가 그냥 떠오를 뿐이었다. 윌리엄 블레이크도 긴 이야기 시인 〈밀턴〉과 관련해서 비슷한 경험을 이야기했다. "나는 미리 생각해둔 것 없이 즉석에서 구술하듯이 한 번에 12행쯤, 때로는 무려 20행까지 쓰는 방식으로 이 시를 썼다. 심지어 내가 원하지 않는데도 시가 써질 때도 있었다." 요한 볼프강 폰 괴테도 중편소설 〈젊은 베르테르의 슬픔〉을 쓸 때 자신의 의식이 기여한 것은 사실상 전혀 없다고 주장했다. 마치 손에 쥔 펜이 저절로 움직이는 것 같았다고 했다.

영국 시인 새뮤얼 테일러 콜리지의 사례도 생각해보자. 그는 1796년부터 아편을 사용하기 시작했다. 원래 치통과 안면 신경통을 누그러뜨리는 것이 목적이었지만, 곧 돌이킬 수 없이 중독돼서 매주 아편제 2쿼트(약 2.3리터)를 꿀꺽꿀꺽 마셔댔다. 이국적이고 몽롱한 이미지로 이루어진 시 〈쿠빌라이 칸〉을 쓸 때 그는 아편에 취한 상태였는데, "일종의 환상"과 같았다고 설명했다. 그에게는 아편이 잠재의식 속 신경회로에 접근하는 통로가 된 것이다. 우리가 〈쿠빌라이 칸〉의 아름다운 시어들을 콜리지의 것으로 생각하는 것은, 다른 사람이 아닌 **그의** 뇌에서 나온 말이기 때문이다. 하지만 그는 정신이 멀쩡할 때는 그런 단어들을 잡아낼 수 없었다. 그렇다면 그 시의 저자는 정확히 누구인가?

카를 융은 이렇게 말했다. "우리 모두의 내면에는 우리가 모르는 다른 누군가가 있다." 핑크 플로이드는 이렇게 말했다. "내 머릿속에 누가 있는데, 내가 아니야."

* * *

정신세계에서 일어나는 일은 거의 모두 우리의 의식적인 통제를 받지 않는다. 사실 이편이 더 낫다. 의식이 모든 걸 자기 공이라고 주장할 수는 있어도, 뇌에서 의사결정이 이루어질 때에는 옆으로 물러나 있는 편이 최선일 때가 대부분이다. 의식이 잘 알지도 못하면서 세세한 부분에 간섭하기 시작하면 효율이 떨어진다. 피아노 건반에서 손가락을 어디로 움직여야 하는지 의식적으로 생각하기 시작하는 순간, 우리는 더 이상 그 곡을 잘 연주할 수 없게 된다.

의식의 간섭이 어떤 장난을 치는지 증명하려면, 친구에게 화이트보드용 마커 두 개를 양손에 하나씩 쥐여주고, 오른손으로는 자신의 이름을 쓰면서 동시에 왼손으로는 이름을 거꾸로(거울에 비친 것처럼) 쓰라고 해보라. 친구는 그 일을 해내는 방법이 하나뿐임을, 즉 그 일에 대해 의식적으로 생각하지 않는 방법뿐임을 금방 알아차릴 것이다. 의식의 간섭을 배제하면, 왼손이 오른손의 동작을 거울처럼 따라 하는 복잡한 움직임을 문제없이 해낼 수 있다. 하지만 자신의 동작에 대해 생각하기 시작한다면, 금방 머뭇거리는 선들이 가시나무처럼 복잡하게 뒤엉키게 될 것이다.

따라서 대부분의 경우 의식을 불러들이지 않는 편이 최선이다. 의식은 보통 해당 정보를 가장 마지막에 알게 된다. 야구공을 방망이로 때리는 일을 예로 들어보자. 1974년 8월 20일, 캘리포니아 에인절스와 디트로이트 타이거즈 사이의 경기에서 놀런 라이언은 시속 100.9마일(161.44킬로미터, 초속 44.7미터)의 강속구를 던졌다고 기네스북에 기록되었다. 이 속도로 계산해보면, 라이언이 던진 공이 투수 마운드에서 18.44미터 떨어진 홈플레이트까지 0.4초 만에 날아왔음을 알 수 있다. 야구공에서 출발한 빛 신호가 타자의 눈에 도달해 망막의 회로를 통과해서 뇌 뒤편의 시각 시스템이라는 슈퍼 고속도로를 따라가며 세포들을 연달아 활성화하고, 광대한 거리를 가로질러 운동영역에 도달해서 방망이를 휘두르는 데 필요한 근육의 수축을 조정하기에 빠듯한 시간이다. 그런데 놀랍게도 이 모든 일이 0.4초도 안 되는 짧은 시간 안에 이루어질 수 있다. 그렇지 않으면 누구도 강속구를 때리지 못할 것이다. 여기서 놀라운 점은 우리가 의식적으로 그 현상을 인식하는 데에는 더 많은 시간이 걸린다는 것이다. 2장에서 살펴보겠지만, 약 0.5초가 걸린다. 즉, 타자의 의식이 공을 인식하기에는 공의 속도가 너무 빠르다는 뜻이다. 정교한 동작을 수행하기 위해 우리 의식이 그 동작을 인식할 필요는 없다. 나뭇가지가 부러져 내 쪽으로 날아온다는 사실을 인식하기도 전에 내가 그 가지를 피하려고 고개를 숙이는 것, 전화벨이 울린다는 사실을 처음 알아차렸을 때 몸은 이미 벌떡 일어서 있다는 것이 그 증거다.

의식은 뇌에서 일어나는 일의 중심에 있지 않다. 뇌에서 일어나는 활동의 속삭임을 먼 가장자리에서 듣기만 할 뿐이다.

중심에서 멀어진다는 것의 좋은 점

우리가 뇌를 점점 이해하게 되면서 우리 자신을 바라보는 시각이 크게 바뀌고 있다. 우리가 모든 활동의 중심이라는 직감에서 더 정교하게 상황을 바라보고 이해하며 감탄하는 시각으로 옮겨가고 있다는 뜻이다. 사실 우리는 이런 변화를 전에도 본 적이 있다.

1610년 1월 초 어느 날, 별이 총총한 밤에 토스카나의 천문학자 갈릴레오 갈릴레이는 밤늦게까지 자지 않고 자신이 고안한 튜브 끝에 한쪽 눈을 대고 있었다. 그 튜브는 물체를 스무 배나 확대해서 보여주는 망원경이었다. 그날 밤 갈릴레이는 목성을 관찰하다가 별 세 개가 목성을 가로지르며 일렬로 늘어선 것을 보았다. 그 현상에 주목한 그는 그 별들이 목성 근처에 고정되어 있다고 생각하고, 다음 날 저녁에도 다시 그 지점을 관찰했다. 그런데 기대와는 달리 별 세 개가 모두 목성과 함께 움직인 뒤였다. 이건 말이 되지 않았다. 별들은 원래 행성과 함께 움직이지 않는 법인데. 그래서 갈릴레이는 매일 밤 그 별들을 관찰하기 시작했다. 그렇게 해서 1월 15일에 마침내 의문을 해결했다. 그 별들은 고정되어 있는 것이 아니라, 목성 주위를 도는 행성 같은 전체였다. 즉 목성에 위성이 있다는 뜻이었다.

이 관찰 결과로 천구 이론이 부서졌다. 천동설에 따르면, 천구의 중심은 지구 하나뿐이고, 모든 것이 그 주위를 돌았다. 반면 코페르니쿠스는 지구가 태양 주위를 돌고 달이 지구 주위를 돈다는 주장을 내놓았으나, 전통적인 우주론 학자들이 보기에는 터무니없는 주장이었다. 운동의 중심이 둘이어야 하기 때문이었다. 그런데 이 조용한 1월에 목성의 위성들이 중심이 여러 개라는 사실을 증명해주었다. 거대 행성 주위의 궤도를 데굴데굴 도는 커다란 바위들은 천구 표면의 일부가 될 수 없었다. 지구를 중심으로 동심원 모양의 궤도들이 있는 천동설 모델이 부서졌다. 이 관찰 결과를 설명한 책《별 세계의 보고 Sidereus Nuncius》는 1610년 3월 베네치아에서 발간되어 갈릴레이를 유명인으로 만들었다.

별을 연구하는 다른 사람들이 목성의 위성을 관찰할 수 있는 도구를 만드는 데에는 6개월이 걸렸다. 곧 망원경 제조 시장이 크게 활발해지면서 천문학자들이 지구 곳곳으로 퍼져나가 우주에서 우리가 차지하는 위치를 상세한 지도로 그리기 시작했다. 그 뒤로 4세기 동안 우리는 점점 더 빠른 속도로 중심에서 미끄러져, 눈으로 관찰할 수 있는 우주 속 아주 작은 점 하나로 단단히 자리 잡았다. 이 우주에는 은하집단 5억 개, 대형 은하 100억 개, 왜소 은하 1000억 개, 항성 2조×10억 개가 있다(폭이 약 150억 광년인 이 우주는 우리가 아직 볼 수 없는 아주 큰 전체 우주에서 작은 점 하나에 불과할 수 있다). 이 엄청난 숫자들은 우리의 위치에 대해 예전에 생각하던 것과는 당연히 근본적으로 다른 현실을 암시했다.

지구가 우주의 중심에서 굴러떨어진 것을 대단히 불편해하는 사람이 많았다. 이제 지구는 창조의 모범이 될 수 없었다. 그냥 다른 행성과 똑같은 행성일 뿐이었다. 이렇게 지구의 권위가 도전받으면서, 우주에 대한 인류의 철학적 인식에도 변화가 생길 수밖에 없었다. 약 200년 뒤 요한 볼프강 폰 괴테는 갈릴레이의 엄청난 발견에 디 옴과 같은 찬사를 보냈다.

> 모든 발견과 의견 중에서, 인간의 정신에 이보다 더 큰 영향력을 행사한 것은 전혀 없다고 해도 된다……. 지구는 둥글고 그 자체로서 완전하다는 사실이 알려지자마자, 우주의 중심이라는 엄청난 특권을 내려놓아야 했다. 인류가 이보다 더 큰 것을 요구받은 적은 아마 없지 싶다. 이 요구를 받아들임으로써, 아주 많은 것들이 안개와 연기 속으로 사라졌기 때문이다! 우리의 에덴, 우리의 순수한 세계, 경건한 신심과 시는 어떻게 되었는가? 감각의 증언은? 시적이고 종교적인 믿음의 확신은? 그의 동시대인들이 이 모든 것을 놓아 보내지 못하고, 가능한 한 저항하려 한 것도 무리가 아니다. 그러나 그의 학설은 전향자들에게 그때까지 알려지지 않았던, 아니 아예 꿈도 꾸지 못했던 위대한 생각과 견해의 자유를 승인하고 요구했다.

갈릴레이를 비판하는 사람들은 그의 새 이론이 인류를 왕좌에서 끌어내렸다고 비난했다. 천구가 박살난 뒤 다가온 것은 갈릴레이의 몰락이었다. 1633년 그는 가톨릭교회의 종교재판정으로 끌려 나갔다. 지하감옥에서 정신이 무너진 채, 자신의 주장을 철회하고 지구가 중심이라고 인정하는 문서에 괴로운 서명을 남겨야 했다.[2]

그래도 갈릴레이는 운이 좋은 편이었다. 그보다 수십 년 전, 그와 같은 이탈리아인인 조르다노 브루노도 지구가 중심이 아니라는 의견을 내놓았다가, 1600년 2월에 이단 혐의로 광장에 끌려 나왔다. 그를 붙잡은 사람들은 유창한 언변으로 유명한 그가 군중을 선동할까봐 얼굴에 철가면을 씌워 입을 막았다. 산 채로 화형당하는 동안 그의 눈은 철가면 뒤에서 구경꾼들을 바라보고 있었다. 사건의 현장에 있고 싶어서 집에서 나와 광장에 모인 사람들이었다.

브루노는 왜 말 한 마디 못하고 죽임을 당했는가? 갈릴레이 못지않은 천재였던 그가 어쩌다 족쇄를 차고 지하감옥에 갇히게 되었을까? 세상을 바라보는 시각이 급격히 바뀌는 것을 확실히 모든 사람이 좋아하지는 않는 듯하다.

그런 변화가 어디로 이어지는지 그들이 알았다면! 확신과 자기중심주의를 잃은 인류는 우주 속 우리의 위치에 경탄과 경이를 느끼게 되었다. 다른 행성에 생명체가 있을 확률이 무지막지하게 낮다 해도, 예를 들어 10억 분의 1이 채 되지 않는다 해도, 생물이 우후죽순처럼 솟아나는 행성이 수십억 개는 될 거라고 예상할 수 있다. 또한 생명체가 있는 행성에서 의미 있는 수준의 지능을 지닌 생명체(예를 들어, 우주 박테리아 이상)가 탄생할 가능성이 고작 100만 분의 1이라 해도, 상상조차 할 수 없을 만큼 낯선 문명 속에서 여러 생명체가 함께 살아가는 행성이 여전히 수백만 개는 될 것이다. 세상의 중심에서 굴러떨어진 우리는 이런 식으로 훨씬 더 큰 세상에 눈을 뜨게 되었다.

우주 과학에 매력을 느끼는 사람이라면, 뇌과학에도 관심을 기울이기 바란다. 뇌과학에서도 우리가 자아의 중심에서 쫓겨난 뒤, 훨씬 더 찬란한 우주의 모습이 선명해졌기 때문이다. 이 책에서 우리는 그 내면의 우주로 들어가 낯선 생명체들을 탐사할 것이다.

광대한 내면 우주를 처음으로 일별한 사람들

성 토마스 아퀴나스(1225~1274)는 인간의 행동이 선善에 대한 숙고에서 나온다고 믿고 싶어했다. 그러나 우리가 하는 행동 중에 이성적인 고찰과는 별로 상관없는 것들을 도저히 무시할 수 없었다. 딸꾹질, 무의식적으로 리듬에 맞춰 발을 까딱거리는 것, 농담을 듣고 갑자기 터지는 웃음 등등. 그가 세운 이론의 틀에서 이런 것들이 약간의 걸림돌이 되었으므로, 그는 이런 행동을 인간의 적절한 행동과는 별개의 카테고리로 처리했다. "이성의 숙고에서 나오지 않았기 때문"[3]이었다. 이 카테고리의 정의에 그는 무의식이라는 개념의 첫 씨앗을 심었다.

그 뒤로 400년 동안 누구도 이 씨앗에 물을 주지 않다가, 박식한 사람 고트프리트 빌헬름 라이프니츠(1646~1716)가 나타나 접근할 수 있는 부분과 접근할 수 없는 부분이 융합된 것이 정신이라는 주장을 내놓았다. 젊었을 때 라이프니츠는 하루아침에 육보격六步格 시 300편을 라틴어로 지었다. 그 다음에는 미적분, 이진법, 철학 학파 여러 개, 정치이론, 지질학 가설, 정보기술의 기반, 운동에너지 방정식, 소프트웨어와 하드웨어 구분이라는 개념의 첫 씨앗을 만들어냈다.[4] 이렇게 많은 아이디어들이 자신에게서 쏟아져 나오자 그는 (맥스웰, 블레이크, 괴테와 마찬가지로) 자신의 내면에 접근할 수 없는 깊은 동굴이 존재하는 것이 아닌가 의심하기 시작했다.

라이프니츠는 우리가 인지하지 못하는 지각이 있다면서, 그것을 '미소지각微小知覺'이라고 명명했다. 그는 동물에게 무의식적인 지각이 있다고 추측했다. 그렇다면 인간에게도 그것이 없으리란 법이 없지 않은가. 비록 추측을 바탕으로 한 논리였지만, 그는 이른바 무의식 같은 것의 존재를 가정하지 않는다면 몹시 중요한 어떤 것을 놓치게 될 것이라는 낌새를 알아차렸다. "인지하지 못하는 소체小體가 자연과학에 중요하듯이, 인지하지 못하는 지각이 [인간 정신의 연구에] 중요하다." 그는 이렇게 결론지었다.[5] 그리고 이어서 우리가 의식하지는 못하지만 우리 행동에 영향을 미칠 수 있는 노력과 성향("강한 욕구")이 존재한다는 의견을 제시했다. 무의식적인 충동을 처음으로 지적한 의미 있는 설명이었다. 라이프니츠는 인간의 행동을 설명하는 데 자신의 주장이 결정적인 역할을 할 것이라고 추측했다.

그는 《인간 이해에 관한 새로운 에세이》에 이런 생각을 열심히 적어두었지만, 이 책은 그의 사후 거의 반세기 뒤인 1765년에야 출간되었다. 여기에 수록된 글들은 자신을 알아야 한다는 계몽주의적 시각과 충돌했기 때문에, 거의 1세기가 흐를 때까지 인정받지 못한 채 시들어갔다. 씨앗이 또 동면 상태에 들어간 것이다.

그동안 다른 사건들이 실험적이고 실질적인 학문으로서 심리학이 부상하는 토대를 마련했다. 스코틀랜드의 해부학자 겸 신학자인 찰스 벨(1774~1842)은 (척수에서 전신으로 섬세하게 뻗어나간) 신경이 모두 똑같은 것이 아니며, 운동신경과 감각신경으로 분류할 수 있음을 알아냈다. 운동신경은 뇌의 지휘센터에서 나온 정보를 밖으로 운반하는 역할을 하고, 감각신경은 정보를 뇌로 가져가는 역할을 했다. 그때까지 신비에 싸여 있던 뇌의 구조에서 처음으로 패턴을 찾아낸 중요한 연구 결과였다. 그 뒤에 등장한 선구자들은 이 결과를 바탕으로, 뇌가 모호하고 균일한 조직이 아니라 세세한 조직으로 이루어진 기관이라는 그림을 그리게 되었다.

정체를 알 수 없는 이 1.4킬로그램짜리 조직에서 이런 논리를 찾아낸 것이 학자들에게는 대단히 고무적이었다. 그래서 1824년에 독일의 철학자 겸 심리학자인 요한 프리드리히 헤르바르트는 **생각 그 자체**를 구조적인 수학적 틀로 이해할 수 있을지 모른다는 의견을 내놓았다. 한 생각에 반대되는 생각을 대비시키면, 첫 번째 생각이 약해져서 의식의 문턱 아래로 가라앉게 된다는 것이었다.[6] 반면 유사한 생각들은 서로가 의식 속으로 떠오를 수 있게 도와줄 수 있었다. 새로운 생각이 위로 올라가면서 비슷한 생각들을 함께 끌고 가는 식이었다. 헤르바르트는 생각이 고립된 상태에서 의식 속으로 떠오르는 것이 아니라, 이미 의식 속에 있는 다른 아이디어 복합체와 동화되었을 때에만 의식에 들어올 수 있다는 주장을 표현하기 위해 '통각統覺 집합체 apperceptive mass'라는 용어를 만들어냈다. 이렇게 해서 헤르바르트는 핵심적인 개념 하나를 세상에 소개했다. 의식적인 생각과 무의식적인 생각 사이에 **경계선**이 존재하며, 우리가 의식하지 못하는 생각도 있다는 개념이었다.

이런 과정을 배경으로 삼아, 독일인 의사 에른스트 하인리히 베버(1795~1878)는 물리학의 엄밀함을 정신 연구에 적용하는 데 점점 관심을 갖게 되었다. 그가 창시한 이 '정신물리학'은 사람들이 감지할 수 있는 것, 반응속도, 그들이 정확히 지각하는 것의 정량화를 목표로 삼았다.[7] 사상 처음으로 지각이 과학적으로 엄밀하게 측정되기 시작한 것이다. 그러자 놀라운 결과들이 새어나왔다. 예를 들어, 우리는 감각을 통해 바깥세상을 당연히 정확하게 인지한다고 생각했으나, 1833년 무렵 독일의 생리학자 요하네스 페터 뮐러(1801~1858)는 이해할 수 없는 현상을 발견했다. 눈에 빛을 비춰도 압력을 가해도 시신경에 전기자극을 줘도, 시각이 인지하는 감각은 비슷했다. 즉, 압력이나 전기보다는 **빛**만 감지했다는 뜻이다. 그는 우리가 바깥세상을 직접적으로 인지하는 것이 아니라, 신경계의 신호만 인지하는 것 같다고 짐작하게 되었다.[8] 다시 말해서, 신경계가 '저 바깥에' 뭔가가(예를 들면 빛이) 있다고 말하면 우리는 그대로 믿는다. 그 신호가 어떻게 도달했는지는 상관없다.

이렇게 해서 물리적인 뇌가 지각과 관련되어 있다고 사람들이 생각하게 될 무대가 마련되었다. 베버와 뮐러가 모두 세상을 떠난 뒤인 1886년에 제임스 매킨 커텔이라는 미국인이 '뇌 활동에 걸리는 시간'이라는 제목의 논문을 발표했다.[9] 이 논문의 결정적인 대목은 어이가 없을 정도로 단순했다. 우리가 질문에 반응하는 속도는 질문에 답하기 위해 해야 하는 생각의 종류에 달려 있다는 것. 번쩍이는 빛이나 빵 하는 소리를 들었다고 간단히 답하기만 하면 되는 경우라면, 우리는 상당히 신속하게(빛의 경우 190밀리초, 소리의 경우 160밀리초) 반응할 수 있다. 그러나 선택을 해야 하는 경우("빨간색 빛을 봤는지 초록색 빛을 봤는지 말하시오")라면, 수십 밀리초가 더 걸린다. 그리고 방금 본 것을 직접 말해야 하는 경우("파란색 빛을 봤어요")라면, 훨씬 더 오래 걸린다.

키텔의 이 간단한 연구 결과는 시구인들의 수복을 거의 받지 못했지만, 사실은 세계관이 우르릉거리며 변화하는 순간이었다. 산업시대가 시작되면서, 지식인들은 **기계**에 대해 생각하게 되었다. 요즘 사람들이 컴퓨터 은유를 사용하듯이, 당시에는 기계 은유가 사람들의 생각에 스며들었다. 19세기 후반부에 이르러서는, 생물학의 발전으로 행동의 여러 측면들을 신경계의 기계 같은 작용과 편안히 연결시킬 수 있었다. 생물학자들은 눈에서 신호가 처리되어 축삭돌기를 따라 시상까지 간 다음, 신경 고속도로를 타고 피질로 이동해서 마침내 뇌 전체의 정보처리 패턴에 합류하는 데 시간이 걸린다는 사실을 알고 있었다.

그러나 **생각**은 조금 다르다는 인식이 여전히 널리 퍼져 있었다. 물리적인 과정을 통해 생겨나는 것이 아니라, 정신(또는 영적인 세계라는 말이 자주 쓰였다)이라는 특별한 카테고리에 속하는 것 같았다. 커텔의 연구는 이 문제에 정면으로 맞섰다. 자극은 그대로 두고 과제를 바꿈으로써(이러이러한 유형의 결정을 내리시오) 그는 결정을 내리는 데 걸리는 시간을 측정할 수 있었다. 다시 말해서, **생각하는 시간**을 측정할 수 있었다는 뜻이다. 그리고 이것을 뇌와 정신 사이의 대응 관계를 확립하는 간단한 방법으로 제시했다. 그는 이런 간단한 실험이 "물리적 현상과 정신적 현상 사이의 완전한 대응에 대해 우리가 갖고 있는 것 중 가장 강력한 승거"를 가져다준나고 썼다. "우리가 내리는 결정으로 뇌의 변화 속도와 의식의 변화 속도를 한꺼번에 측정할 수 있다는 데에는 거의 의심의 여지가 없다."[10]

19세기의 분위기 속에서, 생각에 시간이 걸린다는 연구 결과는 '생각은 비물질적'이라는 세계관을 지탱하는 기둥들에 부담을 주었다. 다른 행동과 마찬가지로 생각 또한 엄청난 마법이 아니라 기계적인 바탕을 갖고 있음을 시사했기 때문이다.

신경계가 수행하는 정보처리과정과 생각을 등식화할 수 있을까? 정신이 기계와 비슷할까? 이제 막 싹을 틔운 이런 주장에 의미심장하게 주의를 기울인 사람은 거의 없었다. 대부분의 사람은 정신활동이 자신의 명령에 따라 즉각 나타난다는 직감을 계속 따랐다. 그러나 이 간단한 주장 때문에 모든 것이 바뀐 사람이 한 명 있었다.

나, 나 자신, 그리고 빙산

찰스 다윈이 혁명적인 책 《종의 기원》을 발간한 시기에, 모라비아 출신의 세 살짜리 사내아이가 가족과 함께 빈으로 이주하고 있었다. 지크문트 프로이트라는 이름의 이 아이는 사람이 다른 생명체와 다르지 않으며 인간의 복잡한 행동에도 과학적인 빛을 비출 수 있다는 다윈의 최신 세계관과 함께 자라났다.

청년이 된 프로이트는 의대에 진학했으나, 임상적인 응용보다는 과학적인 연구에 더 매력을 느꼈다. 그는 신경학을 전공하고 곧 심리적 장애를 다루는 개인병원을 열었다. 프로이트는 환자들을 세심하게 관찰한 결과, 인간의 다양한 행동을 보이지 않는 정신적 과정만으로 설명할 수 있을 것 같다고 생각하게 되었다. 정신은 막후에서 모든 것을 움직이는 기계였다. 프로이트는 환자들의 의식에서 행동의 원인을 전혀 찾을 수 없을 때가 많다는 사실을 깨달았다. 그래서 뇌를 기계와 비슷하게 보는 새로운 견해를 이용해서 우리가 접근할 수 없는 원인이 틀림없이 저변에 깔려 있을 것이라는 결론을 내렸다. 이 새로운 시각에 따르면, 정신은 단순히 우리에게 친숙한 의식과 같은 것이 아니었다. 그보다는 훨씬 더 큰 부분이 보이지 않는 곳에 숨어 있는 빙산과 비슷했다.

이 간단한 생각이 정신의학을 바꿔놓았다. 전에는 정신적인 이상 현상을 약한 의지력, 악마 빙의 등으로만 설명할 수 있었다. 프로이트는 물리적인 뇌에서 원인을 찾아야 한다고 주장했다. 그러나 뇌를 조사하는 현대적인 기술이 등장하기 수십 년도 더 전이었기 때문에, '외부'에서 데이터를 수집하는 방법이 그에게는 최선이었다. 그는 환자들과 이야기를 나누면서, 그들의 성신상태를 바탕으로 뇌의 상태를 추정해보려고 했다. 그가 세심하게 주의를 기울인 부분은 말실수, 글자 실수, 행동 패턴, 꿈 등에 포함된 정보였다. 그는 이 모든 정보가 숨겨진 신경 기계의 산물이라는 가설을 세웠다. 환자는 이 기계에 직접 접근할 길이 전혀 없었다. 표면으로 삐죽 고개를 내민 행동을 조사하면서, 프로이트는 그 아래에 무엇이 잠복해 있는지 파악할 수 있을 것이라고 자신했다.[11] 빙산 꼭대기에서 반짝이는 것을 살펴볼수록, 그는 그 깊이를 더욱 인정하게 되었다. 그 숨은 부분에서 사람의 생각, 꿈, 충동에 대한 설명을 얻을 수 있을지 모른다는 생각도 깊어졌다.

프로이트의 멘토이자 친구인 요제프 브로이어는 이 개념을 응용해서, 히스테리 환자를 돕는 전략을 만들어냈다. 환자에게 가장 처음 증상이 나타났을 때에 관해 아무런 제한 없이 이야기하라고 권유하는 이 전략[12]은 효과가 있는 것 같았다. 프로이트는 이 기법을 다른 신경증에도 적용하면서, 환자가 묻어둔 과거의 정신적 충격이 갖가지 공포증, 히스테리성 마비, 편집증 등의 숨은 원인일 수 있다는 의견을 내놓았다. 이런 문제들이 의식으로부터 숨겨져 있다는 것이 그의 추측이었다. 해법은 그 문제들을 의식 수준으로 끌어올려 직접 대면함으로써, 신경증을 일으키는 힘을 빼앗는 것이었다. 이 방법은 그 뒤 한 세기 동안 정신분석의 기반이 되었다.

정신분석의 인기와 세부적인 부분은 지금까지 상당한 변화를 겪었지만, 프로이트의 기본적인 이론은 뇌의 숨겨진 부분들이 생각과 행동에 관여하는 과정을 처음으로 들여다본 것이었다. 프로이트와 브로이어는 1895년에 함께 연구 결과를 발표했으나, 무의식적인 생각의 성적인 기원을 강조하는 프로이트에게 브로이어가 점점 실망하게 되었다. 결국 두 사람이 갈라선 뒤, 프로이트는 무의식을 탐사한 중요 저서인 《꿈의 해석》을 내놓았다. 이 책에서 그는 아버지의 죽음이 촉발한 일련의 꿈과 자신의 감정적 위기를 분석했다. 이런 자기분석 덕분에 그는 아버지에 대한 뜻밖의 감정을 밝혀낼 수 있었다. 아버지를 우러러보는 감정에 증오와 수치심이 섞여 있다는 발견이 한 예다. 표면 아래에 이처럼 광대한 것이 숨어 있다는 생각은 자유의지에 대한 숙고로 이어졌다. 프로이트는 숨겨진 정신적 과정에서 선택과 결정이 유래하는 것이라면, 자유로운 선택이란 환상이라고 판단했다. 설사 환상은 아니더라도, 최소한 전에 생각하던 것보다 더 단단하게 구속되어 있을 터였다.

20세기 중반 무렵, 사상가들은 우리가 자신에 대해 너무 모른다는 사실을 인정하기 시작했다. 우리는 자아의 중심이 아니었다. 은하수 속의 지구, 우주 속의 은하수처럼 멀고 먼 변방에서 소식을 별로 듣지 못하는 존재였다.

* * *

무의식적인 뇌에 대한 프로이트의 직감은 정확했지만, 그가 살던 시대는 현대적인 신경과학이 꽃을 피우기 수십 년 전이었다. 지금은 인간의 두개골 속을 들여다보면서 세포 하나의 전기신호 스파이크에서부터 뇌의 광대한 영역을 가로지르는 활성화 패턴에 이르기까지 많은 것을 관찰할 수 있다. 현대기술 덕분에 내면 우주의 그림을 그릴 수 있게 된 것이다. 앞으로 우리는 예상하지 못했던 이 영역들을 함께 여행할 것이다.

자신에게 화를 내는 일이 어떻게 가능한가? 정확히 누가 누구에게 화를 내는 것인가? 폭포를 빤히 보다가 바위를 보면, 왜 바위가 위로 올라가는 것처럼 보이는가? 윌리엄 더글러스 대법관은 뇌졸중으로 몸이 마비된 것이 모두의 눈에 뻔히 보이는데도 왜 미식축구도 하고 등산도 할 수 있다고 주장했을까? 코끼리 톱시가 1916년에 토머스 에디슨이 흘려보낸 전기에 목숨을 잃은 이유가 무엇인가? 사람들은 왜 이자가 전혀 붙지 않는 크리스마스 계좌에 돈을 보관하면서 좋아하는가? 술에 취한 멜 깁슨은 반유대주의자이고, 술이 깬 멜 깁슨은 그것을 진심으로 미안하게 생각하는데, 진짜 멜 깁슨이 따로 존재하는가? 율리시스와 서브프라임 모기지 위기 사이의 공통점은 무엇인가? 한 달 중 특정한 시기에 스트리퍼들의 수입이 늘어나는 이유는 무엇인가? 이름이 J로 시작하는 사람이 역시 이름이 J로 시작하는 사람과 결혼할 가능성이 높은 이유는 무엇인가? 비밀을 말하고 싶다는 유혹이 그토록 강렬한 이유는 무엇인가? 부정을 저지를 가능성이 남들보다 더 높은 배우자의 유형이 있는가? 파킨슨병으로 약을 먹는 환자들은 왜 강박적으로 도박을 하게 되는가? 아이큐가 높은 은행원이자 과거 이글 스카우트였던 찰스 휘트먼이 갑자기 오스틴의 텍사스대학교 타워에서 마흔여덟 명을 총으로 쏜 이유가 무엇인가?

뇌의 막후 활동과 이 모든 일은 서로 어떻게 연결되어 있는가?

이제 곧 알게 되겠지만, 처음부터 끝까지 모두 연결되어 있다.

2장
감각의 증언: 경험이란 정말로 어떤 것인가?

경험의 해체

1800년대 후반의 어느 날 오후, 물리학자 겸 철학자 에른스트 마흐는 각각 균일하게 색이 칠해진 종이 띠들을 나란히 놓고 주의 깊게 살펴보았다. 지각의 문제에 관심이 있던 그를 잠시 멈칫하게 만든 것은, 이 띠들이 조금 이상해 보인다는 점이었다. 뭔가가 잘못된 것 같았다. 그는 띠들을 분리해서 따로 살펴본 다음 다시 나란히 놓았다. 그제야 뭐가 어떻게 된 건지 알 수 있었다. 각각의 띠를 따로 떼어서 보면 색이 균일한 것 같았지만, 나란히 놓고 보니 색조가 순차적으로 달라지는 것처럼 보였다. 모든 띠의 왼쪽이 조금 밝고, 오른쪽은 조금 어두웠다. (다음 페이지의 그림 속 띠 하나하나의 밝기가 사실상 균일하다는 사실을 증명하고 싶다면, 하나만 제외하고 모든 띠를 가려보라.)[1]

마흐의 띠

　'마흐의 띠'라는 이 환상에 대해 알게 되었으니, 다른 곳에서도 같은 현상을 알아볼 수 있을 것이다. 예를 들어, 두 개의 벽이 만나는 귀퉁이에서는 빛의 차이로 인해 귀퉁이 바로 옆이 더 밝아 보이거나 더 어두워 보인다. 지금까지 이런 현상이 눈앞에 뻔히 있었는데도 우리가 그것을 미처 알아차리지 못했을 가능성이 있다. 같은 맥락에서 르네상스 시대 화가들은 먼 산이 살짝 파랗게 물든 것처럼 보인다는 사실을 어느 시점부터 알아차렸다. 그래서 그때부터 산을 그렇게 그리기 시작했다. 이 현상은 화가들의 눈앞에서 단 한 번도 감춰진 적이 없는데도, 그때까지 미술사를 통틀어 누구도 그 현상을 알아차리지 못했다. 우리는 왜 이렇게 뻔한 사실을 지각하지 못하는가? 자신이 경험한 사실을 관찰하는 능력이 정말로 이렇게 형편없는가?

　그렇다. 우리의 관찰력은 놀라울 정도로 한심하다. 게다가 이런 문제에서는 내적인 성찰 능력도 쓸모가 없다. 우리는 누군가가 사실을 지적해줄 때까지 자신이 세상을 잘 보고 있다고 믿는다. 마흐가 종이 띠들의 색조를 주의 깊게 관찰했듯이, 우리도 앞으로 자신의 경험을 관찰하는 법을 배울 것이다. 우리의 의식적인 경험이란 **정말로** 어떤 것인가?

* * *

직감에 따르면, 우리가 눈을 뜨자마자 세상이 보인다. 아름다운 빨간색과 황금색, 개와 택시, 분주한 도시와 꽃이 만발한 풍경이 모두 눈앞에 있다. 시각에는 따로 노력을 기울일 필요가 없는 것 같다. 사소한 예외를 빼면, 정확하기도 하다. 우리 눈과 고해상도 디지털 비디오카메라 사이에 중요한 차이는 별로 없는 듯하다. 따지고 보면 귀도 세상의 소리를 정확히 기록하는 소형 마이크로폰과 비슷하고, 손끝은 세상의 3차원 형태를 감지하는 것 같다. 하지만 이 직감은 모두 틀렸다. 이제 현실을 살펴보자.

우리가 팔을 움직일 때 무슨 일이 벌어지는지 생각해보자. 뇌는 근육의 수축과 이완을 전달하는 수많은 신경섬유에 의존한다. 그런데도 우리는 번개 폭풍 같은 신경활동을 전혀 알아차리지 못한다. 자신의 팔이 움직여서 어딘가 다른 위치에 가 있다는 사실을 인식할 뿐이다. 초창기 신경과학의 선구자인 찰스 셰링턴 경은 지난 세기 중반에 한동안 이 사실 때문에 발을 굴렀다. 표면 아래의 광대한 기계를 우리가 인식하지 못한다는 사실이 그저 놀라울 뿐이었다. 하긴 신경, 근육, 힘줄에 대해 상당한 전문지식을 지닌 그도 종이를 주우려고 움직일 때 "근육 자체를 전혀 인식하지 못한다…… 어려움 없이 올바르게 그 동작을 수행한다"[2]는 사실을 알아차렸다. 그는 만약 자신이 신경과학자가 아니라면 신경, 근육, 힘줄의 존재를 짐작하지도 못했을 것이라고 추론했다. 여기에 몹시 흥미를 느낀 그는 결국 팔을 움직이는 경험이 "정신적인 산물…… 우리가 그 자체로서 인식하지 못하는 요소들에서 유래…… 정신이 그것들을 이용해서 지각의 대상을 만들어낸다"고 추론했다. 다시 말해서, 신경과 근육의 폭풍 같은 활동을 뇌는 인지하지만, 우리 의식 앞에 대령되는 결과물은 상당히 다르다는 뜻이다.

이 말을 이해하기 위해, 의식을 신문으로 본 비유로 다시 돌아가보자. 헤드라인의 임무는 기사 내용을 단단히 압축하고 요약해서 보여주는 것이다. 같은 맥락에서, 의식은 신경계에서 벌어지는 모든 활동을 더 단순한 형태로 투사한다. 전문화된 수많은 메커니즘이 레이더망 아래에서 활동하면서 일부는 감각 데이터를 수집하고, 일부는 운동 프로그램을 내보내고, 대다수는 신경망의 주요 임무를 수행한다. 정보 조합, 곧 다가올 일에 대한 예측, 이제 무엇을 해야 할지 결정하는 것이 그런 임무다. 이런 일들이 워낙 복잡하기 때문에, 의식은 큰 그림을 파악하는 데 유용한 요약본을 우리에게 제시한다. 자신의 짝이 될 수 있는 사람, 강, 사과 등을 파악하는 데에 유용한 요약본이다.

눈을 뜨다

'보는' 행위는 워낙 자연스러워 보이기 때문에, 그 과정 저변의 엄청나게 복잡한 과정을 제대로 파악하기가 어렵다. 인간의 뇌에서 약 3분의 1이 시각에 할당되어 있다는 사실이 놀랍게 느껴질지도 모른다. 뇌는 눈으로 쏟아져 들어오는 수많은 광사를 똑똑히 해석하기 위해 엄청난 양의 작업을 수행해야 한다. 엄밀히 말해서, 시각적인 장면은 모두 모호하다. 예를 들어, 아래 그림은 약 500미터 거리에서 바라본 피사의 사탑일 수도 있고 팔길이 정도의 거리에서 본 탑의 장난감 모형일 수도 있다. 두 경우 모두 우리 눈에는 똑같은 이미지로 보인다. 뇌는 눈에 닿은 정보에서 모호한 점을 벗겨내기 위해 맥락을 고려하고, 가정하고, 우리가 곧 배우게 될 수법들을 이용하는 등 엄청난 수고를 들인다. 그러나 이런 일이 모두 손쉽게 이루어지는 것은 아니다. 수십 년 동안 앞을 보지 못하다가 수술로 시력을 회복한 사람들이 좋은 예다. 그들은 곧바로 세상을 보지 못하고, 보는 법을 다시 **배워야** 한다.[3] 처음에는 갖가지 형태와 색깔이 시끄러운 일제사격처럼 쏟아진다. 눈의 기능에는 아무런 문제가 없어도, 뇌는 들어오는 데이터를 해석하는 법을 반드시 배워야 한다.

평생 앞을 보며 살아온 사람들이 시각이 구축되는 것임을 제대로 이해하는 최선의 방법은 시각체계가 착각을 일으킬 때가 많다는 사실을 깨닫는 것이다. 착시 현상은 우리 시스템이 진화하면서 처리

할 수 있게 된 것들의 가장자리에 위치한다. 따라서 이 현상은 뇌를 늘여다볼 수 있는 강력한 창문 역할을 한다.[4]

'착각'을 엄밀하게 정의하는 데에는 조금 어려움이 있다. 눈으로 보는 모든 것이 착각이라고 볼 수 있는 부분이 있기 때문이다. 주변부 시야의 해상도는 김이 서린 샤워실 문으로 바깥을 볼 때와 대략 비슷하다. 그런데도 우리는 주변부를 선명하게 보고 있다고 착각한다. 중심시야가 향하는 곳이 모두 선명히 보이는 것처럼 보이기 때문이다. 다음과 같은 실험을 한번 해보자. 친구에게 색색의 마커나 형광펜 한 줌을 옆으로 쥐고 있으라고 한 다음, 나는 친구의 코에 시선을 고정한다. 그 상태에서 친구가 쥐고 있는 마커나 형광펜의 색깔을 순서대로 열거하려고 시도한다. 이 실험의 결과는 놀랍다. 주변부 시야에 몇 가지 색깔이 보인다 해도, 색깔 순서를 정확히 파악할 수는 없을 것이다. 주변부 시야는 우리가 직감적으로 생각하는 수준보다 한참 더 뒤떨어진다. 전형적인 상황에서 뇌는 주인이 관심을 보이는 대상을 해상도가 높은 중심시야로 곧바로 바라볼 수 있게 눈 근육을 움직이기 때문이다. 어느 쪽으로 시선을 돌리든 시야가 선명하기 때문에, 우리는 시야 전체가 선명하다고 가정해버린다.*

이것은 시작에 불과하다. 우리가 시야의 **경계선**을 인식하지 못한다는 사실을 생각해보자. 바로 앞에 있는 벽의 한 점을 빤히 바라보면서 팔을 뻗어 손가락을 꼼지락거린다. 그 다음에는 손을 귀 쪽으로 천

---

* 이것과 비슷한 질문으로 냉장고 내부 조명이 항상 켜져 있는지 묻는 것이 있다. 우리는 냉장고에 살금살금 다가가 문을 열 때마다 불이 켜져 있다는 이유만으로, 냉장고 조명이 항상 켜져 있다는 잘못된 결론을 내릴 가능성이 있다.

눈동자를 가운데로 모으면, 이 두 사진이 깊이에 관한 신호를
뇌로 보내서 착각을 일으킨다.

천히 움직인다. 그러다 보면 어느 시점에 손가락이 보이지 않게 된다.
이제 손을 다시 앞으로 움직이면 손가락이 보인다. 우리가 시야의 경
계선을 오가고 있기 때문에 나타나는 현상이다. 시야에 경계선이 있
고 그 너머는 우리 눈에 전혀 보이지 않는다는 사실을 우리가 평소 조
금도 인식하지 못하는 것 역시 우리가 항상 관심이 있는 대상에만 시
선을 주기 때문이다. 대다수의 사람들이 시야가 원뿔 모양으로 제한
되어 있다는 사실을 평생 모르고 살아간다는 점이 흥미롭다.

시각을 더 파고들어갈수록, 딱 맞는 조건이 갖춰지기만 하면 뇌
가 너무나 설득력 있는 지각을 내놓는다는 사실이 점점 분명해진다.
깊이에 대한 지각을 예로 들어보자. 사람의 두 눈은 서로 몇 센티미터
떨어져 있어서 각자가 보는 세상의 이미지가 조금 다르다. 몇 센티미
터 떨어진 위치에서 각각 사진을 찍은 다음, 두 사진을 나란히 놓고 보

면 이 사실을 확인할 수 있다. 이제 눈동자를 가운데로 모아 두 사진을 보면, 두 시진이 하나로 합쳐지면서 **깊이**가 나타난다. 정말로 깊이를 인식하게 되는 것이다. 이 지각을 떨쳐버릴 수 없다. 평평한 사진에서 생길 리가 없는 깊이가 생겨나는 현상은, 시각 시스템의 계산이 기계처럼 자동적으로 이루어진다는 사실을 보여준다. 딱 맞는 정보를 입력하기만 하면, 시각 시스템은 우리를 위해 풍성한 세계를 구축해줄 것이다.

가장 널리 퍼진 착각 중 하나는 시각 시스템이 영화 카메라처럼 '세상'을 충실하게 표현해준다는 믿음이다. 아주 간단한 실험만으로 이 믿음이 어리석은 것임을 금방 깨달을 수 있다. 아래에 두 장의 사진이 있다.

둘의 차이가 무엇인가? 찾기 힘들지 않은가? 이제 이 실험을 좀

변화맹

더 역동적인 형태로 바꿔서, 두 사진을 번갈아 보여주자(예를 들어 두 사진을 각각 0.5초씩 보여주되, 사이에 0.1초의 간격을 둔다). 그러면 사진이 크게 달라져도 우리가 알아차리지 못한다는 충격적인 결과가 나온다. 한쪽 사진에 있는 커다란 상자, 지프, 비행기 엔진 등이 다른 사진에는 없어도 우리는 그 차이를 알아차리지 못한다. 우리는 사진을 서서히 기어가듯이 살피며 흥미로운 특징들을 분석하다가 비로소 변화를 감지한다.* 뇌가 일단 필요한 것을 포착하고 나면, 변화를 쉽게 발견할 수 있다. 그러나 이것은 더 이상 조사할 것이 없을 만큼 샅샅이 조사한 뒤에야 가능한 일이다. 이 '변화맹' 현상은 주의력이 얼마나 중요한지 보여준다. 어떤 물체의 변화를 알아차리려면, 반드시 그 물체에 주의를 기울여야 한다.[5]

우리는 세상을 아주 자세히 보고 있다고 은연중에 믿고 있지만, 사실은 그렇지 않다. 우리는 눈이 보는 것들을 대부분 인식하지 못한다. 배우 한 명이 출연하는 단편영화를 보고 있다고 가정해보자. 배우는 오믈렛을 만드는 중이다. 도중에 카메라의 각도가 바뀐다. 만약 배우가 다른 사람으로 바뀌었다면, 우리는 틀림없이 알아차릴 것이다, 그렇지 않은가? 실제로 영화를 보는 사람 중 3분의 2는 알아차리지 못한다.[6]

변화맹을 보여주는 놀라운 실험이 하나 있다. 실험자가 안마당에서 행인을 아무나 붙잡고 길을 물었다. 자신이 실험에 참가한 줄도 모

---

* 아직 두 사진의 차이를 찾아내지 못한 사람들에게 다른 부분을 알려주겠다. 조각상 뒤편 벽의 높이가 다르다.

르는 행인이 길을 한창 설명하고 있을 때, 문짝을 든 일꾼들이 두 사람 사이를 무례하게 기르고 지나갔다. 그 사이 행인 모르게 실험자가 문짝 뒤에 숨어 있던 동료와 자리를 바꿨다. 즉, 문짝이 지나간 뒤 그 자리에 다른 사람이 서 있게 된 것이다. 대다수의 행인들은 대화 상대가 바뀌었다는 사실을 알아차리지 못하고 계속 길을 설명했다.[7] 다시 말해서, 그들은 자기 눈이 보는 정보 중 아주 적은 양만을 처리하고 있었다. 나머지는 그냥 그러려니 짐작할 뿐이었다.

어떤 대상에 시선을 준다고 해서 반드시 그 대상을 보고 있다는 뜻은 아니라는 사실을 신경과학자들이 가장 먼저 알아낸 것은 아니다. 마술사들이 이미 오래전에 이 사실을 알아내서, 이 지식을 이용하는 방법을 완벽하게 다듬었다.[8] 마술사는 관객의 주의력을 자신이 원하는 방향으로 유도해서, 교묘한 손재주를 부린다. 관객들이 빤히 보고 있으니 그들의 술수 또한 알아차려야 마땅한데, 뇌가 망막에 닿는 모든 정보가 아니라 아주 적은 일부만을 처리하기 때문에 마술사들은 걱정할 필요가 없다.

운전자가 눈에 뻔히 보이는 행인을 치거나, 앞에 있는 차를 곧장 들이받거나, 심지어 기차의 옆구리와 충돌하는 교통사고가 엄청나게 많이 발생하는 것도 바로 이 사실을 바탕으로 설명할 수 있다. 교통사고가 발생할 때, 많은 운전자의 눈은 마땅히 보아야 할 곳을 보고 있지만 뇌는 그 정보를 보지 못한다. 시각이란 단순

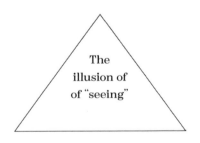

The
illusion of
of "seeing"

히 보는 것만을 의미하지 않는다. 앞 페이지의 삼각형 안에 'of'가 두 번 인쇄되어 있는 것을 여러분 중 대다수가 놓치고 지나가는 이유 또한 이로써 설명할 수 있다.

여기서 얻을 수 있는 교훈은 간단하지만, 심지어 뇌과학자들조차 쉽게 알아차리지 못한다. 시각을 연구하는 학자들은 수십 년 동안 뇌의 시각 영역이 세상의 3차원 모습을 어떻게 재구축하는지 알아내려고 애쓰면서 엉뚱한 곳만 파고들었다. 뇌가 실제로 세상의 3D 모델을 보는 것이 아니라는 사실은 아주 천천히 알려졌다. 뇌가 구축하는 것은 기껏해야 2.5D 스케치와 비슷하다.[9] 뇌가 세상의 모습을 3차원으로 완전히 구축하지 않는 것은, 언제 어디를 봐야 하는지만 대충 파악하면 되기 때문이다.[10] 예를 들어, 우리가 있는 카페를 뇌가 구석구석 세세하게 파악할 필요는 없다. 구체적으로 원하는 것이 생겼을 때 어디를 어떻게 찾아봐야 하는지만 알면 된다. 우리 머릿속의 모델은 우리가 지금 카페에 있고, 왼쪽에는 사람, 오른쪽에는 벽이 있으며, 테이블 위에 몇 가지 물건이 있음을 대략적으로 표시한 형태다. 함께 있는 사람이 "각설탕이 몇 개나 남았어?"라고 물으면, 우리의 주의력은 설탕 그릇을 자세히 조사해서 머릿속 모델에 새로운 데이터를 통합시킨다. 설탕 그릇은 처음부터 줄곧 우리 시야 안에 있었지만, 우리 뇌에는 그 설탕 그릇에 대한 자세한 정보가 없었다. 따라서 전체적인 그림을 더 세세하게 채워 넣으려면 뇌가 추가로 움직여야 한다.

우리는 한 자극의 한 측면만 알아차리고, 동시에 들어오는 다른 자극에는 반응하지 못할 때가 많다. 내가 여러분에게 '|||||||||||'를 보고 이것이 무엇으로 이루어졌는지 말해보라고 하면 어떨까. 여러분은 이

것이 수직선 여러 개로 이루어졌다는 정답을 내놓을 것이다. 그러나 내가 선이 **몇 개**냐고 묻는다면, 여러분은 한동안 말문이 막힐 것이다. 선은 눈에 보이지만, 상당한 노력을 기울이기 전에는 **몇 개**인지 알 수 없다. 우리는 어떤 장면에서 특정한 측면만 알아차릴 수 있다. 우리가 놓친 부분을 인식하게 되는 것은, 누군가가 그 부분에 대해 물었을 때 뿐이다.

혀가 입 속에서 어떤 위치에 있는가? 누가 이런 질문을 던지면 우리는 대답할 수 있다. 하지만 그 질문을 듣기 전에는 아마 혀의 위치를 몰랐을 것이다. 뇌는 대체로 많은 것을 알아둘 필요가 없다. 밖에서 데이터를 가져오는 방법을 알 뿐이다. 뇌는 '꼭 필요한 것만 안다'는 원칙을 바탕으로 삼는다. 우리가 혀의 위치를 계속 의식적으로 알아두지 않는 것은 그 지식이 유용하게 쓰이는 경우가 아주 드물기 때문이다.

사실 우리는 스스로 질문을 던져보기 전에는 알아차리는 것이 별로 없다. 지금 왼발에 신고 있는 신발이 어떻게 느껴지는가? 배경음처럼 들려오는 에어컨 소리의 높이는 어느 정도인가? 앞에서 변화맹을 이야기할 때 보았던 것처럼, 우리는 감각기관이 뻔히 알아차릴 수 있는 것들을 대부분 인식하지 못한다. 주의력이라는 자원을 작은 부분에 기울인 뒤에야 그동안 놓치고 있던 것을 인식한다. 집중력을 발휘하기 전에는 그런 세세한 부분을 인식하지 못한다는 사실을 대부분 인식하지 못한다. 따라서 세상에 대한 우리 인식이 그 세상을 정확히 재현하지 못할 뿐만 아니라, 세상을 세세하게 온전히 보고 있다는 우리의 믿음 또한 거짓이다. 실제로는 우리가 꼭 알아야 하는 것만 보기 때문이다.

러시아의 심리학자 알프레드 야르부스는 1967년에 뇌가 어떤 방식으로 세상을 조사해서 자세한 정보를 수집하는지를 살펴보았다. 그는 시선 추적기를 이용해서 실험 참가자가 어디를 보고 있는지 정확히 측정한 다음, 참가자에게 일리야 레핀의 그림 〈뜻밖의 방문객〉을 보라고 말했다.[11] 실험 참기지기 할 일은 그 그림올 자세히 살펴보는 것뿐이었다. 또는 그림 속 사람들이 '뜻밖의 방문객'이 들어오기 직전에 무엇을 하고 있었을지 추측해보라고 요구하기도 했다. 사람들이 얼마나 부자인지, 나이가 몇 살인지, 뜻밖의 방문객이 얼마 만에 나타난 건지 말해보라고 할 때도 있었다.

그 결과는 놀라웠다. 어떤 질문을 던지는가에 따라 시선이 완전히 다른 패턴으로 움직인 것이다. 사람들은 자신에게 던져진 질문과 관련해서 최대한 정보를 모을 수 있는 방식으로 그림을 살펴보았다. 사람들의 나이를 물었을 때, 시선은 얼굴로 향했다. 재산에 대해 물었을 때는, 옷과 집 안의 물건들 주위에서 시선이 춤을 추었다.

이것이 무슨 의미인지 생각해보라. 뇌는 세상으로 손을 뻗어 필요한 유형의 정보를 적극적으로 추출한다. 〈뜻밖의 방문객〉에서 모든 것을 한꺼번에 알아낼 필요는 없다. 모든 정보를 뇌 안에 저장해둘 필요도 없다. 정보를 찾기 위해 어디로 가야 하는지만 알면 된다. 세상을 조사할 때 눈은 임무에 나선 요원처럼 데이터 수집을 위한 전략을 최적화한다. 눈은 비록 '우리 것'이지만, 우리는 눈이 어떤 임무를 수행 중인지 잘 알지 못한다. 정체를 숨기고 활약하는 블랙 요원처럼, 눈은 우리의 투박한 의식이 따라가기에는 너무 빠른 속도로 레이더

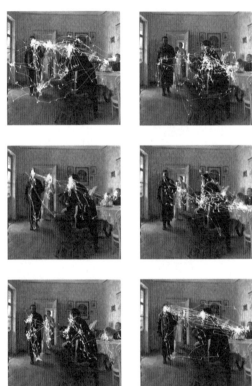

같은 사람의 시선 움직임을 여섯 번 기록한 결과. 모두 3분 동안의 움직임을 기록한 것이다. 1) 자유롭게 살펴보기. 2) 그림 속 가족의 물질적인 상황을 추정하기. 3) 사람들의 나이를 말하기. 4) '뜻밖의 방문객'이 나타나기 전에 이 가족이 무엇을 하고 있었는지 추측하기. 5) 사람들이 입은 옷을 기억하기. 6) '뜻밖의 방문객'이 얼마 만에 나타난 것인지 추정하기. 야르부스, 1967.

망 아래에서 움직인다.

여러분이 이 책을 읽는 동안 시선이 어떻게 움직이는지 생각해보라. 눈은 여기서 저기로 펄쩍펄쩍 움직인다. 그 속도와 의도, 정밀함을 알아보려면, 책을 읽는 다른 사람을 관찰하기만 하면 된다. 하지만 우리는 눈이 그토록 활발하게 책을 조사하고 살핀다는 사실을 전혀 인식하지 못한다. 마치 책 속의 생각이 안정적인 세싱에서 머릿속으로 곧장 흘러들어오는 것 같다.

* * *

보는 행위에 전혀 노력이 필요한 것 같지 않다는 점에서, 우리는 물을 이해해보라는 도전에 맞닥뜨린 물고기와 같다. 물고기는 물 외에 다른 것을 경험한 적이 없으므로, 물을 보거나 상상하기가 거의 불가능하다. 그러나 호기심 많은 물고기 옆을 지나 솟아오르는 거품이 결정적인 단서를 제공해줄 수 있다. 거품처럼 착시도 우리가 평소 당연히 여기던 것에 주의를 기울이게 만들 수 있다. 이런 의미에서 착시는 뇌 속에서 돌아가는 메커니즘을 이해하는 데 필수적인 도구다.

오른쪽 그림 같은 정육면체 그림을 본 적이 있을 것이다. 이 정육면체는 '다중 안정multistable' 자극의 한 예다. 우리 인식이 달라질 때마다 그림이 획획 바뀐다는 뜻이다. 정육면체의 '앞'면이라고 생각되는 곳을 고른 뒤 정육면체를 잠시 바라보면 가끔 앞면이

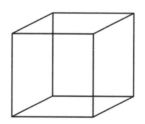

뒷면처럼 보이면서 정육면체의 방향이 바뀐다는 것을 알게 된다. 하지만 계속 바라보면 방향이 다시 처음 상대로 비낀다. 이렇게 정육면체의 방향이 두 상태를 오가는 상황에는 놀라운 점이 하나 있다. **종이 위의 그림은 전혀 바뀌지 않았으니, 변화가 일어난 곳은 틀림없이 우리 뇌일 것이라는 점.** 시각은 수동적이지 않고 능동적이다. 시각 시스템이 자극을 해석하는 방법은 하나가 아니기 때문에, 여러 가능성 사이를 획획 오간다. 얼굴-화병 착각을 일으키는 아래 그림에서도 똑같은 지각 역전을 볼 수 있다. 어떤 때는 얼굴이 보이고 어떤 때는 화병이 보인다. 종이 위의 그림은 전혀 변하지 않았는데도. 하지만 우리가 얼굴과 화병을 동시에 볼 수는 없다.

　　능동적인 시각이라는 원칙을 보여주는 더 놀라운 사례들이 있다. 왼쪽 눈에 보여주는 이미지(예를 들면, 소)와 오른쪽 눈에 보여주는 이미지(예를 들면, 비행기)가 서로 다를 때 지각 전환이 일어난다. 둘을 동시에 볼 수는 없다. 두 이미지를 융합해서 볼 수도 없다. 둘을 차례로 번갈아 볼 수 있을 뿐이다.[12] 시각 시스템은 상충하는 정보 사이의 싸움을 중재한다. 따라서 우리는 정말로 존재하는 것을 보는 대신, 순간순간 싸움에서 승리한 지각을 본다. 세상은 변하지 않았으나, 우리 뇌가 서로 다른 해석 결과를 역동적으로 제시하는 것이다.

뇌는 세상을 능동적으로 해석하는 데에서 그치지 않고, 자주 정해진 임무의 한계를 벗어나 없는 것을 꾸며낸다. 눈 뒤편에 광수용기 세포가 모여 있는 특수한 막인 망막을 예로 들어보자. 프랑스의 철학자이자 수학자인 에듬 마리오트는 1668년 상당히 뜻밖의 사실을 우연히 발견하게 되었다. 망막에 광수용기가 없는 구역이 상당한 크기로 존재한다는 사실이었다.[13] 이 사실에 마리오트가 놀란 것은, 시야가 끊김 없이 이어지는 것처럼 보이기 때문이었다. 광수용기가 없는 구역에서 시야에 구멍이 뚫리는 일은 없다.

아니, 정말로 그런가? 마리오트는 이 문제를 더 깊이 파고들다가, 우리 시야에 실제로 구멍이 있다는 사실을 깨달았다. 나중에 '맹점'이라고 불리게 된 곳이다. 맹점의 존재를 증명하고 싶다면, 왼쪽 눈을 감은 채로 오른쪽 눈으로 그림 속 + 기호를 계속 보면 된다.

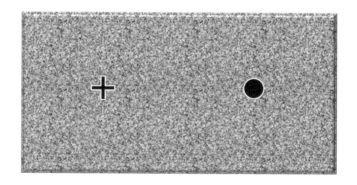

그 상태로 종이를 얼굴에 가깝게 댔다가 멀리 움직이기를 반복하면, 검은 점이 사라진다(십중팔구 종이가 약 30센티미터 거리에 있을 때). 점이 맹점에 위치하기 때문에 더 이상 볼 수 없게 되는 것이다.

맹점이 작다고 생각하면 안 된다. 사실 엄청나게 크다. 밤하늘에 떠 있는 달의 지름을 생각해보라. 우리 맹점 안에는 달 열일곱 개가 들어갈 수 있다.

그렇다면 마리오트 이전에 누구도 시야에 난 구멍을 알아차리지 못한 이유가 무엇일까? 미켈란젤로, 셰익스피어, 갈릴레이 같은 눈부신 천재들이 우리 시야의 이 기본적인 사실을 어떻게 죽을 때까지 감지하지 못했을까? 우리에게는 눈이 두 개 있고, 두 눈의 맹점이 서로 겹치지 않는 다른 위치에 있다는 것이 이유 중 하나다. 즉, 두 눈을 모두 뜨고 있으면 눈앞의 광경을 완전히 볼 수 있다. 그러나 이보다 더 의미심장한 이유는, 맹점 때문에 빠진 정보를 뇌가 '채워 넣는다'는 것이다. 앞의 그림 속 점이 맹점에 왔을 때, 점이 있어야 할 위치에 무엇이 보이는지 보라. 점이 사라져도, 그 자리에 하얀색이나 검은색 구멍이 나타나지는 않는다. 뇌가 배경 패턴을 '만들어서' 채워 넣기 때문이다. 시야의 특정한 지점에서 아무런 정보가 들어오지 않을 때, 뇌는 그 주위의 패턴으로 그 구멍을 메운다.

그러니 우리는 실제 세상을 인식하는 것이 아니다. 뇌가 우리에게 보여주는 것을 인식할 뿐이다.

* * *

    1800년대 중반 무렵, 독일의 물리학자 겸 의사인 헤르만 폰 헬름홀츠(1821~1894)는 눈에서 뇌로 가는 소량의 데이터로는 풍부한 시각 경험을 설명할 수 없을 것 같다는 의심을 품기 시작했다. 그는 들어오는 데이터와 관련해서 뇌가 가정을 할 것이며, 이런 가정의 비탕이 되는 것은 우리의 예전 경험일 것이라는 결론을 내렸다.[14] 다시 말해서, 소량의 정보를 얻은 뇌가 추측을 최대한 동원해서 그 정보를 더 크게 키운다는 뜻이다.

    이렇게 생각해보자. 뇌는 과거의 경험을 바탕으로, 위에 있는 광원이 시각적인 광경을 밝힌다고 가정한다.[15] 따라서 아래 그림에서 위가 밝고 아래는 어두운 원은 밖으로 튀어나오는 것처럼 보일 것이고, 반대로 위가 어둡고 아래가 밝은 원은 안으로 꺼지는 것처럼 보일 것이다. 이 그림을 90도 회전시키면 이 착각이 사라지면서, 모든 원이 위아래 밝기가 다른 평면에 불과하다는 사실을 분명히 알 수 있다. 그러나 그림을 다시 회전시키면, 깊이의 차이가 보이는 듯한 환상에서 벗어날 수 없다.

    광원에 관한 가정 때문에 뇌는 그림자에 대해서도 역시 무의식적인 가정을 한다. 사각형과 그림자가 있는 그림에서 그림자가 갑자기 움직인다면, 우리는 사각형의 깊이가 달라졌다고 생각할 것이다.[16]

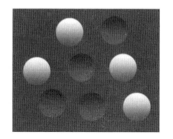

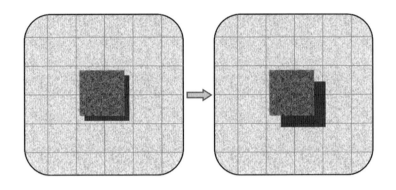

　위 그림을 보라. 사각형은 전혀 움직이지 않았다. 그림자를 나타
낸 검은 사각형의 위치가 살짝 바뀌었을 뿐이다. 이런 변화가 일어난
것은 머리 위의 광원 위치가 갑자기 바뀌었기 때문일 수도 있지만, 천
천히 움직이는 태양과 고정된 전깃불을 이미 경험한 우리의 지각은
자동적으로 더 가능성이 높은 설명에 기울어진다. 즉, 물체가 자신을
향해 움직였다고 생각한다는 뜻이다.

　헬름홀츠는 시각과 관련된 이 개념을 '무의식적인 추론'으로 명명
했다. 여기서 '추론'은 뇌가 눈앞에 있을지도 모르는 광경을 추측한다
는 뜻이고, '무의식적'이라는 말은 우리가 이 과정을 전혀 의식하지 못
한다는 점을 일깨워준다. 우리는 세상에 관한 통계치를 모아 추정치
를 내놓는 신속한 자동 기계에 접근할 길이 없다. 빛과 그림자의 연극
을 즐기며, 그 기계의 혜택을 누릴 뿐이다.

위치가 변하지 않은 바위가 어떻게 위로 올라갈 수 있는가?

이 기계를 자세히 살펴보면, 시각피질이라고 불리는 영역에서 특수세포와 회로로 이루어진 복잡한 시스템을 볼 수 있다. 이 회로들 사이에는 분업이 존재한다. 색깔 전문가, 움직임 전문가, 윤곽 전문가 등 수많은 속성을 지닌 전문 회로들이 있다는 뜻이다. 그들은 서로 조밀하게 연결되어 있으며, 하나의 집단으로서 같은 결론에 도달한다. 필요할 때는 〈의식 일보〉에 헤드라인을 하나 올려보낸다. 버스가 오고 있다거나, 방금 누군가가 작업용 미소를 보냈다는 내용만 들어 있는 헤드라인이다. 다양한 자료를 인용하지도 않는다. 시각의 저변에 복잡한 신경 기계가 있어도 보는 행위 자체는 쉽다는 생각이 들 때가 있다. 그러나 실제로는 그 복잡한 신경 기계 덕분에 보는 행위가 쉽게 이루어지는 것이다.

이 시스템을 자세히 들여다보면, 시각을 여러 부분으로 해체할 수 있음을 알게 된다. 폭포를 몇 분 동안 빤히 바라보다가 시야를 옮기면, 근처의 바위처럼 정지한 물건들이 순간적으로 위로 올라가는 것처럼 보일 것이다.[17] 실제로 바위의 위치가 바뀌는 것은 아니다. 분명히 움직이는 것처럼 보이는데도 그렇다. 우리 운동 감지기의 불균형한 활동(보통 상승 신호 뉴런들은 하강 신호 뉴런들과 밀고 당기는 관계로 균형을 유지하고 있다)으로 우리가 위치 변동이 없는 움직임이라는 불가능한 광경을 보게 된 것이다. 이런 착시 현상(운동 여파 또는 폭포 착시라고 불린다)에 관한 연구는 무려 아리스토텔레스 시대까지 거슬러 올라가는 풍부한 역사를 갖고 있다. 이 착시 현상은 시각이 여러 모듈의

위치 변화가 없어도 움직임이 보일 때가 있다. (a) 첫 번째 그림처럼 명암의 대비가 큰 그림은 운동 감지기를 자극해서, 고리 주변이 계속 움직이는 것 같은 인상을 준다. (b) 비슷한 원리로, 두 번째 그림의 지그재그 바퀴도 천천히 돌아가는 것처럼 보인다.

산물임을 보여준다. 시각 시스템의 일부가 바위들이 움직이고 있다고 (틀린) 주장을 하는 반면, 다른 부분들은 바위의 위치가 실제로 변하지 않았다고 주장하기 때문에 벌어지는 현상이다. 철학자 대니얼 데닛의 주장처럼, 순진하게 내면 성찰에 의존하는 사람은 시각을 텔레비전 화면으로 은유한다.[18] 그러나 뇌가 만들어내는 시각 세계는 정지와 움직임이 동시에 발생할 수 없는 텔레비전 화면과 완전히 달라서, 위치 변화 없는 움직임이라는 결론에 가끔 다다르기도 한다.

위치 변화 없는 움직임이라는 착시 현상은 많이 존재한다. 위의 그림은 운동 감지기를 제대로 건드리기만 한다면, 가만히 있는 그림도 움직이는 것처럼 보일 수 있다는 사실을 보여준다. 이런 착시 현상이 존재하는 것은, 그림 속의 음영이 시각 시스템의 운동 감지기를 정확히 자극하기 때문이다. 이런 감지기의 활동은 운동 지각에 **상당한**

다. 밖에서 뭔가가 움직이고 있다고 운동 감지기가 단언하면, 우리 의식은 아무런 의심 없이 그것을 믿는다. 아니, 단순히 믿기만 하는 것이 아니라 실제로 **경험한다**.

1978년에 일산화탄소에 중독된 한 여성[19]이 이 원칙을 보여주는 놀라운 사례가 되었다. 다행히 그녀는 목숨을 잃지 않았지만, 시각 시스템의 일부와 연결된 뇌가 돌이킬 수 없는 손상을 입었다. 구체적으로 말하자면, 운동과 관련된 부위가 손상되었다. 시각 시스템의 다른 부분은 온전했으므로, 그녀는 정지한 물체를 보는 데에 아무런 문제가 없었다. 눈앞에 있는 공이나 전화기를 잘 볼 수 있었다는 뜻이다. 하지만 움직임은 볼 수 없었다. 인도에서 길을 건너려고 할 때, 빨간 트럭이 저쪽에 서 있는 것, 잠시 뒤 앞에 나타난 것, 또 잠시 뒤에는 그녀의 앞을 지나쳐 반대편에 나타난 것을 볼 수 있을 뿐이었다. 트럭의 **움직임**을 전혀 감지하지 못했다. 병에서 물을 따를 때도, 물병이 기울어진 모습, 그 다음에는 반짝이는 물기둥이 물병에 매달린 모습, 마지막으로 잔에서 흘러넘친 물이 웅덩이를 이룬 모습이 보일 뿐이었다. 물이 흘러내리는 모습은 보지 못했다. 그녀의 삶은 스냅사진의 연속이었다. 폭포 효과와 마찬가지로, 이처럼 움직임을 보지 못하는 그녀의 상태는 위치와 움직임이 뇌에서 별개로 인식된다는 사실을 보여준다. 움직임은 세상을 보는 우리 시각에 '그림처럼 덧붙여'진다. 옆의 그림에 움직이는 듯한 느낌이 잘못 덧붙여지는 것과 같다.

물리학자는 움직임을 시간의 흐름에 따른 위치 변화로 본다. 그러나 뇌에는 자기만의 논리가 있기 때문에, 신경과학자가 아니라 물리학자의 관점에서 움직임을 생각한다면 사람의 작동 방식에 대해 틀린 예측을 하게 된다. 야구 외야수가 플라이를 잡을 때를 생각해보자. 외야수는 공을 잡기 위해 어디로 달려가야 하는지를 어떻게 알아낼까? 그들의 뇌는 십중팔구 순간순간 공의 위치를 알려줄 것이다. 공이 저기 있다, 조금 가까워졌다, 더 가까워졌다. 정말로 그런가? 아니다.

그렇다면 외야수의 뇌가 공의 속도를 계산하는 거겠지? 맞는가? 아니다.

가속도를 계산하나? 아니다.

과학자이자 야구팬인 마이크 맥비스는 플라이를 잡을 때 신경이 수행하는 숨은 계산을 알아보려고 나섰다.[20] 그 결과 외야수가 무의식적인 프로그램을 이용한다는 사실을 알게 되었다. 이 프로그램은 어디로 가야 하는지를 알려주지 않고, 단순히 계속 달리는 법을 알려줄 뿐이다. 포물선을 그리며 날아가는 공이 외야수의 시각에서는 항상 직선으로 움직이는 것처럼 보이게 달려가는 법을 알려준다. 만약 공의 경로가 직선에서 벗어나는 것처럼 보이면, 외야수는 달려가는 경로를 수정한다.

이 간단한 프로그램의 기묘한 예측 때문에 외야수는 공의 낙하 지점을 향해 곧바로 달려가는 대신 묘하게 휘어진 경로로 달려가 그 지점에 이른다. 맥비스가 동료들과 함께 공중에서 찍은 영상에서 실제로 확인되는 모습이다.[21] 이런 달리기 전략은 공과 외야수의 교차점이 어디인지 전혀 알려주지 않는다. 그 지점에 도달하기 위해 어떻게 움직여야 하는지를 알려줄 뿐이다. 따라서 외야수들이 잡을 수 없는 플라이를 잡으려고 뛰어가다가 벽과 충돌하는 일이 일어나곤

한다.

　시스템이 위치, 속도, 가속도를 명백히 알려주지 않아도 야구선수가 성공적으로 공을 잡거나 가로챌 수 있음을 이제 알게 되었다. 물리학자라면 십중팔구 이런 결과를 예측하지 못할 것이다. 내면 성찰은 뇌에서 벌어지는 일과 관련해서 의미 있는 통찰력을 별로 제공해주지 못한다는 사실을 똑똑히 보여주는 사례다. 라이언 브라운이나 맷 켐프 같은 뛰어난 외야수들은 자기들이 이런 프로그램을 돌리고 있다는 사실을 전혀 알지 못한다. 그냥 그 결과를 즐기면서 두둑한 보상을 챙길 뿐이다.

보는 법을 배우다

　마이크 메이는 세 살 때 화학약품 폭발로 시력을 완전히 잃었다. 그래도 그는 굴하지 않고 세계에서 가장 뛰어난 시각장애인 다운힐 스피드스키 선수가 되었다. 그뿐만 아니라 일도 잘하고, 가정에도 충실했다. 그런데 시력을 잃은 지 43년이 지났을 때, 새로운 수술법 덕분에 시력을 회복할 수 있을지도 모른다는 말을 들었다. 시각장애인으로서 성공적인 인생을 살고 있었지만, 그는 그 수술을 받기로 결정했다.

　수술이 끝나고 눈을 가린 붕대가 제거되었다. 마이크는 사진가를 동반하고 의자에 앉아, 두 자녀가 들어오기를 기다렸다. 대단히 중요한 순간이었다. 이제 선명해진 눈으로 자식들의 얼굴을 처음으로 보게 될 테니. 그때 찍은 사진에서 아이들은 활짝 웃는 반면, 마이크는 기쁘면서도 어색한 미소를 짓고 있다.

감동적인 장면이 되었어야 하는데, 실제로는 그렇지 않았다. 문제가 있었다. 마이크의 눈에는 이제 아무런 문제가 없는데도, 그는 자기 앞의 물체들을 바라보며 완전히 당황하고 있었다. 마구 쏟아져 들어오는 정보를 그의 뇌가 어떻게 해석해야 할지 모르기 때문이었다. 그는 아들들의 얼굴을 보지 못하고, 도저히 해석할 수 없는 선과 색과 빛의 감각을 경험하고 있을 뿐이었다. 눈의 기능이 정상인데도 그에게는 **시각**이 없었다.[22]

이런 일이 생기는 것은 뇌가 보는 법을 **배워야** 하기 때문이다. 칠흑같이 어두운 두개골 속에 몰아치는 기묘한 전기 폭풍은 세상의 모든 물체들이 감각과 어떻게 어우러지는지를 우리가 한참 동안 파악한 뒤에야 비로소 의식적인 정보로 요약된다. 복도를 걷는 경험을 생각해보자. 마이크는 평생 복도를 걸어본 경험 덕분에, 양쪽 벽이 팔을 벌리면 닿을 거리에서 복도 끝까지 평행으로 뻗어 있다는 사실을 알고 있었다. 따라서 시각을 회복했을 때, 양쪽 시야가 멀리서 한 점으로 수렴하는 현상을 이해할 수 없었다. 그의 뇌가 보기에는 전혀 말이 되지 않는 현상이었다.

비슷한 맥락에서, 나는 어렸을 때 만난 시각장애인 여성이 자기 방의 윤곽과 가구들의 위치를 너무 상세히 알고 있는 것에 감탄한 적이 있었다. 나는 앞을 볼 수 있는 사람보다 더 정확하게 방의 청사진을 그릴 수 있느냐고 그녀에게 물었다. 그러자 그녀는 깜짝 놀랄 만한 대답을 했다. 자신은 절대 청사진을 그릴 수 없다는 것이었다. 앞이 보이는 사람들이 3차원(방)을 2차원(평평한 종이)으로 전환하는 과정을 그녀는 이해하지 못하기 때문이었다. 그녀에게 그것은 전혀 말이 안 되는 일이었다.[23]

시각은 사람이 선명한 눈으로 세상을 바라볼 때 단순히 **존재**하는 것이 아니다. 시신경을 타고 들어오는 전기-화학 신호들을 해석하는 법을 훈련해야 한다. 마이크의 뇌는 자신의 움직임에 따라 감각적인 결과가 어떻게 달라지는지 이해하지 못했다. 예를 들어, 그가 왼쪽으로 고개를 움직이면, 눈앞의 광경은 오른쪽으로 움직인다. 앞을 볼 수 있는 사람들의 뇌는 그런 현상을 예측할 수 있게 되었기 때문에 그것을 무시하는 법을 알고 있다. 그러나 마이크의 뇌는 이런 기묘한 현상 앞에서 당황했다. 여기에 핵심적인 사실 하나가 드러나 있다. 감각적인 결과를 정확히 예측할 수 있을 때에만 의식적인 시각 경험이 발생한다는 것.[24] 이 점에 대해서는 곧 다시 설명하겠다. 따라서 비록 시각이 객관적인 광경을 그대로 보여주는 것처럼 보여도, 실제로는 거저 주어지는 것이 아니다. 반드시 학습을 거쳐야 한다.

마이크는 여러 주 동안 이리저리 움직이면서 사물을 빤히 바라보고, 의자를 발로 차보고, 은으로 만든 제품을 자세히 살펴보고, 아내의 얼굴을 만져본 뒤에야 다른 사람들처럼 시각을 경험하게 되었다. 이제는 우리와 똑같이 시각을 경험한다. 다만 우리보다 더 감사할 뿐이다.

* * *

마이크의 이야기는 뇌가 물밀듯이 들어오는 정보를 받아들여 해석하는 법을 배울 수 있음을 보여준다. 하지만 하나의 감각으로 다른 감각을 대신할 수 있다는 기괴한 예측 또한 이 이야기만으로 가능할까? 비디오카메라의 데이터 스트림을 받아들여 맛이나 촉감 같은 다른 감각에 입력되는 정보로 바꾸는 방식으로 세상을 볼 수 있을지를 묻는 것이다. 믿을 수 없겠지만, 이 질문의 답은 '그렇다'이다. 이제 곧 보게 되겠지만, 그 결과 또한 심오하다.

뇌로 보기

1960년대에 위스콘신대학교의 신경과학자 폴 바흐이리타는 시각장애인에게 시각을 부여하는 방법을 곱씹어 생각하기 시작했다.[25] 그의 아버지가 얼마 전 뇌중풍에서 기적적으로 회복했는데, 폴은 뇌의 역동적인 재구성 가능성에 매혹되었다.

그의 머릿속에서 어떤 의문 하나가 점점 자라났다. 뇌가 한 감각을 다른 감각으로 대체할 수 있을까? 바흐이리타는 시각장애인에게 촉감을 '보여주는' 시도를 해보기로 했다.[26] 그가 생각한 방법은 다음과 같다. 누군가의 이마에 비디오카메라를 부착하고, 거기서 들어오는 시각 정보를 변환해 등에 부착된 작은 진동기로 전달한다. 이 장치를 부착하고, 눈을 가린 채 방 안을 걸어다니는 상상을 해보자. 처음에는 기묘한 패턴의 진동이 등에 느껴질 것이다. 움직임에 따라 진동 또한 변하겠지만, 도대체 뭐가 어떻게 돌아가는지 파악하기가 상당히 어려울 것이다. 그래서 커피 탁자에 정강이를 찧은 뒤에는 이런 생각이 들 것이다. "이건 정말 눈으로 보는 것과 다른데."

정말 그럴까? 시각장애인이 이 시각-촉감 대체안경을 쓰고 일주일 동안 돌아다니다 보면, 새로운 환경에서도 상당히 잘 움직일 수 있게 된다. 등으로 전달되는 촉감을 해석해서 어떻게 움직여야 할지 알아낼 수 있기 때문이다. 하지만 놀라운 부분은 이것이 아니다. 그들이 정말로 촉감을 받아들여 그것으로 앞을 **볼** 수 있게 된다는 점이 놀랍다. 충분한 연습을 거치고 나면, 촉감 정보가 점점 해석이 필요한 인지 퍼즐이라기보다 직접적인 감각으로 변한다.[27]

등에서 오는 신경신호가 시각을 대체할 수 있다는 사실이 이상하게 보인다면, 시각을 전달하는 수많은 신경신호의 경로가 등의 신경신호 경로와 다를 뿐이라는 점을 명심해야 한다. 뇌는 두개골 안에서 절대적인 어둠 속에 갇혀 있다. 뇌 자체는 아무것도 보지 못한다. 자신에게 전달되는 작은 신호를 알 뿐이다. 그런데도 우리는 세상의 모든 색채와 빛과 어둠을 인식할 수 있다. 뇌는 어둠 속에 있어도, 우리 정신은 빛을 구축한다.

뇌에게는 신호가 어디서 오는지가 중요하지 않다. 눈에서 오든, 귀에서 오든, 완전히 다른 곳에서 오든 상관없다. 우리 움직임, 즉 밀거나 쿵 하고 때리거나 발로 차는 움직임과 그 신호의 상관관계가 일관되게 유지되기만 한다면, 뇌는 우리가 시각이라고 부르는 그 직접적인 지각을 구축할 수 있다.[28]

다른 종류의 감각 대체에 대한 연구도 활발히 진행 중이다.[29] 극단적인 암벽등반가인 에릭 와이헨메이어를 생각해보자. 그는 가파른 암벽에서 몸을 위로 밀어올린 뒤, 얄팍한 틈새나 턱에 발과 손으로 위험하게 매달리는 방식으로 암벽등반을 한다. 그의 이런 재주를 더욱 놀랍게 만드는 것은 그가 시각장애인이라는 사실이다. 그는 망막층 간분리증이라는 희귀한 눈 질환을 지닌 채 태어나, 열세 살 때 시력을 잃었다. 그래도 산악인이 되겠다는 꿈을 포기하지 않고, 2001년 에베레스트산을 등반한 최초의 시각장애인이 되었다. 현재 그는 입 안에 격자 모양으로 설치된 600여 개의 작은 전극을 이용해서 암벽을 오른다. 브레인포트라고 불리는 이 장치[30] 덕분에 암벽을 오를 때 **혀로** 앞을 볼 수 있다. 혀는 보통 맛을 감지하는 기관이지만, 표면에 찌릿거리는 전극 그리드를 설치하면 습기와 화학적인 환경 때문에 훌륭한 뇌-기계 인터페이스가 된다.[31] 이 그리드는 시각 정보를 전기 펄스 패턴으로 번역해서 거리, 형태, 움직임의 방향, 크기 등 보통 시각으로 판별하는 특징들을 혀가 알아볼 수 있게 해준다. 눈이 아니라 뇌로 앞을 본다는 사실을 일깨워주는 장치다. 원래 이 기술은 에릭처럼 앞을 보지 못하는 사람을 돕기 위해 개발되었지만, 최근에는 혀 그리드에 적외선이나 수중 음파탐지기 정보를 입력해서 다이버들이 탁한 물속에서도 앞을 볼 수 있게 해주거나 군인들이 어둠 속에서 360도 시야를 갖게 해주는 방식으로도 이용된다.[32]

에릭은 혀 자극이 처음에는 정체를 알 수 없는 윤곽이나 형태로 인식되었다고 말한다. 그러나 그는 그 자극을 좀 더 깊이 이해하는 법을 금방 깨우쳤다. 이제는 커피 잔을 손으로 들거나 딸과 함께 축구공을 발로 차서 주고받는 동작도 할 수 있다.[33]

혀로 앞을 본다는 말이 이상하게 들린다면, 시각장애인이 점자를 익힐 때의 경험을 생각해보자. 처음에는 점자가 오톨도톨한 점에 불과하지만, 점차 의미를 지니게 된다. 그래도 인지적인 퍼즐이 직접적인 지각으로 변해가는 과정을 상상하기 힘들다면, 이 페이지의 글자들을 자신이 어떻게 읽는지 생각해보면 된다. 우리 눈이 그 화려한 형체들을 쉽사리 훑어보는 동안, 우리는 그 글자들을 자신이 번역하고 있음을 인식하지 못한다. 그냥 의미를 알아차릴 뿐이다. 우리가 인지하는 것은 각 글자의 기초적이고 상세한 특징이 아니라 언어다. 이 점을 확실히 이해하고 싶다면, 아래의 글자를 한번 읽어보라.

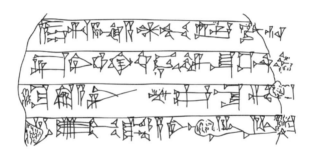

우리가 고대 수메르인이라면, 이 글자들의 뜻을 금방 알아차릴 것이다. 우리가 글자의 형태를 일일이 인식하지 않아도, 글자들의 의미가 즉시 우리에게 흘러든다. 아래의 문자는 중국 징훙景洪 출신이라면 금방 해석할 수 있다(중국 다른 지역 출신은 안 된다).

ᦀ ᦷᦎ ᦀᦲᧃ ᦺᦞᦃᦳᦎᦳᦺ ᦓᦴᦂ᧖ ᦺᦎ ᦷᦎ ᦃᦲᧂ ᦚᦳᧂᦔᧆ ᦉᦺᦳᦺᦴ ᦺᧆᧈᦺᦴ ᧖ᧈᦉ ᦺᦎ ᦷ.

다음 문장은 이란 북서부의 발루치어를 읽을 줄 아는 사람에게는 참을 수 없을 만큼 웃긴 내용이다.

차례대로 제시된 쐐기문자, 뉴타이루 문자, 발루치 문자가 우리에게 뜻을 알 수 없는 낯선 문자인 것처럼, 이 문자들을 사용하는 사람들에게는 영어가 뜻을 알 수 없는 낯선 문자다. 우리가 영어를 비롯해 모국어를 어려움 없이 이해하는 것은, 글자를 인지하고 번역하는 일이 이미 직접적인 지각으로 전환되었기 때문이다.

뇌로 전달되는 전기 신호도 마찬가지다. 처음에는 무의미하게 느껴지지만, 시간이 흐르면서 의미가 생긴다. 우리가 지금 이 단어들의 의미를 곧바로 '알아보는' 것과 똑같이, 뇌는 시간에 맞춰 쏟아져 들어오는 전기 신호와 화학 신호를 '알아본다'. 마이크 메이의 뇌가 쏟아져 들어오는 신경 신호라는 글자들을 이해하려면 아직 번역이라는 과정을 거쳐야 한다. 예를 들어, 눈에 뒤덮인 소나무들 사이를 뛰어가는 말이 있다고 가정할 때, 달리는 말이 만들어내는 시각 신호는 움직임에 따라 급작스럽게 활발해지지만 그는 해석할 수 없다. 앞에 무엇이 있는지 거의 알 수 없다. 마이크의 망막에 닿는 신호는 발루치 문자와 같아서, 일일이 힘들게 해석해야 한다. 에릭 와이헨메이어의 혀가 뇌에 보내는 신호도 뉴타이루 문자와 같다. 그러나 충분한 연습을 거치면, 뇌가 그 언어를 이해할 수 있게 된다. 그 시점에 이르면 에릭은 마치 모국어를 이해하듯이 시각 정보를 즉시 명확하게 이해할 수 있다.

뇌의 가소성이 낳는 놀라운 결과가 여기 있다. 앞으로 우리는 새로운 종류의 데이터 스트림, 즉 적외선 시각이나 자외선 시각, 심지어는 날씨 데이터나 주식시장 데이터까지 뇌에 직접 꽂을 수 있게 될지 모른다.[34] 처음에는 뇌가 이 데이터를 잘 흡수하지 못하겠지만, 결국 이 언어를 터득할 것이다. 뇌에 새로운 기능을 첨가해서 뇌 2.0을 만들 수 있다는 뜻이다.

이건 SF 같은 이야기가 아니다. 이런 연구는 이미 시작되었다. 최근 제럴드 제이컵스와 제리미 네이선스는 인간의 광색소(망막에서 특정한 파장의 빛을 흡수하는 단백질) 유전자를 색맹인 생쥐에게 삽입했다.[35] 그 결과는? 생쥐가 색을 구분할 수 있게 되었다. 이 생쥐들에게 파란 버튼을 누르면 보상을 얻지만 빨간 버튼을 누르면 보상을 얻을 수 없는 일을 시킨다고 가정해보자. 생쥐들이 한 번 시도할 때마다 버튼의 위치가 제멋대로 바뀐다. 실험 결과 유전자가 수정된 생쥐는 파란 버튼을 선택하는 법을 터득하는 반면, 일반 생쥐는 버튼을 구분하지 못하기 때문에 무작정 버튼을 골랐다. 수정된 생쥐의 뇌가 눈이 말하는 새로운 방언을 듣는 법을 깨우친 것이다.

진화라는 자연 실험실에서 인간도 비슷한 현상을 겪는다. 인간 여성 중 적어도 15퍼센트는 유전자 변이로 추가 (네 번째) 유형의 색깔 광수용기를 갖고 있어서, 색깔 광수용기가 세 종류뿐인 대다수 사람들에게는 똑같아 보이는 색깔을 구분할 수 있다.[36] 대다수 사람들의 눈에는 똑같은 색으로 보이는 천이 이 여성들의 눈에는 확연히 다르게 보이는 것이다. (패션계의 논쟁 중 이 유전자 변이의 비중이 얼마나 되는지는 아직 누구도 확실히 밝혀내지 못했다.)

따라서 뇌에 새로운 데이터 스트림을 꽂는 것은 이론적인 개념이 아니다. 이미 다양한 모습으로 존재하는 현상이다. 새로운 정보가 얼마나 쉽사리 이용할 수 있는 정보로 바뀌는지 알면 놀랄 것이다. 폴 바흐이리타는 수십 년의 연구를 다음과 같이 간단히 요약했다. "뇌에 그냥 정보를 주면, 뇌가 알아서 할 것이다."

이런 이야기를 듣고 우리가 현실을 지각하는 방식에 대한 견해가 바뀌었다면, 더 단단히 각오하기 바란다. 이야기가 점점 더 이상해지기 때문이다. 이제 보는 행위와 눈이 사실 별로 관계가 없는 이유를 알아볼 차례다.

안에서 일어나는 활동

지각에 대한 전통적인 시각에서, 감각기관의 데이터는 뇌로 쏟아져 들어와 감각의 위계구조를 타고 올라가서 광경, 소리, 냄새, 맛, 감촉이 '지각되게' 한다. 그러나 데이터를 더 자세히 살펴보면 이런 시각이 틀린 것 같다는 생각이 든다. 뇌가 주로 닫힌 시스템이며, 내부에서 생성되는 활동으로 돌아간다는 견해는 적절하다.[37] 이런 활동의 사례를 우리는 이미 많이 알고 있다. 예를 들어, 호흡, 소화, 걷기는 뇌간과 척수에서 자율적으로 돌아가는 활동 생성기에 의해 통제된다. 꿈을 꾸는 수면 중에 뇌는 정상적으로 입력되는 정보와 차단되어 있기 때문에, 내적인 활성화만이 피질을 자극한다. 깨어 있는 상태에서는 내적인 활동이 상상과 환각의 기초가 된다.

이런 주장에서 더 놀라운 부분은 외부의 감각 데이터가 내부 데이터를 **생성**하는 것이 아니라 단순히 **조정**할 뿐이라는 점이다. 스코틀랜드의 산악인 겸 신경생리학자인 토머스 그레이엄 브라운은 1911년 걷기를 위해 근육을 움직이는 프로그램이 척수 조직에 내장되어 있음을 보여주었다.[38] 그는 고양이 다리의 감각신경을 끊은 뒤에도 고양이가 트레드밀에서 완전히 정상적으로 걸을 수 있음을 증명했다. 걷기 프로그램이 척수 내에서 생성되며, 다리의 감각 정보는 (예를 들어 고양이가 미끄러운 바닥에 발을 디뎌서 쓰러지지 않고 균형을 잡을 필요가 있을 때) 그 프로그램을 조정하는 데에만 사용된다는 뜻이었다.

척수뿐만 아니라 중추신경계 전체가 이런 식으로 작동한다는 것이 뇌가 깊이 간직한 비밀이다. 감각기관의 정보가 내부에서 생성된 활동을 조정한다. 이 주장을 따른다면, 깨어 있는 상태와 수면 상태의 차이점은 눈에서 들어오는 데이터가 지각을 **고정**시킨다는 것뿐이다. 수면 중의 시각(꿈)은 현실 속의 무엇과도 연결되지 않은 지각이다. 깨어 있을 때의 지각은 눈앞의 광경에 조금 더 기울어져 있을 뿐 꿈을 꿀 때와 비슷하다. 고정되지 않은 지각을 보여주는 다른 사례들은 칠흑같이 어두운 독방의 죄수나 감각이 차단된 방 안의 사람에게서 찾을 수 있다. 두 상황 모두 금방 환각으로 이어진다.

안질환으로 시력을 상실하는 사람들 중 10퍼센트는 시각적인 환각을 경험한다. 샤를 보네 증후군이라는 별난 질환을 앓는 사람들은 점차 시력을 잃어가면서 꽃, 새, 사람, 건물 등을 보기 시작하는데, 그것들이 실제가 아니라는 사실을 본인도 알고 있다. 1700년대에 살았던 스위스 철학자 보네는 백내장으로 시력을 잃어가던 자신의 할아버지가 물리적으로 존재하지 않는 사물이나 동물을 보고 반응하는 것을 알아차리고 이 증후군을 처음으로 기록했다.

이 증후군이 문헌에 등장한 지 수백 년이나 되었는데도 진단 사례가 많지 않은 데에는 두 가지 이유가 있다. 첫째, 이 증후군에 대해 아는 의사가 많지 않아서 보통 치매로 진단한다. 둘째, 환각을 경험하는 환자 본인이 현재 눈앞에 보이는 광경에 뇌가 만들어낸 가짜가 섞여 있음을 알고 당황한다. 여러 조사 결과에 따르면, 대부분의 환자들은 정신병 진단을 받을까 두려워서 의사에게 환각 증상을 끝내 언급하지 않는다.

의사에게 가장 중요한 것은 환자가 현실 여부를 확인해서 자신이 환각을 보고 있음을 알 수 있는가 하는 점이다. 만약 환각임을 깨달을 수 있다면, 거짓 환각이라는 이름이 붙는다. 물론 자신이 환각을 보는지 판단하기가 상당히 어려울 때도 있다. 지금 책상 위에 은색 펜이 놓여 있는 환각을 보더라도 그것이 워낙 있을 법한 광경이기 때문에, 현실이 아니라고는 추호도 의심하지 않을 수 있다. 환각을 쉽게 알아차릴 수 있는 것은 기괴한 환각을 볼 때뿐이다. 어쩌면 우리 모두 항상 환각을 보는 것일 수도 있다.

앞에서 보았듯이, 이른바 정상적인 지각이 반드시 환각과 다르지는 않다. 환각이 외부 정보로 고정되지 않았다는 점이 다를 뿐이다. 환각은 고정되지 않은 시각에 불과하다.

이런 기묘한 사실들을 하나로 모으면, 아주 놀랍고 새로운 시각으로 뇌를 바라보게 된다. 이제 곧 그 점을 자세히 살펴보겠다.

* * *

뇌의 기능에 관한 초창기 가설들은 컴퓨터를 비유 대상으로 삼았다. 뇌는 정보가 입출력되는 장치이고, 이 장치가 다양한 단계를 거쳐 감각기관의 정보를 처리해서 종착점에 이른다는 것이다.

그러니 뇌 회로가 단순히 A-B-C로 연결되지 않는다는 사실이 밝혀지면서, 이런 조립라인 모델에 의심의 눈길이 쏠리기 시작했다. 뇌 회로에는 C에서 B로, C에서 A로, B에서 A로 연결된 피드백 고리가 있다. 뇌 전역에 정보를 앞으로 보내는 회로만큼이나 많은 피드백 회로가 있는데, 이것을 전문용어로는 순환recurrence이라고 하고 구어로는 그냥 고리가 많다loopiness고 한다.[39] 시스템 전체의 모양은 조립라인보다 시장과 아주 많이 닮았다. 주의 깊은 관찰자라면, 신경회로의 이런 특징을 보고 시각 지각은 눈에서 시작되어 뇌 뒤편의 어느 신비로운 종착점에서 끝나는 고속 정보처리과정이 아닐 수 있다는 가능성을 즉시 떠올릴 것이다.

사실 피드백 고리들이 워낙 광범위하게 연결되어 있어서 시스템이 정보를 거꾸로 돌리는 것도 가능하다. 다시 말해서, 1차 감각 영역이 그 다음의 고등 영역을 위해 정보를 처리해서 점차 더 복잡하게 해석하는 기능을 할 뿐이라는 가설과 대조적으로 고등 영역 역시 1차 영역에 말을 건다는 뜻이다. 예를 들어, 눈을 감고 빨간색과 하얀색 식탁보 위에서 보라색 잼 병을 향해 개미가 기어가는 광경을 상상해 보자. 시각 시스템의 하위 영역이 바로 반짝 밝아지면서 활성화된다. 우리가 실제로 그 개미를 보고 있지는 않지만, 마음의 눈으로는 보고 있다. 고등 영역이 하위 영역을 돌리고 있기 때문이다. 비록 눈이 뇌의 하위 영역에 정보를 입력하는 기능을 하지만, 여러 영역들이 이렇게 서로 연결되어 있다는 것은 어두운 두개골 속에서 자기들만의 힘으로도 문제 없이 기능을 발휘할 수 있음을 뜻한다.

아직 더 기묘한 이야기가 남아 있다. 풍요로운 시장을 닮은 구조 때문에 여러 감각들이 서로에게 영향을 미쳐 감각기관이 들려주는 이야기를 바꿔놓는다. 눈을 통해 들어온 정보는 단순히 시각 시스템만의 몫이 아니다. 뇌의 다른 영역들도 여기에 관여한다. 복화술사가 재주를 부릴 때, 소리는 복화술사의 입에서 들려오지만 우리 눈은 움직이는 다른 입(복화술사가 조종하는 인형의 입)을 본다. 그래서 뇌는 그 소리가 인형의 입에서 곧바로 들려온다는 결론을 내린다. 복화술사가 목소리를 우리에게 '던지는' 것이 아니다. 우리 뇌가 알아서 결론을 내리는 것이다.

또 다른 예로 맥거크 효과를 살펴보자. 한 음절(바) 소리를 다른 음절(가)을 발음하는 입술 움직임 영상과 동기화하면, 우리가 또 다른 음절(다)을 듣고 있다는 강력한 착각이 만들어진다. 뇌의 회로들이 조밀하게 많은 고리로 연결되어 있기 때문에, 목소리와 입술 움직임이 정보처리단계 초기에 결합되어서 나타나는 결과다.[40]

시각은 보통 청각보다 우세하지만, 섬광 착시효과는 반대 사례다. 섬광이 일 때 삐 소리가 두 번 동반되면, 섬광이 두 번 나타난 것처럼 보인다.[41] 이것은 '청각 효과'라는 다른 현상과 연결되어 있다. 청각 효과는 깜박이는 빛에 동반된 삐 소리의 속도가 달라질 때마다 빛이 깜박이는 속도도 달라지는 것처럼 보이는 현상이다.[42] 이런 간단한 환상은 신경회로의 작용에 대한 강력한 단서 역할을 하면서, 시각 시스템과 청각 시스템이 서로 밀접하게 연관되어 바깥세상에서 일어나는 일들에 대해 통일된 이야기를 들려주려고 시도한다는 사실을 알려준다. 개론서에 나오는 시각의 조립라인 모델은 단순히 오해의 소지가 있는 정도가 아니라 완전히 틀린 가설이다.

* * *

그렇다면 고리가 많은 뇌에는 어떤 이점이 있는가? 첫째, 자극-반응 행동 패턴을 넘어서서 감각기관의 정보가 실제로 입력되기 전에 예측하는 능력을 생명체에 부여해준다. 야구에서 플라이를 잡으려 할 때를 생각해보자. 우리가 조립라인과 비슷한 장치일 뿐이라면 플라이를 잡을 수 없다. 빛이 망막에 닿는 순간부터 우리가 운동기관에 명령을 내릴 때까지 수백 밀리초씩 처리가 지연되는 일이 수없이 일어나기 때문이다. 손을 뻗어봤자 항상 공이 있던 자리만 더듬게 될 것이다. 우리가 플라이를 잡을 수 있는 것은 순전히 내부의 물리적 모델이 단단히 연결되어 있기 때문이다.[43] 이 내부 모델은 중력가속도를 감안할 때 공이 언제 어디에 떨어질지를 예측한다.[44] 우리가 평생 지상에서 평범하게 살아온 경험이 이렇게 예측을 수행하는 내부 모델을 단련시킨다. 즉, 뇌는 가장 최근에 감각기관에서 들어온 데이터만을 이용하는 데서 그치지 않고 공이 곧 도달할 위치에 대한 예측을 구축한다.

이것은 외부세계의 내부 모델이라는 폭넓은 개념의 구체적인 사례다. 뇌는 우리가 특정한 조건에서 어떤 행동을 수행하면 어떤 일이 벌어질지 내부적으로 시뮬레이션을 돌린다. 내부 모델은 (공을 잡거나 피하는 등) 움직임을 취하는 데 모종의 역할을 할 뿐만 아니라, 의식적인 **지각**의 기반이 된다. 학자들은 포착된 데이터의 구축이 아니라 감각기관에서 들어오는 데이터와 기대를 서로 맞춰보는 방식으로 지각이 작동한다는 가설을 1940년대에 이미 검토하기 시작했다.[45]

이상한 소리처럼 들리겠지만, 우리의 기대가 시각에 영향을 미친다는 관찰 결과가 이 가설에 영감을 주었다. 믿기지 않는가? 다음 페이지의 그림에 무엇이 있는지 살펴보라. 만약 그림 속 얼룩들에 대해 뇌가 미리 기대하는 바가 없다면, 우리 눈에는 얼룩만 보일 것이다. 그림에서 무엇이든 '보기' 위해서는 감각기관에서 들어오는 데이터와 우리의 기대를 서로 맞춰야 한다.

이 가설의 가장 초기 사례 중 하나를 제공한 사람은 신경과학자 도널드 매카이였다. 그는 1956년 시각피질이 근본적으로 세상의 모델을 만들어내는 기계와 같다는 의견을 내놓았다.[46] 1차 시각피질이 내부 모델을 구축하면, 그 덕분에 망막에서 쏟아져 들어오는 데이터를 미리 기대하게 된다는 것이 그의 주장이었다(해부학적인 설명을 보려면 부록 참조). 피질은 자신의 예측을 시상으로 보내고, 시상은 눈을 통해 들어오는 정보와 예측 사이의 **차이**를 보고한다. 그리고 그 차이에 관한 정보만 피질로 회신한다. 즉, 예측되지 않는 정보만 보낸다는 뜻이다. 내부 모델은 이 정보로 수정돼서 미래에 발생할 차이를 줄인다. 뇌는 이렇게 자신의 실수에 주의를 기울이는 방식으로 외부세계 모델을 다듬는다. 매카이는 1차 시각피질에서 시상으로 향하는 섬유

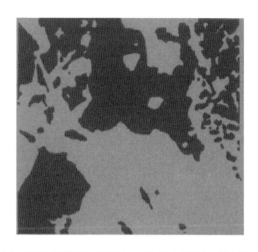

지각에서 기대의 역할을 보여주는 그림. 위의 얼룩은 보통 처음에는
무의미하게 보이지만, 어떤 힌트가 주어지면 의미 있는 그림이 된다. (이 그림이 얼룩처럼
보여도 걱정할 필요 없다. 이 장의 뒷부분에 힌트가 있다.) 아히사와 호슈타인, 2004.

조직이 반대 방향의 조직보다 열 배나 된다는 해부학적 사실에 이 모
델이 어긋나지 않는다는 점을 지적한다.

　이 모든 설명에서 알 수 있는 것은, 내부 예측과 감각기관 정보를
적극적으로 비교한 결과가 지각에 반영되어 있다는 점이다. 이 덕분
에 우리는 더 커다란 개념, 즉 감각기관의 정보가 예측과 어긋났을 때
에만 주위에 대한 의식이 발생한다는 개념을 이해할 수 있게 된다. 뇌
가 외부세계의 모습을 성공적으로 예측한다면, 뇌가 일을 아주 잘하
고 있다는 뜻이므로 우리가 의식할 필요가 없다. 예를 들어 처음 자전
거를 배울 때에는 의식적으로 몹시 정신을 집중해야 한다. 그러나 어
느 정도 시간이 흘러 감각-운동 예측이 완벽하게 다듬어지면, 자전거

타기는 무의식적인 활동이 된다. 물론 자신이 자전거를 타고 있다는 사실을 의식하지 못한다는 뜻은 아니다. 핸들을 잡는 법, 페달에 가하는 압력, 몸통의 균형잡기를 일일이 의식하지 않게 된다는 뜻이다. 광범위한 경험 덕분에 뇌는 앞으로 무엇을 예측해야 하는지 정확히 알고 있다. 따라서 우리는 강한 바람이나 타이어 펑크 등 뭔가 변화가 생기지 않는 한 자신의 움직임도 감각도 의식하지 못한다. 새로운 상황이 발생하면 평소의 예측이 어긋나게 되므로, 의식이 활동을 개시해서 내부 모델을 조정한다.

　우리의 행동과 그 결과로 생겨나는 감각에 대한 이런 예측 때문에 우리는 자신의 몸을 간질여도 간지럼을 느끼지 않는다. 다른 사람의 손길에 간지럼을 느끼는 것은, 그들의 움직임을 우리가 예측할 수 없기 때문이다. 정말로 원한다면, 자신의 움직임도 예측할 수 없게 만들어 간지럼을 느낄 수는 있다. 시간 지연 조이스틱으로 깃털의 위치를 조종한다고 상상해보자. 우리가 스틱을 움직이면 적어도 1초가 지난 뒤에야 깃털이 움직인다. 그러면 깃털의 움직임을 예측할 수 있는 능력이 사라져, 우리는 자기 몸에 스스로 간지럼을 태울 수 있다. 흥미로운 것은, 조현병 환자들이 스스로 간지럼을 태울 수 있다는 점이다. 자신의 움직임과 그로 인한 감각의 시퀀스를 어긋나게 만드는 시간감각 때문이다.[47]

　뇌에 피드백 고리가 많고 내부 역학이 작동한다는 사실을 알면, 기괴하게 보이던 무질서를 이해할 수 있게 된다. 뇌중풍으로 시력을 잃었는데 환자 본인은 그 사실을 **부정**하는 안톤증후군[48]을 예로 들어보자. 의사 여러 명이 병상을 둘러싸고 서서 말한다. "존슨 부인, 지금

병상 옆에 서 있는 저희가 몇 명입니까?" 그러면 환자는 자신 있게 대답한다. "네 명이에요." 하지만 사실은 일곱 명이다. 의사 한 명이 말한다. "존슨 부인, 제가 지금 손가락 몇 개를 들고 있죠?" 환자가 대답한다. "세 개요." 사실 의사는 손가락을 들고 있지 않다. 의사가 "제 셔츠 색깔이 뭡니까?"라고 물으면, 환자는 하얗다고 대답하지만 사실은 파라색이다. 안톤증후군 환자들은 시력을 잃지 않은 척 **행세**하는 것이 아니다. 그들은 정말로 자신이 앞을 본다고 믿는다. 그들이 말로 하는 대답은 사실과 다를지언정 거짓말이 아니다. 그들은 스스로 시각이라고 믿는 것을 경험하고 있다. 다만 그것이 내부에서 생성되었을 뿐이다. 안톤증후군 환자는 보통 뇌중풍 발작을 겪은 뒤 한동안 병원을 찾지 않는다. 자신이 시력을 잃었음을 전혀 모르기 때문이다. 가구와 벽에 많이 부딪히고 난 뒤에야 비로소 뭔가가 잘못됐음을 느끼게 된다. 환자의 대답이 기괴하게 들릴지 몰라도, 내부 모델이라고 생각하면 이해할 수 있다. 뇌중풍 때문에 외부 데이터가 도달해야 할 곳에 도달하지 못하니, 환자가 경험하는 현실은 현실과 별로 상관없이 뇌가 생성해낸 것뿐이다. 이런 의미에서 환자의 경험은 꿈, 마약에 취한 상태, 환각과 다르지 않다.

우리는 얼마나 먼 과거에 살고 있나

뇌가 만들어내는 것은 시각과 청각만이 아니다. 시간감각도 있다. 우리가 손가락을 튕기면, 눈과 귀가 그 동작에 대한 정보를 인지한다. 그리고 뇌가 그 정보를 처리한다. 그러나 뇌에서 신호는 상당히 느리게 움직인다. 구리선에서 전자가 신호를 운반하는 속도에 비하면 수백만 분의 1밖에 되지 않기 때문에, 손가락을 튕기는 행위에 대한 정보를 신경이 처리하는 데에는 시간이 걸린다. 따라서 우리가 그 행위를 인지했을 때, 그 행위 자체는 이미 과거의 일이다. 우리가 인식하는 세상은 항상 현실보다 조금 뒤처져 있다. 다시 말해서, 세상에 대한 우리의 지각은 **실제로는** 생방송이 아닌 텔레비전 '생방송' 프로그램(《새터데이 나이트 라이브》를 생각해보라)과 같다. 이 프로그램들은 실제보다 몇 초 뒤에 방송되는데, 혹시 누가 부적절한 언어를 사용하거나 자해하거나 옷을 잃어버리는 등 사고가 일어날 수 있기 때문이다. 우리가 의식하는 삶도 마찬가지다. 많은 정보를 수집한 뒤에야 생방송으로 송출되기 때문이다.[49]

이보다 더 이상한 사실은, 청각 정보와 시각 정보가 뇌에서 각각 다른 속도로 처리된다는 점이다. 그런데도 손가락이 움직이는 모습과 손가락을 튕기는 소리가 동시에 발생하는 것처럼 보인다. 게다가 우리가 손가락을 튕기기로 결정하고 실행하는 그 순간에 실제로 행동이 일어나는 것처럼 보인다. 동물에게는 시간감각이 중요하기 때문에, 우리 뇌는 신호를 유용하게 하나로 모으기 위해 상당히 화려한 편집 작업을 한다.

가장 기본적으로 알아야 할 것은, 시간이 실제로 일어나고 있는 일의 정확한 바로미터가 아니라 정신적인 구조물이라는 점이다. 시간과 관련해서 이상한 일이 벌어지고 있음을 우리가 스스로 증명할 방법이 있다. 거울로 자신의 눈을 보면서 눈의 초점을 오른쪽 눈, 왼쪽 눈, 오른쪽 눈으로 옮겨보라. 우리 눈이 한 위치에서 다른 위치로 움직이는 데에는 수십 밀리초가 걸리지만, 신기하게도 우리는 그 움직임을 결코 보지 못한다. 눈이 움직이는 그 시간의 차이가 어디로 가버린 것일까? 우리 뇌는 시각 정보가 입력되지 않는 그 짧은 시간에 왜 신경을 쓰지 않을까?

어떤 사건이 지속되는 시간 또한 쉽게 왜곡될 수 있다. 벽시계를 흘깃 보기만 해도 이 사실을 알아차릴 수 있다. 초침이 조금 길게 멈춰 있는 듯하다가 평소 속도대로 움직이는 것. 실험실에서는 간단한 조작만으로 지속시간이 얼마나 쉽게 변형되는지가 드러난다. 예를 들어, 내가 여러분의 컴퓨터 화면에 30초 동안 정사각형을 보여준다고 상상해보자. 그 다음에 그것보다 큰 정사각형을 화면에 띄우면, 여러분은 그 정사각형이 화면에 더 오래 있었다고 생각할 것이다. 내가 더 밝은 정사각형을 띄워도 마찬가지다. 움직이는 정사각형도 마찬가지고. 모두 처음 정사각형보다 더 오래 화면에 있는 것처럼 보일 것이다.[50]

시간의 기묘함을 보여주는 또 다른 사례로, 우리가 어떤 행동을 수행할 때와 그 결과를 감지할 때를 어떻게 알아내는지 생각해보자. 엔지니어라면 자신이 시점 1에서 한 행동이 시점 2에서 감각 피드백을 낳을 것이라고 합리적으로 가정할 수 있다. 따라서 실험실에서 1 이전에 2가 발생하는 것처럼 보이게 만들 수 있다는 사실을 알면 그 엔지니어는 놀랄 것이다. 어떤 버튼을 누르면 빛이 번쩍인다고 가정해보자. 그런데 우리가 버튼을 누르는 순간과 빛이 번쩍이는 순간 사이에 살짝 틈을 끼워 넣는다. 버튼을 여러 번 누른 뒤에, 여러분의 뇌는 이 시간적인 틈에 적응한다. 그래서 행동과 결과 사이의 간격이 조금 짧아진 것처럼 보인다. 이렇게 이 시간적인 틈에 적응하고 나면, 버튼을 누른 직후 빛을 터뜨려 우리가 여러분을 깜짝 놀라게 한다. 이런 상황에서 여러분은 자신이 행동하기도 전에 빛이 터졌다고 믿게 된다. 행동과 감각의 순서가 뒤바뀐 착각을 경험하는 것이다. 행동을 한 뒤 지체 없이 감각이 그 결과를 지각해야 한다는 기존의 기대 때문에, 운동과 감각의 순서가 재조정된 결과가 이 착각에 반영된 듯하다. 입력되는 신호의 시간에 대한 기대를 조정하는 최선의 방법은 바깥세상과 상호작용을 주고받는 것이다. 사람이 어떤 것을 발로 차거나 손으로 두드릴 때마다, 뇌는 소리, 광경, 촉감이 동시에 발생할 것이라고 짐작할 수 있다. 그런데 그 신호 중 하나가 조금 늦게 도착하면, 뇌는 기대치를 조정해서 행동과 감각 사이의 간격이 더 짧은 것처럼 보이게 만든다.

행동과 감각 신호의 시간을 해석하는 것은 단순한 뇌의 술수가 아니다. 인과관계라는 문제를 해결하는 데 필수적이다. 인과관계에는 기본적으로 시간적 순서에 대한 판단이 필요하다. 내 행동이 감각 정보 입력보다 먼저인가 아니면 나중인가? 여러 감각이 공존하는 뇌 안에서 이 문제를 정확히 해결하는 유일한 방법은 신호 시간에 대한 기대치를 잘 조정하는 것이다. 그래야 여러 감각 경로에서 각각 다른 속도로 정보가 들어와도 '먼저'와 '나중'을 정확히 파악할 수 있다.

시간 지각은 내 연구실을 비롯한 여러 연구실의 활발한 연구 주제다. 그러나 내가 여기서 지적하고 싶은 가장 중요한 점은 우리의 시간감각(시간이 얼마나 흘렀는지, 그리고 언제 무슨 일이 일어났는지)이 뇌에서 만들어진다는 것이다. 그리고 이 감각 또한 시각과 마찬가지로 쉽게 조종할 수 있다.

따라서 우리 감각에 관한 첫 번째 교훈은, 감각을 믿지 말라는 것이다. 우리가 어떤 것을 사실로 **믿는다**는 이유만으로, 사실이라고 **안다**는 이유만으로, 그것이 사실이 되지는 않는다. 전투기 조종사에게 가장 중요한 격언은 '계기판을 믿어라'다. 우리 감각이 가장 망신스러운 거짓말을 하기 때문이다. 조종실 계기판 대신 그 감각을 믿었다가는 추락할 것이다. 그러니 다음에 누가 "거짓말을 하는 네 눈과 내 말 중 무엇을 믿을래?"라고 물으면, 신중하게 생각해야 한다. 어쨌든 우리는 '바깥세상'을 아주 조금만 인식할 뿐이다. 뇌는 시간과 자원을 절약하기 위해 미리 여러 짐작과 가정을 하고, 꼭 필요한 만큼만 세상을 보려고 한다. 우리는 세상의 많은 것들에 대해 스스로 질문을 던져보기 전에는 그것들을 의식하지 못한다는 사실을 깨달음으로써 자기발굴 여행의 첫발을 내디뎠다. 우리가 접근할 수 없는 뇌의 여러 부위에서 바깥세상에 대한 지각이 만들어진다는 사실을 이제 우리는 알게 되었다.

접근할 수 없는 기계와 풍부한 착각이라는 원칙이 시각과 시간감각이라는 기본적인 지각에만 적용되는 것은 아니다. 이보다 높은 차원, 즉 생각과 느낌과 믿음에도 적용된다. 다음 장에서는 이 점을 살펴보겠다.

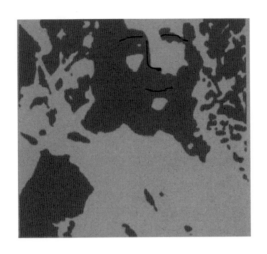

힌트를 보면 그림 속에서 수염을 기른 사람의 형상이 나타난다.
기대와 예측이 없을 때 눈에 닿는 빛의 패턴만으로는
보통 시각이 형성되기에 불충분하다.

3장
무의식이 하는 일

"나는 나의 모든 것을 알 수 없다."
_아우구스티누스

차선 바꾸기

우리 뇌가 아는 것과 우리 머리가 접근할 수 있는 것 사이에는 무서운 구렁이 있다. 차를 몰다가 차선을 바꾸는 간단한 행동을 생각해 보자. 눈을 감고 상상 속의 운전대를 잡는다. 그리고 차선을 바꾸는 과정을 머릿속으로 실행한다. 우리가 왼쪽 차선에 있다가 오른쪽 차선으로 옮겨가고 싶어한다고 가정하자. 책을 내려놓고 실제로 이 상상을 해보기 바란다. 여러분이 머릿속으로 차선 바꾸기를 올바르게 해낼 수 있다면, 내가 100점을 드리겠다.

상당히 쉬운 일이 아닌가. 아마 여러분은 운전대를 똑바로 붙잡고 잠시 오른쪽으로 돌렸다가 다시 똑바로 되돌릴 것이다. 아무 문제 없다.

거의 모든 사람이 그렇듯이, 여러분도 완전히 틀렸다.[1] 운전대를 오른쪽으로 조금 돌렸다가 다시 똑바로 되돌리면 여러분은 도로를 벗어나게 될 것이다. 방금 왼쪽 차선에서 인도로 올라가는 동작을 한 것이다. 차선을 바꾸기 위한 올바른 동작은 운전대를 오른쪽으로 돌린 다음, 그만큼 왼쪽으로 돌렸다가 똑바로 되돌리는 것이다. 믿을 수 없다고? 다음에 운전석에 앉았을 때 스스로 확인해보라. 워낙 간단한 동작이라서, 여러분은 매일 아무 문제 없이 이 동작을 수행한다. 하지만 의식적으로 생각해보라고 하면 당황한다.

차선 바꾸기는 수많은 사례 중 하나일 뿐이다. 우리는 뇌가 지속적으로 수행하는 수많은 활동을 의식하지 못한다. 의식하고 싶지도 않다. 그랬다가는 잘 굴러가는 뇌의 활동에 오히려 방해가 될 것이다. 피아노 연주를 망치는 가장 좋은 방법은 손가락에 정신을 집중하는 것이다. 숨이 가빠지는 가장 좋은 방법은 숨 쉬는 행위에 대해 생각하는 것이다. 골프공을 제대로 맞히지 못하는 가장 좋은 방법은 자신의 스윙을 분석하는 것이다. 이 지혜는 아이들도 잘 알고 있다. 또한 '어리둥절한 지네' 같은 시를 통해 이 지혜가 영원히 남아 있게 되었다.

지네는 행복했어요,
개구리가 재미로
"다리가 움직이는 순서를 말해줄래?"라고 말하기 전에는.
머리가 너무나 복잡해져서
지네는 도랑에 괴롭게 누웠어요.
달리는 법을 알 수 없어서.

차선 바꾸기 같은 움직임을 기억하는 능력을 절차기억이라고 부른다. 이것은 암묵기억의 한 형태다. 우리 뇌가 갖고 있는 지식에 우리 정신이 드러내놓고 접근하지 못한다는 뜻이다.[2] 자전거 타기, 신발 끈 묶기, 자판 치기, 휴대전화로 통화하면서 주차하기 등이 여기에 속한다. 우리는 이런 행동을 쉽게 해내지만, 그 방법을 자세히 알지는 못한다. 카페테리아에서 쟁반을 들고 다른 사람들을 피해 움직일 때 근육들이 완벽하게 시간을 맞춰 수축하고 이완하는 과정을 전혀 설명하지 못하는데도, 우리는 아무 문제 없이 그 행동을 해낸다. 뇌가 해낼 수 있는 일과 우리가 의식적으로 접근할 수 있는 정보 사이에 격차가 있기 때문이다.

암묵기억이라는 개념에는, 비록 잘 알려지지 않았지만 풍부한 전통이 있다. 1600년대 초 르네 데카르트는 세상에 대한 경험이 기억 속에 저장되기는 해도 우리가 접근하지 못하는 기억도 있는 것 같다는 생각을 이미 갖고 있었다. 1800년대 말에 이 개념에 다시 불을 붙인 심리학자 헤르만 에빙하우스는 "이런 경험 대부분이 계속 의식과 차단되어 있지만, 과거의 경험이 진짜임을 입증해주는 의미심장한 효과를 만들어낸다"[3]고 썼다.

의식이 유용하기는 해도, 아주 특정한 종류의 임무에서 조금 유용할 뿐이다. 우리가 복잡한 근육의 움직임을 의식적으로 인식하지 않는 편이 나은 이유는 쉽게 이해할 수 있다. 그러나 같은 원칙을 지각, 생각, 믿음에 적용하면 그렇게 직관적으로 이해하기가 힘들다. 이것들 역시 수많은 신경세포의 활동이 만들어낸 최종적인 결과물이라는 점은 같은데도. 이제 이 점을 살펴보자.

병아리 감별사와 비행기 식별가의 수수께끼

세계 최고의 병아리 감별사는 모두 일본 출신이다. 대규모의 상업적인 양계장에서 병아리가 태어나면 성별을 식별해서 나누는 작업이 시작된다. 이것을 병아리 감별이라고 부른다. 이런 작업이 필요한 것은 성별에 따라 다른 먹이가 주어지기 때문이다. 나중에 알을 낳게 될 암컷 병아리의 식단과 달걀 생산에는 아무 쓸모가 없어서 보통 처분되는 운명을 맞는 수컷 병아리의 식단이 다르다. 양계장에서 처분하지 않고 식용으로 살을 찌우는 수컷은 몇 마리밖에 되지 않는다. 따라서 병아리 감별사는 병아리를 일일이 들어 재빨리 성별을 확인해서 분류하는 일을 한다. 문제는 이 일이 어렵기로 유명하다는 점이다. 병아리 암컷과 수컷이 정확히 똑같이 생겼기 때문이다.

아니, 거의 똑같다고 해야겠다. 일본 사람들은 항문 감별이라는 방법을 개발했다. 전문적인 병아리 감별사가 태어난 지 하루 된 병아리의 성별을 신속하게 확인하는 방법이다. 전 세계의 가금류 사육업자들은 1930년대부터 이 기법을 배우려고 일본의 병아리 감별 학교를 찾아왔다.

그런데 이 방법이 정확히 어떻게 수행되는지 누구도 설명하지 못했다는 점이 수수께끼다.[4] 아주 섬세한 시각적 단서가 기반이 되는 것 같은데, 전문적인 감별사도 그 단서가 무엇인지 설명하지 못했다. 그들은 그저 병아리의 꽁무니(항문이 있는 곳)를 보기만 해도 어느 쪽으로 분류해야 할지 그냥 아는 것 같았다.

전문 감별사가 학생들에게 가르치는 내용도 똑같았다. 교사는 제자 옆에 서서 지켜보기만 했다. 제자는 병아리를 들어 항문을 살펴보고 어느 쪽으로 보낼지 결정한다. 그러면 교사는 학생이 맞았는지 틀렸는지 알려준다. 이런 일을 몇 주 동안 하고 나면, 제자의 뇌가 단련되어 (비록 무의식적이긴 해도) 전문가의 반열에 올랐다.

한편, 멀고 먼 바다 건너에서도 비슷한 일이 벌어지고 있었다. 제2차 세계대전 중 언제 폭격이 있을지 모르는 상황에서 영국 사람들은 다가오는 비행기를 빨리 정확하게 식별할 필요가 있었다. 집으로 돌아오는 영국 비행기인가, 아니면 폭격하러 오는 독일 비행기인가? 비행기에 열광하는 여러 사람이 뛰어난 '식별' 솜씨를 보여주었기 때문에, 군은 그들의 재주를 열심히 활용했다. 그들의 재주가 워낙 귀해서 정부는 재빨리 더 많은 식별가들을 징병하려 했으나 그런 사람을 찾기가 쉽지 않았다. 따라서 정부는 기존의 식별가들에게 새로운 식별가의 훈련을 맡겼다. 그러나 결과가 좋지 않았다. 식별가들이 자신의 전략을 설명하려다 실패한 탓이었다. 아무도 그들의 설명을 이해하지 못했다. 심지어 식별가들 자신도 마찬가지였다. 병아리 감별사처럼 비행기 식별가도 자신이 어떻게 그런 일을 해낼 수 있는지 잘 몰랐다. 그냥 비행기를 보고 답을 알아차릴 뿐이었다.

영국 사람들은 약간의 창의력을 발휘해서 새 식별가를 훌륭하게 훈련하는 방법을 마침내 찾아냈다. 시행착오를 통한 피드백이 그 방법이었다. 신참이 틀릴 위험을 무릅쓰고 추측을 말하면, 전문가가 답을 알려주는 방식. 그러다 보면 신참도 스승과 마찬가지로 설명할 수 없는 신비로운 솜씨를 갖게 되었다.[5]

지식과 인식 사이에는 커다란 틈이 있을 수 있다. 우리가 내면을 들여다봐도 쉽게 알 수 없는 재주들을 조사할 때 가장 먼저 놀라는 지점은 암묵기억과 외현기억을 완전히 분리할 수 있다는 점이다. 둘 중 하나가 손상되어도, 나머지 하나는 다치지 않는다. 살면서 새로 경험하는 일을 의식적으로 떠올리지 못하는 선행성 기억상실증 환자들을 생각해보자. 그들에게 테트리스 게임을 오후 내내 가르쳐주어도 다음 날이면 그들은 그 일이 전혀 기억나지 않는다고 말할 것이다. 그 게임을 한 번도 본 적이 없다고 말할 뿐만 아니라, 게임을 가르쳐준 사람이 누구인지도 전혀 모를 가능성이 높다. 그러나 다음 날 그 게임을 하는 그들의 **실력**을 보면, 기억상실증이 없는 사람들과 똑같이 실력이 향상되었음을 알 수 있다.[6] 그들의 뇌가 암묵적으로 게임을 배운 것이다. 그 지식에 그들의 의식이 접근하지 못할 뿐이다. (흥미로운 것은, 테트리스 게임을 한 기억상실증 환자들을 밤에 깨우면 색색의 블록들이 떨어지는 꿈을 꾸었다고 말한다는 점이다. 그러나 왜 그런 꿈을 꿨는지 그들은 전혀 짐작하지 못한다.)

물론 병아리 감별사와 비행기 식별가와 기억상실증 환자만이 무의식적인 학습을 하는 것은 아니다. 기본적으로 우리가 세상과 주고받는 모든 상호작용이 이 학습에 기대고 있다.[7] 아버지의 걸음걸이나 코 모양, 웃는 버릇을 말로 설명하기는 어려울지 모른다. 하지만 누군가가 아버지와 비슷하게 걷거나 웃는 모습을 보거나 아버지를 닮은 사람을 보면 즉시 알아차린다.

자신이 인종차별주의자인지 아는 법

우리는 자신의 무의식 속에 무엇이 묻혀 있는지 모를 때가 많다. 이런 사례 중 하나가 가장 추악하게 나타나는 곳이 바로 인종차별주의다.

이런 상황을 생각해보자. 백인 기업주가 흑인 입사지원자를 뽑지 않으려고 해서 소송이 벌어진다. 기업주는 인종차별주의자가 아니라고 주장하고, 지원자는 반대 주장을 펼친다. 판사는 난감하다. 다른 사람의 무의식 속에 어떤 편견이 숨어서 그들이 의식하지 못하는 사이 결정에 영향을 미치는지를 어떻게 알 수 있단 말인가. 사람들이 항상 자신의 마음을 털어놓지는 않는다. 자신의 마음을 스스로도 모를 때가 있다는 것이 이유 중 하나다. E. M. 포스터는 이런 말을 했다. "내 말을 내가 들을 때까지 내 생각을 내가 어찌 알겠는가?"

그러나 누군가가 어떤 말을 꺼릴 때 그의 무의식적인 뇌를 탐사할 방법이 있는가? 누군가의 행동을 관찰해서 숨은 신념을 찾아낼 방법이 있는가?

우리가 두 개의 버튼 앞에 앉아 있는데, 화면에 긍정적인 단어(기쁨, 사랑, 행복 등)가 나타나면 오른쪽 버튼을 누르고 부정적인 단어(무서운, 고약한, 실패)가 나타나면 왼쪽 버튼을 누르라고 한다고 해보자. 아주 간단하다. 그런데 지시가 조금 바뀐다. 비만인 사람의 사진이 나오면 오른쪽 버튼을, 날씬한 사람의 사진이 나오면 왼쪽 버튼을 누르라고 한다. 이것도 상당히 쉽다. 하지만 다음부터는 앞의 두 가지가 섞인다. 긍정적인 단어 또는 비만인 사람을 보면 오른쪽 버튼을, 부정적인 단어 또는 날씬한 사람을 보면 왼쪽 버튼을 눌러야 한다. 다른 실험 그룹에서는 다시 지시가 살짝 바뀐다. 부정적인 단어 또는 날씬한 사람을 보면 오른쪽 버튼을 눌러야 한다.

이 실험 결과를 보면 혼란스러울 수 있다. 무의식적으로 강렬하게 연상되는 것끼리 짝을 지어 지시를 내리면 실험 참가자들의 반응시간이 빨라진다.[8] 예를 들어, 참가자의 무의식 속에서 비만인 사람이 부정적인 감정을 연상시킨다면 비만인 사람의 사진과 부정적인 단어가 같은 버튼과 연결되어 있을 때 참가자의 반응이 빨라진다. 서로 반대되는 개념(날씬한 사람과 부정적인 단어)을 연결시키면, 참가자의 반응시간이 늘어날 것이다. 아마도 이 짝짓기를 이해하기가 어렵기 때문인 듯하다. 이 실험은 그동안 여러 형태로 수정되어 인종, 종교, 동성애, 피부색, 나이, 장애, 대통령 후보에 대한 태도를 평가하는 데 이용되었다.[9]

암묵적인 편견을 어떻게든 끄집어내는 또 다른 방법은 참가자가 컴퓨터 커서를 움직이는 모습을 관찰하는 것이다.[10] 처음에 커서는 화면 아래에 있고, 화면 위쪽 두 귀퉁이에는 각각 '좋아요' '싫어요'가 표시된 버튼이 있다. 곧 화면 중앙에 단어가 나타난다(예를 들어, 종교의 이름). 그러면 우리는 최대한 빨리 마우스를 움직여 자신이 그 종교의 신자를 좋아하는지 싫어하는지 답해야 한다. 실제로 기록되는 것은 우리가 마우스를 움직일 때의 정확한 **궤적**이라는 사실을 우리는 알지 못한다. 매 순간 마우스의 위치가 빠짐없이 기록된다. 이 경로를 분석하면, 우리의 인지 시스템이 발동해서 마우스를 한쪽 버튼으로 보내기 전에 운동 시스템이 먼저 다른 버튼을 향해 움직이기 시작했는지 감지할 수 있다. 예를 들어, 우리가 특정 종교에 대해 '좋아요'라고 대답했다 해도, 마우스의 궤적이 '싫어요' 버튼으로 살짝 움직였다가 되돌아와 사회적으로 더 잘 받아들여지는 답변 쪽으로 향했을 가능성이 있기 때문이다.

인종, 젠더, 종교에 대해 나름의 확신을 갖고 있는 사람들조차 자신의 뇌 속에 무엇이 숨이 있는지 안다면 깜짝 놀라거나 경악할 가능성이 있다. 여러 종류의 암묵적인 연상과 마찬가지로 이런 편견은 의식적인 내면 성찰로 접근할 수 없다.*

이름이 비슷한 사람끼리 사랑에 빠진다면

두 사람이 사랑에 빠지면 어떤 일이 벌어지는지 생각해보자. 생활환경, 이해받는 느낌, 성적인 매력, 상대에게 느끼는 감탄 등 여러 씨앗에서 열정이 자라날 수 있다. 우리가 상대를 선택할 때, 은밀하게 작동하는 무의식은 확실히 개입하지 않는다. 아니, 정말로 그런가?

내가 친구 조얼과 우연히 마주쳤는데, 그가 평생의 사랑을 만났

---

* 고용주(또는 폭행범 또는 살인범)가 인종차별 징후를 드러내는지 알아보기 위한 목적 등으로, 법원이 이런 테스트를 증거로 받아들일지는 아직 알 수 없다. 현재로서는 이런 테스트가 법정에서 채택되지 않는 편이 최선인 듯하다. 의식이 접근할 수 없는 연상으로 인해 인간이 내리는 복잡한 결정에 편견이 작용한다 해도, 그런 편견이 인간의 최종적인 행동에 얼마나 영향을 미치는지 파악하기가 어렵기 때문이다. 예를 들어, 사회화된 의사결정 메커니즘이 인종적인 편견을 누르는 것이 가능하다. 또한 악의적인 인종차별주의자라 해도 반드시 그 이유 때문에 특정한 범죄를 저지른다고 볼 수는 없다.

다고 말한다. 제니라는 여성이다. 그거 재미있네. 나는 이렇게 생각한다. 다른 친구 알렉스가 바로 얼마 진 에이미와 결혼했고, 도니는 데이지에게 미쳐 있기 때문이다. 이렇게 이름 첫 글자가 겹치는 데에 무슨 이유라도 있는 건가? 비슷한 사람끼리 서로 끌리는 건가? 나는 말도 안 된다는 결론을 내린다. 일생을 함께 보낼 배우자를 고르는 일처럼 중요한 결정에 이름의 첫 글자 같은 변덕스러운 요소가 영향을 미칠 리가 없다. 친구들의 사례는 아마 그냥 우연일 것이다.

하지만 우연이 아니다. 심리학자 존 존스의 연구팀은 2004년 조지아주 워커 카운티와 플로리다주 리버티 카운티에서 공식 결혼 기록 1만 5000건을 조사했다. 그 결과, 이름 첫 글자가 같은 사람끼리 결혼하는 비율이 확률적으로 예상할 수 있는 수치보다 높았다.[11]

이유가 무엇일까? 정확히 말해서 글자 자체가 이유는 아니다. 그보다는 이런 결합에서 사람들이 배우자를 보며 자신을 떠올린다는 점이 중요하다. 사람들은 타인에게 나타나는 자신의 모습을 좋아하는 경향이 있다. 심리학자들은 이것을 일종의 무의식적인 자기애 또는 친숙한 대상에게 느끼는 편안함으로 해석하고, 암묵적 자기중심주의라고 부른다.

암묵적 자기중심주의는 인생의 동반자에게만 작용되지 않는다. 사람들이 어떤 물건을 선호하거나 구매하는 데에도 영향을 미친다. 피험자에게 (가상의) 브랜드 두 개의 차를 내놓고 시음해보라는 과제를 준 연구가 있다. 두 브랜드 중 하나의 이름에는 피험자의 이름 첫 세 글자가 우연히 포함되어 있었다. 예를 들어, 토미가 시음하는 브랜드 두 개의 이름이 각각 토메바와 롤러라는 뜻이다. 피험자들은 차를 맛본 뒤 입맛을 다시며 신중하게 결정을 내리지만, 자신의 이름 첫 세 글자가 들어 있는 브랜드를 선호하는 경우가 대부분이었다. 로라라는 피험자가 롤러라는 브랜드를 선택하는 것은 놀랄 일이 아니었다. 그들이 이 글자들의 연관성을 노골적으로 **인식**한 것은 아니다. 그냥 그 차가 더 맛있다고 믿을 뿐이었다. 알고 보니, 두 잔의 차는 모두 같은 찻주전자에서 따른 것이었다.

암묵적인 자기중심주의의 힘은 이름뿐만 아니라 우리 각자의 임의적인 요소들에까지 작용한다. 생일도 여기에 속한다. 대학생들을 대상으로 한 연구에서, 러시아의 수도사 라스푸틴에 관한 에세이를 읽으라고 학생들에게 제시했다. 학생들 중 절반은 에세이 본문에 명시된 라스푸틴의 생일이 학생들 각자의 생일과 '우연히' 같게 쓰인 글을 받았다. 나머지 절반이 받은 에세이는 라스푸틴의 생일과 학생들의 생일이 달랐다. 이 점만 제외하면 에세이의 내용은 똑같았다. 학생들은 글을 다 읽은 뒤, 라스푸틴이라는 사람에 대한 생각을 묻는 질문을 받았다. 라스푸틴과 생일이 같은 학생들은 그에게 좀 더 너그러운 점수를 매겼다.[12] 의식적으로는 이유를 전혀 알지 못한 채, 그들은 그에게 좀 더 호감을 갖고 있었다.

무의식적인 자기애의 힘은 여기서 그치지 않는다. 믿기 힘들겠지만, 우리가 사는 곳과 하는 일에도 미묘하게 영향을 미칠 수 있다. 심리학자 브렛 펠럼의 연구팀이 행정기록을 조사한 결과, 생일이 2월 2일인 사람들은 위스콘신주 트윈 레이크스처럼 이름에 2가 암시된 도시로 이사하는 경우가 유난히 많고, 3월 3일에 태어난 사람들은 몬태나주 스리포크스 같은 곳에 유난히 많이 살고 있으며, 6월 6일에 태어난 사람들은 사우스캐롤라이나주 식스마일 같은 곳에 많이 살고 있었다. 이 현상은 연구팀이 찾아낸 모든 생일과 도시에서 똑같이 나타났다. 얼마나 놀라운 일인가. 사람의 힘으로 정해지지 않는 생일 숫자들이 아주 조금이기는 하지만 거주지 선택에 영향을 미칠 수 있다니. 다시 말하지만, 이것은 무의식적인 현상이다.

암묵적인 자기중심주의는 우리가 직업을 결정할 때도 영향을 미칠 수 있다. 펠럼의 연구팀은 여러 직업의 관련 단체 주소록을 분석한 결과, 이름이 데니즈Denise 또는 데니스Dennis인 사람 중에는 치과의사dentist가 유난히 많고, 이름이 로라Laura 또는 로런스Lawrence인 사람 중에는 법률가lawyer가 많고, 이름이 조지George 또는 조지나Georgina인 사람 중에는 지질학자geologist가 유난히 많다는 사실을 발견했다. 또한 지붕수리roofing 회사의 소유주 중에는 이름 첫 글자가 H인 사람보다 R인 사람이 더 많았으며, 철물점hardware store 주인 중에는 이름 첫 글자가 R인 사람보다 H인 사람이 더 많았다.[13] 또 다른 연구에서는 무료로 접속할 수 있는 온라인 직업 데이터베이스를 조사한 결과, 의사의 성에 doc, dok, med가 유난히 많이 포함된 반면, 법률가의 성에는 law, lau, att가 유난히 많이 포함되어 있다는 사실이 밝혀졌다.[14]

정신 나간 소리처럼 들리겠지만, 이 모든 연구 결과는 통계적인 의미라는 기준을 통과했다. 이름 철자의 영향이 크지는 않아도, 분명히 확인할 정도는 된다. 우리가 접근할 수 없는 충동, 위의 연구들에서처럼 통계적으로 사실이 드러나지 않았다면 우리가 결코 믿지 않았을 충동이 우리에게 영향을 미치고 있다.

의식의 수면 아래에서 뇌를 간질이다

우리는 뇌를 섬세하게 조종해서 미래에 할 행동을 바꾸는 것이 가능하다. 내가 여러분에게 이 책을 몇 페이지 읽으라고 한다고 치자. 나중에 나는 chi___ se___ 같은 글귀를 제시하고, 빈칸을 채우라고 말한다. 그러면 여러분은 조금 전에 본 단어로 빈칸을 채울 가능성이 높다(예를 들어 도자기세트china set보다는 병아리 감별사chicken sexer). 이 단어들을 얼마 전에 봤다는 사실을 확실히 기억하는지 여부는 상관 없다.[15] 비슷한 맥락에서, s_bl_m_na_를 제시하고 빈칸을 채우라고 한다고 가정해보자. 만약 이 단어를 어떤 목록에서 이미 본 적이 있다면 더 쉽게 빈칸을 채울 수 있을 것이다. 단어를 봤다는 사실을 기억하는지 여부는 역시 상관없다.[16] 목록에서 본 단어들이 뇌의 어떤 부분을 건드려 변화시켰기 때문에 이런 결과가 나타난다. 이것을 '점화효과'라고 부른다. 뇌에 불을 켤 준비가 되었다는 뜻이다.[17]

점화효과는 암묵기억 시스템이 외현기억 시스템과 근본적으로 분리되어 있다는 점을 강조해준다. 외현기억이 데이터를 잃어버려도, 암묵기억은 그 데이터를 갖고 있다. 이 두 시스템이 분리될 수 있다는 사실은 뇌손상으로 선행성 기억상실이 발생한 환자들의 사례에도 분명히 나타난다. 기억상실증이 심해서 전에 어떤 텍스트도 본 기억이 없는 환자라 해도, 점화효과로 군데군데 빈칸이 있는 단어를 완성하게 해주는 것이 가능하다.[18]

전에 어떤 대상을 접한 경험이 미치는 영향은 일시적으로 뇌를 간질이는 데에서 그치지 않고, 때로 아주 오랫동안 지속될 수 있다.

전에 누군가의 사진을 본 적이 있다면, 나중에 그 사람의 사진을 다시 보았을 때 다른 사람보다 더 매력적이라는 평가를 내릴 것이다. 그 사진을 본 기억이 전혀 없는 경우에도 마찬가지다.[19] 단순노출효과라고 불리는 이 효과는 세상을 바라보는 우리 시각(우리가 좋아하는 것, 싫어하는 것 등)에 암묵기억이 영향을 미친다는 걱정스러운 사실을 설명해준다. 제품 브랜딩, 유명인 평판 구축, 정치 캠페인의 배후에서 작용하는 마법 중에 단순노출효과가 포함된다는 사실이 그리 놀랍지 않을 것이다. 어떤 제품이나 사람 얼굴에 반복적으로 노출되면, 그 대상을 더 선호하게 된다. 대중의 관심을 받는 사람들이 부정적인 보도에 생각만큼 동요하지 않을 때가 있는 것도 바로 단순노출효과 때문이다. 유명인들은 다음과 같은 말을 자주 한다. "나쁜 홍보는 무無홍보뿐이다." "신문들이 나에 대해 뭐라고 하든 상관없다. 내 이름 철자를 똑바로 적어주기만 한다면."[20]

　암묵기억이 현실에 모습을 드러내는 또 다른 사례는 환상의 진실효과라고 불린다. 전에 한 번 들은 말이 실제로 사실이든 아니든, 사람들은 그 말을 믿을 가능성이 더 높다는 뜻이다. 피험자들에게 2주마다 한 번씩 그럴듯한 내용을 담은 문장의 타당성을 점수로 매겨보라고 요구한 연구가 있었다. 실험자들은 이 테스트를 진행하는 동안 몇몇 문장(진실도 있고 거짓도 있었다)을 드러나지 않게 반복적으로 끼워 넣었다. 그 결과는 명확했다. 전에 들은 적이 있는 문장을 다시 들은 피험자들은 그 문장을 진실이라고 평가할 가능성이 높았다. 그 문장을 들은 적이 없다고 강력히 주장한 사람들도 마찬가지였다.[21] 실험자가 피험자에게 이제부터 들을 문장이 거짓이라고 말해줘도 같은 결과가 나왔다. 어떤 내용에 단순히 노출된 것만으로도, 나중에 그 내용을 다시 접했을 때 신뢰성이 높아진다는 뜻이다.[22] 환상의 진실효과는 똑같은 종교적 명령이나 정치 슬로건에 반복적으로 노출될 때의 잠재적 위험을 강조해준다.

여러 개념을 짝짓는 것만으로도 무의식적인 연상을 충분히 유도할 수 있다. 궁극적으로는 그 짝짓기가 진숙하게 느껴지고 진실처럼 보이게 된다. 매력적이고, 유쾌하고, 성적인 분위기를 풍기는 사람들과 제품을 짝지은 모든 광고의 기반이 바로 이것이다. 2000년 미국 대선에서 앨 고어를 상대한 조지 W. 부시의 광고팀이 취한 조치 또한 이 점을 기반으로 한 것이었다. 250만 달러가 들어간 부시의 텔레비전 광고에서 '고어 처방 계획'이라는 말과 연계해서 쥐RATS라는 단어가 화면에 번쩍 나타났다 사라지기를 반복했다. 그러고는 곧 그 단어가 선명해지면서, 사실은 관료BUREAUCRATS의 마지막 부분이었음이 드러난다. 그러나 광고 제작자들이 어떤 효과를 노렸는지는 분명했다. 그들은 이 광고가 사람들의 기억에 남기를 바랐을 것이다.

육감

우리가 열 손가락을 열 개의 버튼에 놓았다고 상상해보자. 각각의 버튼은 색을 입힌 빛과 짝지어져 있다. 우리가 할 일은 간단하다. 빛이 깜박 들어올 때마다 그 빛의 색깔에 해당하는 버튼을 최대한 빨리 누르는 것이다. 빛의 색깔이 종잡을 수 없이 바뀐다면 우리는 대체로 빨리 반응할 수 없을 것이다. 그러나 빛의 색깔이 나타나는 데에 숨은 패턴이 있다면 반응시간이 결국 점점 빨라진다는 사실이 연구에서 밝혀졌다. 우리가 그 패턴을 파악해서, 다음에 나타날 빛의 색깔을 어느 정도 예측할 수 있게 된다는 뜻이다. 그러다 갑자기 뜻밖의 빛이 나타나면 반응시간이 다시 느려진다. 놀라운 사실은, 우리가 빛의 패턴을 전혀 인식하지 못할 때에도 반응시간이 빨라진다는 점이다. 이런 식의 학습에는 의식적인 정신이 개입할 필요가 전혀 없다.[23] 다음에 나타날 빛을 알아내는 능력은 제한적이거나 아예 존재하지 않는데도, 우리는 때로 **육감**을 발휘한다.

이런 일이 의식에 도달할 때도 있지만 항상 그런 것은 아니다. 또한 의식에 도달하더라도 그 속도가 느리다. 1997년에 신경과학자 앤트완 베카라의 연구팀은 피험자들 앞에 카드 네 세트를 펼쳐놓고, 한 번에 한 장씩 카드를 고르라고 말했다. 어떤 카드를 뽑는가에 따라 피험자들은 돈을 따거나 잃었다. 시간이 흐르면서 그들은 카드 세트의 성격이 각각 다르다는 사실을 점차 알아차렸다. 두 세트는 '좋은 것', 즉 피험자들이 돈을 벌 수 있는 카드였고, 다른 두 세트는 '나쁜 것', 즉 피험자들이 결국 순손실을 기록하게 되는 카드였다.

피험자들이 어떤 세트에서 카드를 뽑을지 고민하는 동안, 실험자들이 불쑥 끼어들어 그들을 방해하며 의견을 물었다. 어떤 세트가 좋은 것일까요? 어떤 세트가 나쁜 것일까요? 그 결과 피험자들은 대체로 약 스물다섯 번 카드를 뽑은 뒤에야 좋은 세트와 나쁜 세트를 구분할 수 있다는 사실이 드러났다. 엄청나게 재미있는 이야기는 아니지 않은가? 그래, 지금은 그렇다.

연구팀은 또한 피험자들의 피부 전도성 반응을 측정했다. 자율신경계의 활동(싸울까? 도주할까?)이 이 반응에 나타난다. 여기서 연구팀은 놀라운 사실을 발견했다. 피험자의 의식보다 훨씬 더 먼저 자율신경계가 각 카드 세트에서 뽑은 카드의 통계수치를 알아차린다는 것. 피험자가 나쁜 세트에 손을 뻗으면, 자율신경계의 활동이 치솟았다. 이것은 기본적으로 경고였다.[24] 이런 현상은 약 열세 번째로 카드를 뽑을 때쯤 감지되었다. 피험자의 의식이 각각의 카드 세트에서 기대할 수 있는 결과를 알아차리기 훨씬 전에 뇌의 **어떤** 부분이 그 정보를 인식한다는 뜻이었다. 이 정보는 '육감'이라는 형태로 전달되어, 피험자는 의식적으로 이유를 알아차리기도 전에 이미 좋은 카드를 뽑기 시작했다. 유리한 결정을 내리는 데에 상황에 대한 의식적인 지식이 반드시 필요하지는 않다는 뜻이다.

이보다 더 좋은 점은, 사람에게 육감이 **필요**하다는 사실이 드러났다는 점이다. 육감이 없으면 사람은 결코 아주 좋은 결정을 내릴 수 없다. 다마지오의 연구팀은 복내측 전전두엽 피질이라고 불리는 뇌 앞부분이 손상된 환자들을 대상으로 이 카드 뽑기 실험을 실시했다. 복내측 전전두엽 피질은 의사결정에 관여하는 부위다. 이 실험에서 환자들은 피부의 전기 전도성으로 측정되는 경고 반응을 나타내지 못했다. 그들의 뇌가 카드 뽑기 결과의 통계수치를 전혀 알아차리지 못해서, 경고 또한 전달하지 못한 것이다. 놀랍게도 이 환자들은 나쁜 카드 세트가 무엇인지 의식적으로 알아차린 뒤에도 여전히 나쁜 선택을 했다. 유리한 결정을 내리는 데 육감이 필수적이라는 뜻이었다.

이 연구 결과를 바탕으로 다마지오는 신체 상태가 야기한 느낌이 행동과 의사결정의 지침이 된다는 의견을 내놓았다.[25] 신체 상태는 세상에서 일어나는 일들의 결과와 연결되어 있다. 나쁜 일이 일어나면 뇌는 온몸(심장박동, 내장의 수축, 근육 약화 등)을 지렛대 삼아 그때의 느낌을 기록한다. 그래서 그 느낌이 그 사건과 함께 연상되게 된다. 나중에 그 사건을 생각할 때, 뇌는 일종의 시뮬레이션을 돌려 그때의 신체적 느낌을 다시 경험한다. 그렇게 해서 그 느낌은 차후 의사결정에 지침(아니면 반대로 편견) 역할을 한다. 어떤 사건을 겪을 때의 느낌이 나빴다면, 우리는 그때의 행동을 주저하게 된다. 반면 좋은 느낌은 같은 행동을 격려하는 역할을 한다.

이 주장에 따르면, 신체 상태는 행동의 방향을 조종할 수 있는 육감을 제공한다. 이런 육감은 단순히 우연으로 보기 힘들 만큼 정확할 때가 많다. 우리 무의식이 먼저 상황을 알아차리고, 의식이 그 뒤를 따라가는 것이 가장 큰 이유다.

사실 의식이 완전히 무너져도 무의식은 아무런 영향을 받지 않는다. 안면실인증은 친숙한 얼굴과 낯선 얼굴을 구분하지 못하는 병이다. 이 병을 앓는 사람들은 머리선, 걸음걸이, 목소리 등에만 전적으로 의지해서 사람을 알아본다. 대니얼 트래널과 안토니오 다마지오는 이 병을 생각하다가 조금 꾀를 부려보기로 했다. 안면실인증 환자들의 의식은 사람의 얼굴을 알아차리지 못하지만, 친숙한 얼굴을 봤을 때 피부 전도성 반응이 나타나지 않을까? 측정 결과 정말로 나타났다. 사람의 얼굴을 알아보지 못한다는 안면실인증 환자들의 주장은 사실이지만, 그들의 뇌에서 **어떤** 부위는 친숙한 얼굴과 낯선 얼굴을 구분할 수 있다.

무의식적인 뇌에서 매번 분명한 대답을 이끌어낼 수 없다면, 그 뇌의 지식에 어떻게 접근할 수 있을까? 때로는 단순히 자신의 육감을 들여다보는 것이 요령이다. 그러니 다음에 친구가 두 가지 선택지 중에 하나를 고를 수 없다고 한탄하거든, 동전 던지기가 그 문제를 해결할 수 있는 가장 쉬운 방법이라고 알려주기 바란다. 동전의 앞면과 뒷면에 각각의 선택지를 부여하고 동전을 던지는 일은 친구가 직접 해야 한다. 그리고 동전이 바닥에 떨어져 결과가 나온 뒤, 반드시 친구의 육감을 평가해봐야 한다. 동전 던지기가 결정을 '내려준' 것에 친구가 은근히 안도감을 느낀다면 동전의 결정이 친구에게는 옳은 선택이다. 그러나 동전 던지기 결과에 따라 결정을 내리는 것이 바보 같은 짓이라는 결론을 내린다면, 동전 던지기 결과와는 반대의 선택을 해야 한다는 신호다.

* * *

지금까지 의식의 표면 아래에서 살아 숨 쉬는 광대하고 복잡한 지식을 살펴보았다. 글자 읽기에서부터 차선 바꾸기에 이르기까지 이 많은 작업을 뇌가 어떻게 수행하는지 우리가 상세히 알 수는 없다. 그렇다면 우리가 알고 있는 것 중에 의식의 역할은 무엇일까? 사실 의식은 큰 역할을 한다. 뇌의 무의식 속 깊숙한 곳에 저장된 지식 대부분이 의식적인 계획이라는 형태로 태어나기 때문이다. 이제 이 점을 살펴보자.

윔블던에서 승리한 로봇

내가 차근차근 단계를 밟아 세계 최고의 테니스 대회에 출전해서 지금 코트에서 지구 최고의 테니스 로봇과 마주 보고 있다고 상상해 보자. 이 로봇은 믿을 수 없을 만큼 작은 부품으로 만들어졌고, 자가 수리 기능이 있으며, 최적화된 에너지 원칙에 따라 움직이기 때문에 탄화수소 300그램만으로 코트 전체를 야생 염소처럼 뛰어다닐 수 있다. 만만치 않은 적수 같지 않은가? 윔블던에 온 것을 환영한다. 내 상대는 사실 인간이다.

윔블던에 출전한 선수들은 빠르고 효율적인 기계처럼 움직이며, 테니스 실력이 너무 좋아서 충격적일 정도다. 그들은 시속 144킬로미터로 날아오는 공을 쫓아 신속하게 움직여서, 라켓의 아주 작은 표면이 그 공에 닿게 할 수 있다. 이 프로 테니스 선수들은 거의 모든 동작을 무의식적으로 해낸다. 우리가 글자를 읽거나 차선을 바꿀 때와 똑같이, 그들도 무의식의 활약에 전적으로 의존한다. 실용적인 측면에서 그들은 어떻게 보나 로봇이다. 실제로 일리에 너스타세는 1976년 윔블던 결승전에서 패배한 뒤, 승리자인 비에른 보리에 대해 뚱한 얼굴로 이렇게 말했다. "그는 외계에서 온 로봇이에요."

그러나 이 로봇들의 **훈련**은 의식이 담당한다. 테니스 선수가 되려는 사람이 로봇을 만드는 법을 공부할 필요는 없다(이 부분은 진화가 알아서 해결해주었다). 그보다는 로봇에 프로그램을 채워 넣는 일이 중요하다. 나지막한 네트 너머로 노란색 공을 빠르고 정확하게 넘기는 일에 유연한 계산 자원을 모두 동원하도록 프로그램을 짜넣는 것이 어려운 부분이다.

바로 여기서 의식이 활약한다. 뇌에서 의식을 담당하는 부분들이 신경 기계의 다른 부분들을 훈련시켜, 목적을 확립하고 자원을 배분한다. "스윙할 때는 라켓을 더 낮게 잡아." 코치가 이렇게 말하면, 어린 훈련생은 이 말을 혼자 중얼거린다. 그리고 스윙을 수천 번 연습하면서 공을 반대편 사분면에 꽂아 넣는 것을 목표로 설정한다. 훈련생이 서브 연습을 반복하면, 뇌의 로봇 같은 시스템이 헤아릴 수 없이 많은 시냅스 연결망 전체를 미세하게 조정한다. 코치가 해주는 말을 훈련생은 의식적으로 듣고 이해해야 한다. 그리고 그 가르침("손목을 똑바로 펴. 스윙할 때 스텝을 밟아")을 로봇 훈련에 계속 적용해서, 굳이 의식적으로 생각하지 않아도 동작을 할 수 있게 만든다.

의식은 기업의 CEO처럼 장기적인 계획을 짜는 반면, 대부분의 일상적인 활동은 우리가 접근할 수 없는 뇌의 부위들이 담당한다. 거대한 블루칩 회사를 상속받은 CEO를 상상해보자. 그는 어느 정도 영향력을 갖고 있지만, 이미 오랫동안 발전을 이뤄온 조직에 새로 발을 들이는 상황이다. 비전을 명확히 하고, 기업이 보유한 기술을 바탕으로 장기적인 계획을 수립하는 것이 그의 역할이다. 의식이 바로 이런 역할을 한다. 의식이 목표를 정하면, 뇌의 다른 부분들은 그 목표를 달성하는 법을 학습한다.

프로 테니스 선수가 아닌 사람도 자전거를 배운 적이 있다면 모두 이런 과정을 거쳤다. 처음 자전거에 오른 아이는 여기저기 비틀비틀 부딪히면서 어떻게든 자전거 타는 방법을 터득하려고 필사적으로 애쓴다. 여기에는 의식이 강하게 개입한다. 그러다 어른이 자전거를 잡아주며 가르쳐주고 나면, 아이는 혼자 자전거를 탈 수 있게 된다. 어느 징도 시간이 흐른 뒤에는 자진거 타는 기술이 반사직용처럼 자동화된다. 모국어를 읽고 말하는 것, 신발 끈을 묶는 일, 아버지의 걸음걸이를 알아보는 것과 마찬가지로 세세한 부분이 이제 의식의 영역을 벗어나 의식적으로 접근할 수 없게 된다.

뇌(특히 인간의 뇌)에서 가장 인상적인 특징 중 하나는 거의 모든 종류의 과제를 학습할 수 있는 유연성이다. 병아리 감별사 훈련생이 스승을 기쁘게 하고 싶다는 욕망을 갖게 되면, 그의 뇌는 병아리 암수를 구별하는 데에 그 방대한 자원을 할애한다. 직장이 없어서 놀고 있는 항공기 팬에게 국가적 영웅이 될 수 있는 기회가 생기면, 그의 뇌는 적의 비행기와 자국 비행기를 구분하는 법을 터득한다. 이처럼 유연한 학습 능력이 우리가 인간의 지능이라고 부르는 것에서 큰 부분을 차지한다. 인간 외에도 지능이 있는 동물은 많지만, 인간이 그들과 다른 점은 지능이 무척 유연해서 주어진 과제에 맞게 신경회로가 조정된다는 것이다. 그 덕분에 우리는 지구의 모든 지역에 정착지를 세울 수 있고, 모국어를 배울 수 있고, 바이올린 연주, 높이뛰기, 우주 왕복선 조종 등 다양한 재주를 완벽히 터득할 수 있다.

빠르고 효율적인 뇌의 주문: 과제를 회로에 각인시켜라

해결해야 하는 과제가 생기면 뇌는 최대한 효율적으로 그 과제를 수행할 수 있게 될 때까지 계속 회로를 조정한다.[26] 과제가 회로에 각인되는 것이다. 이 영리한 전술로 생존을 위해 중요한 일 두 가지가 성취된다.

첫째, 속도. 자동화는 빠른 의사결정을 가능하게 한다. 의식이라는 느린 시스템이 뒤로 밀려난 뒤에야 빠른 프로그램들이 작업을 수행할 수 있다. 지금 날아오는 테니스공을 포핸드로 쳐야 하나, 백핸드로 쳐야 하나? 공이 시속 144킬로미터로 날아오는 상황에서 여러 선택지를 의식적으로 차근차근 살펴볼 수는 없다. 사람들이 흔히 하는 잘못된 생각 중 하나는, 프로 운동선수가 코트에서 벌어지는 일을 '슬로모션'으로 볼 수 있다는 것이다. 그들의 의사결정이 그만큼 빠르고 거침없기 때문인데, 운동선수들은 사실 자동화 덕분에 앞으로 일어날 일을 예측해서 자신의 행동을 능숙하게 결정할 수 있을 뿐이다. 우리가 새로운 종목의 운동을 처음 배울 때를 생각해보자. 우리보다 그 종목을 많이 경험한 사람들은 시합에서 가장 기초적인 동작만으로 우리를 이긴다. 우리는 팔다리와 몸통의 움직임과 관련해서 마구 쏟아지는 새로운 정보를 소화하는 데 아직 애를 먹고 있기 때문이다. 경험이 쌓이면 우리는 상대의 작은 움찔거림과 속임수 중에서 중요한 것을 가려낼 수 있게 된다. 그리고 시간이 흘러서 자동화가 완성되면 의사결정과 행동의 속도가 모두 빨라진다.

둘째, 에너지 효율성. 뇌는 조직을 최적화함으로써, 문제 해결에 필요한 에너지를 최소화한다. 우리는 배터리로 움직이는 이동형 생물이므로 에너지 절약이 무엇보다 중요하다.[27] 신경과학자 리드 몬터규는 저서《당신의 뇌는 (거의) 완벽하다》에서 체스 컴퓨터 딥블루가 체스 챔피언 가리 카스파로프와 대전할 때 수천 와트의 에너지를 쓴 반

면, 카스파로프는 약 20와트밖에 쓰지 않은 것을 비교하며 뇌의 뛰어
난 에너지 효율성을 강조했다. 몬터규는 당시 카스파로프의 체온이
정상이었던 반면, 딥블루는 뜨겁게 달아올라서 대량의 냉각팬이 필
요했음을 지적한다. 인간 뇌의 효율성은 최고 수준이다.

카스파로프의 뇌가 이처럼 에너지를 적게 쓰는 것은, 그가 경제
적이고 기계적인 알고리즘으로 체스 전략을 각인시키는 데 평생을 쏟
았기 때문이다. 어린 나이에 처음 체스를 시작했을 때, 그는 다음 수
를 결정하기 위해 의식적으로 여러 전략을 검토해야 했다. 지나치게
생각이 많은 테니스 선수의 움직임처럼, 몹시 비효율적인 방식이었다.
그러나 그의 실력이 점점 향상되면서, 게임의 방향을 의식적으로 일
일이 검토할 필요가 없어졌다. 체스판의 상황을 신속하고 효율적으로
인식하게 되었기 때문이다. 의식의 개입도 줄어들었다.

효율성에 관한 한 연구는 비디오게임 테트리스를 처음 배우는 사
람들의 뇌를 촬영했다. 피험자들의 뇌는 몹시 활발히 움직이면서 엄
청난 양의 에너지를 소모했다. 신경망이 이 게임의 기반 구조와 전략
을 탐색하고 있기 때문이었다. 일주일쯤 시간이 흘러 피험자들이 이
게임의 전문가가 되자, 뇌는 게임 중에 에너지를 아주 조금만 소모하
게 되었다. 뇌가 조용해졌는데도 피험자의 게임 실력이 좋아진 것이
아니라, 뇌가 조용해졌기 때문에 게임 실력이 좋아졌다고 말해야 옳
다. 테트리스 게임 실력이 회로에 깊게 각인되어서, 뇌에 아예 이 게임
만 효율적으로 전담하는 프로그램이 생긴 것이다.

전쟁 중이던 나라에서 갑자기 전쟁이 끝났다고 상상해보자. 군인
들은 이제 농사를 짓기로 결정한다. 처음에는 전투에서 사용하던 검

으로 땅에 구멍을 파서 씨앗을 심는다. 불가능한 일은 아니지만, 엄청나게 비효율적인 방법이다. 어느 정도 시간이 흐른 뒤 그들은 검을 녹여 농기구를 만든다. 주어진 과제를 수행하기 위해 도구를 최적화한 것이다. 자신이 가진 것을 과제에 맞춰 수정했다는 점이 뇌와 똑같다.

과제를 회로에 각인하는 방법은 뇌의 작용에서 근본을 이룬다. 회로판을 변형해서 자신을 과제에 맞추는 방법이다. 이 덕분에 어려운 과제도 빠르고 효율적으로 해낼 수 있다. 과제에 딱 맞는 도구가 없다면, **도구를 새로 만들라**는 것이 뇌의 논리다.

* * *

지금까지 우리는 의식이 대부분의 과제에 방해가 되는 경향이 있지만(도랑에 빠진 불행한 지네의 이야기를 생각해보라), 목표를 정하고 로봇을 훈련시키는 데에는 유용할 수 있다는 점을 살펴보았다. 진화과정에서 의식이 접근할 수 있는 정보의 양이 정확히 조정된 것 같다. 그 양이 너무 적으면, 시스템이 방향을 잃을 것이다. 양이 너무 많으면, 시스템은 느리고 서투르고 에너지만 소모하는 문제해결 방식에 발목을 붙잡힐 것이다.

선수가 실수를 저지르면 코치는 대개 이렇게 소리친다. "생각을 해!" 하지만 프로 운동선수의 목표는 생각하지 **않는** 것이라는 점이 얄궂다. 수많은 시간 동안 훈련을 거듭해서, 전투가 한창일 때 의식의 방해 없이 딱 맞는 동작이 저절로 나오게 만드는 것이 목표다. 여기에 필요한 실력을 선수의 회로에 각인시킬 필요가 있다. 선수가 '집중'하기 시작하면, 많은 훈련을 거친 무의식이 빠르고 효율적으로 움직인다. 자유투를 앞둔 농구선수를 상상해보자. 그의 주의를 흐트러뜨리려고 관중이 발을 구르고 고함을 질러댄다. 만약 그가 의식적으로 움직인다면 틀림없이 골을 넣지 못할 것이다. 엄청난 훈련을 거쳐서 로봇처럼 움직이는 무의식에 의존해야만 바구니에 공을 넣을 수 있겠다는 희망이 생긴다.[28]

이번 장에서 배운 지식을 지렛대로 이용하면 우리도 항상 테니스 경기에서 이길 수 있다. 경기에 지고 있을 때면, 상대 선수에게 서브를 어떻게 그리 잘 넣느냐고 물어보기만 하면 된다. 그 선수가 서브의 메커니즘을 생각하며 설명을 시도하는 순간 이미 끝난 것이나 다름없다.

자동화된 과제가 많아질수록 우리 의식이 접근할 수 있는 정보가 적어진다는 것을 이번 장에서 배웠다. 하지만 이것은 시작에 불과하다. 다음 장에서는 정보가 훨씬 더 깊숙이 파묻히게 되는 경위를 살펴보겠다.

4장
우리에게 가능한 생각들

"인간은 생각을 낳는 나무다. 장미 나무가 장미를 낳고,

사과나무가 사과를 낳는 것과 똑같다."

_앙투안 파브르 돌리베, 《인류의 철학사》

여러분이 아는 가장 아름다운 사람에 대해 잠시 생각해보자. 그 사람을 눈으로 보면서 그 매력에 젖지 않는 것은 불가능한 일처럼 보일 것이다. 그러나 눈과 연결된 진화 프로그램이 모든 것을 좌우한다. 만약 그 눈이 개구리의 것이라면, 그 아름다운 사람이 심지어 알몸으로 그 눈앞에 온종일 서 있어도 전혀 관심을 끌지 못할 것이다. 어쩌면 아주 조금 의심을 받을지도 모르겠다. 관심이 없기는 그 사람도 마찬가지다. 인간은 인간에게 끌리고, 개구리는 개구리에게 끌린다.

욕망보다 더 자연스러운 건 없는 듯 보이지만, 가장 먼저 주목해야 할 것은 우리가 순전히 자신의 종種에 적합한 욕망만을 갖고 있다는 점이다. 여기서 단순하지만 중요한 사실이 드러난다. 뇌의 회로는 우리 생존에 적합한 행동을 만들어내도록 설계되었다는 것. 우리가 사과, 달걀, 감자를 맛있다고 느끼는 것은 그들을 구성하는 분자의 형

태가 선천적으로 훌륭해서가 아니라 그들이 당분과 단백질을 훌륭하게 품고 있기 때문이다. 우리가 저장해둘 수 있는 에너지 꾸러미라는 뜻이다. 이런 음식이 유용하기 때문에 우리는 그들을 맛있다고 느끼게 설계되었다. 배설물에는 해로운 미생물이 들어 있기 때문에 배설물을 먹는 것에 대한 혐오감이 우리 회로에 단단히 각인되었다. 코알라 새끼가 소화기에 필요한 박테리아를 얻기 위해 어미의 배설물을 먹는다는 사실을 생각해보라. 이 박테리아는 코알라 새끼가 유독한 성분이 있는 유칼립투스 이파리를 먹으며 살아가는 데 꼭 필요하다. 내 추측이지만, 우리가 사과를 맛있게 먹듯이 코알라 새끼에게는 어미의 배설물이 맛있을지도 모른다. 원래부터 맛있거나 원래부터 혐오스러운 음식은 존재하지 않는다. 필요가 맛을 좌우한다. 맛은 단순히 유용성을 알려주는 지표일 뿐이다.

　매력이나 맛이라는 개념에 이미 익숙한 사람이 많지만, 진화과정에서 새겨진 이런 특성들이 얼마나 깊이 영향을 미치는지는 알아내기 힘들 때가 많다. 우리가 개구리보다 인간에게 더 매력을 느낀다거나, 배설물보다 사과를 좋아한다는 단순한 수준에서 그치지 않는다. 회로에 새겨진 생각이 지침 역할을 한다는 원칙이 논리, 경제, 윤리, 감정, 아름다움, 사회적 상호작용, 사랑 등 우리의 광대한 정신세계를 구성하는 모든 것과 관련해서 우리가 깊이 품고 있는 믿음에 언제나 적용된다. 진화과정에서 달성해야 하는 목표가 우리 생각을 이끌고 구축한다. 이 점을 잠시 곱씹어보자. 이 말은 우리가 생각할 수 있는 것과 생각할 수 없는 것이 따로 있다는 뜻이다. 먼저 우리가 놓치고 있다는 사실조차 알지 못하던 생각들을 살펴보자.

움벨트: 얇은 조각 위의 삶

"놀라운 숙소

그러나 제한된 손님."

_에밀리 디킨슨

블레즈 파스칼은 1670년 경탄을 담아 이렇게 썼다. "사람은 자신의 출발점인 무無와 자신을 완전히 에워싼 무한을 모두 보지 못한다."[1] 파스칼은 우리가 상상조차 할 수 없을 만큼 작지만 우리를 구성하는 원자와 무한히 커다란 은하 사이의 얇은 조각 위에서 삶을 보낸다는 사실을 알아차렸다.

그러나 파스칼은 사실 아무것도 몰랐다. 원자나 은하는 잊어버리자. 우리가 살고 있는 이 공간에서 벌어지는 일들도 우리는 대부분 보지 못한다. 이른바 가시광선을 생각해보자. 우리 눈 뒤편에는 물체에 닿았다가 튕겨나오는 전자기 복사를 포착하는 데 최적화된 특별한 수용기가 있다. 이 수용기들은 복사를 포착했을 때, 뇌에 연달아서 신호를 보내기 시작한다. 그러나 우리는 전자기 스펙트럼 전체를 인식하지 못하고, 일부만 인식할 뿐이다. 우리가 눈으로 볼 수 있는 빛은 전체 스펙트럼에서 10조 분의 1에도 미치지 못한다. 우리가 보지 못하는 부분(텔레비전 신호, 무선 신호, 마이크로웨이브, X선, 감마선, 휴대전화 신호)이 우리를 통과해 흘러가더라도 우리는 전혀 인식하지 못한다.[2] CNN 뉴스가 지금 이 순간 우리 몸을 통과해 지나간다 해도 우리는 전혀 보지 못한다. 스펙트럼의 그 부분을 받아들이는 전문 수용기가 없기 때문이다. 반면 꿀벌은 자외선 파장으로 전달되는 정보를 받아들이고, 방울뱀이 보는 시야에는 적외선이 포함된다. 병원에서 사용하는 기계는 X선을 보고, 자동차 대시보드의 기계는 무선 주파수를 본다. 우리는 이것들 중 무엇도 감지하지 못한다. 모두 똑같은 전자기 복사인데도, 우리 몸에는 이들에게 맞는 감지기가 갖춰져 있지 않다. 아무리 노력해도, 우리는 스펙트럼 중 가시광선을 제외한 구역에서 전달되는 신호를 포착하지 못한다.

우리가 타고난 생물학적 여건이 우리 경험을 전적으로 제한한다. 눈, 귀, 손가락이 물리적인 세상의 모습을 수동적으로 받아들인다는 상식적인 견해와는 다르다. 우리가 보지 못하는 것을 보는 기계들 덕분에 과학이 전진하고 있는 만큼, 우리를 에워싼 물리적인 세계 중 아주 작은 조각만을 뇌가 표본으로 채취한다는 사실이 명확해졌다. 발트해 연안의 게르만족 출신 생물학자 야코프 폰 웍스퀼은 같은 생태계 안의 동물들이 환경 속에서 저마다 다른 신호를 포착한다는 사실을 차츰 알아차렸다.[3] 앞을 보지 못하고 소리도 듣지 못하는 진드기에게는 부티르산 냄새와 온도가 중요한 신호다. 검은유령칼고기에게 중요한 것은 전기장이고, 소리로 주변을 탐지하는 박쥐에게 중요한 것은 공기 압축 파동이다. 이렇게 폰 웍스퀼이 도입한 새로운 개념에 따라, 우리가 볼 수 있는 부분은 움벨트(환경 또는 주변세계), 그리고 그보다 더 큰 현실(그런 것이 존재하는지는 모르겠지만)은 움게붕이라고 불린다.

유기체에는 저마다 자신의 움벨트가 있다. 유기체는 아마 그것을 '저기 밖에 있는' 객관적인 현실 전체라고 생각할 것이다. 우리가 감지하는 범위 너머에 더 많은 것이 있을 거라고 생각할 필요가 있는가? 영화 〈트루먼 쇼〉에서 주인공 트루먼은 대담한 텔레비전 프로듀서가 온전히 그를 중심으로 (대부분 그때그때 상황에 따라) 구축한 세계에 살고 있다. 그 프로듀서를 인터뷰하는 사람이 이렇게 묻는다. "트루먼이 자기 세상의 본질을 눈치조차 채지 못했다고 생각하시는 이유가 뭡니까?" 프로듀서의 대답은 이렇다. "우리는 자신에게 제시된 세상을 그냥 받아들입니다." 정곡을 찌른 발언이다. 우리는 움벨트를 받아들인 뒤 더 이상 나아가지 않는다.

날 때부터 눈이 보이지 않는 삶은 어떨지 자문해보라. 잠시나마 진심으로 생각해보기 바란다. "세상이 암흑일 거야"라든가 "시야가 있어야 할 곳에 검은 구멍이 뚫린 것 같을 거야"라고 생각했다면 틀렸다. 이유를 알고 싶다면 자신이 블러드하운드처럼 냄새를 추적하는 개가 되었다고 상상해보자. 개의 긴 코에는 냄새 수용기가 2억 개나 된다. 바깥에 노출된 촉촉한 콧구멍이 냄새 분자를 끌어당겨 포착한다. 양쪽 콧구멍 구석에 있는 가느다란 틈이 벌어져, 코를 킁킁거리며 냄새를 맡을 때마다 더 많은 공기가 들어오게 한다. 심지어 펄럭이는 귀도 바닥을 쓸면서 냄새 분자를 위로 올려보낸다. 개의 세상에서 가장 중요한 것은 냄새 맡기다. 그런데 어느 날 주인을 따라가던 개가 갑자기 계시 같은 깨달음을 얻고 우뚝 멈춰 선다. 인간처럼 한심하고 빈약한 코를 갖고 살아가는 삶은 어떨까? 그 코로 공기를 마셔봤자 인간이 도대체 뭘 감지할 수 있을까? 암흑 같은 세상에서 고통을 겪을까? 냄새가 존재해야 하는 곳에 구멍이 뚫려 있을까?

우리는 인간이기 때문에 그렇지 않다는 것을 안다. 냄새가 있어야 할 곳에 구멍이 뚫려 있거나 암흑이 있거나 상실감이 느껴지지는 않는다. 우리는 자신에게 제시된 현실을 그냥 받아들인다. 블러드하운드처럼 뛰어난 후각이 없기 때문에, 우리는 세상이 다른 모습일 수도 있다는 생각을 아예 하지 못한다. 색맹인 사람들도 마찬가지다. 자신이 보지 못하는 색을 남들은 본다는 사실을 알기 전에는 그런 세상이 있다는 생각을 아예 하지 못한다.

색맹이 아닌 사람은 색을 보지 못하는 자신을 상상하기가 조금 어려울지도 모른다. 하지만 우리가 앞에서 배운 사실, 즉 남들보다 더 많은 색을 보는 사람이 있다는 사실을 떠올려보자. 여성 중 극히 일부는 색을 감지하는 광수용기를 세 종류가 아니라 네 종류나 갖고 있어서, 대다수 인류가 절대 구분하지 못하는 색을 구분할 수 있다.[4] 이 소수의 여성에 속하지 않는 사람이라면, 자신이 알지도 못하던 결핍을 방금 알게 되었을 것이다. 지금껏 자신이 색맹이라고는 생각하지 않았겠지만, 색깔에 초민감한 이 여성들에 비하면 여러분은 색맹이다. 하지만 그렇다고 해서 여러분의 기분이 망가지지는 않는다. 그 여성들이 어떻게 그토록 이상하게 세상을 볼 수 있는지 궁금해질 뿐이다.

날 때부터 눈이 보이지 않는 사람도 마찬가지다. 그들에게는 결핍된 것이 전혀 없다. 시야가 있어야 할 곳에 암흑이 보이는 것이 아니다. 시각은 애당초 그들의 현실에 포함되어 있지 않았으므로 전혀 아쉽지 않다. 우리가 블러드하운드의 뛰어난 후각이나 색깔 광수용기가 네 종류인 여성들이 추가로 보는 색을 아쉬워하지 않는 것과 같다.

* * *

　인간의 움벨트, 진드기의 움벨트, 블러드하운드의 움벨트는 서로 크게 다르다. 심지어 인간들 사이에도 상당한 개인차가 존재할 수 있다. 대부분의 사람은 일상적인 생각에서 조금 벗어난 늦은 밤에 친구에게 다음과 같은 질문을 던진다. 내가 경험하는 빨간색과 네가 경험하는 빨간색이 똑같은지 어떻게 알지? 좋은 질문이다. 우리가 바깥세상의 어떤 특징에 '빨간색'이라는 이름표를 붙이기로 동의하기만 한다면, 여러분이 보는 천 조각의 색이 내가 내심 노랗다고 생각하는 색이라 해도 문제가 되지 않는다. 내가 그것을 빨간색이라고 부르고 여러분도 빨간색이라고 부른다면, 우리는 아무 문제 없이 거래를 할 수 있다.

　그러나 사실 문제는 여기서 그치지 않는다. 내가 시각이라고 부르는 것과 여러분이 시각이라고 부르는 것이 서로 다를 수 있기 때문이다. 여러분의 시각에 비해 내 시각은 위아래가 뒤집힌 형태라 해도, 우리는 아마 영원히 모를 것이다. 그리고 이것 역시 문제가 되지 않는다. 우리가 물건들을 부르는 이름과 지칭하는 방법, 바깥세상에서 움직일 방향에 대해 서로 합의를 보기만 한다면.

　이런 종류의 질문은 과거 철학적인 사색의 영역에 속했지만, 지금은 과학적인 실험의 영역으로 올라왔다. 사실 사람들의 뇌기능에는 조금씩 차이가 있어서, 때로는 세상을 경험하는 방식에 직접적인 차이가 나타나기도 한다. 하지만 사람들 각자는 자신의 방식이 바로 현실이라고 믿는다. 이 말을 이해하고 싶다면, 화요일이 자홍색이고 맛에 형태가 있고 교향곡이 물결치는 초록색인 세상을 상상해보라. 평범한 사람 100명 중 한 명이 바로 이런 식으로 세상을 경험하고 있다. 공감각共感覺이라는 현상 때문이다.[5] 공감각을 지닌 사람의 감각 하나를 자극하면, 변칙적인 감각이 생성된다. 색을 소리로 듣고, 형태를 맛보는 등 여러 감각이 체계적으로 조합된다. 사람의 목소리나 음악을 단순히 듣기만 하는 것이 아니라, 시각이나 미각이나 촉각으로도 경험하는 식이다. 공감각은 여러 감각 지각이 융합된 것이다. 사포를 만졌을 때 F# 음이 떠오르고, 닭고기를 맛보면 손끝을 핀으로 찌르는 듯한 느낌이 들고, 교향곡을 들으면 파란색과 황금색이 보일 수 있다. 공감각자는 이런 현상에 워낙 익숙하기 때문에, 다른 사람들이 자신과 같은 경험을 하지 못한다는 사실을 알고 깜짝 놀란다. 공감각 경험은 병리적인 의미에서 전혀 비정상이 아니다. 통계적인 의미에서 이례적인 현상일 뿐이다.

공감각의 유형은 아주 다양하다. 또한 한 가지 유형의 공감각을 지녔다면, 다른 유형도 두세 개쯤 더 지녔을 가능성이 높다. 요일을 색으로 경험하는 형태가 가장 흔하게 나타나는 공감각이고, 그 다음은 글자와 숫자가 색으로 나타나는 것이다. 단어를 맛으로 경험하는 것, 소리가 색으로 보이는 것, 수직선이 3차원 형태로 인식되는 것, 글자와 숫자가 젠더와 성격을 지닌 것처럼 보이는 것도 흔한 유형이다.[6]

공감각은 비자발적이고 자동적이며, 세월이 흘러도 일관적이다. 지각의 유형은 대부분 기본적이다. 그림이나 구체적인 형상(예를 들어, 공감각자가 이렇게 말하는 법은 없다. "이 음악은 내게 식당 테이블 위의 꽃병이네요")보다는 단순한 색깔, 형태, 질감으로 느껴진다는 뜻이다.

일부 사람들이 세상을 이런 식으로 경험하는 이유가 무엇일까? 공감각은 뇌의 감각 영역들 사이에 혼선이 유난히 증가한 결과로 생겨난다. 뇌 지도에서 서로 이웃한 나라들의 국경에 구멍이 숭숭 뚫려 있다고 생각하면 된다. 혼선이 발생하는 원인은 가계를 타고 전해지는 작은 유전적 변형이다. 뇌 회로의 아주 미세한 변화가 이렇게 다른 현실을 만들어낼 수 있다니.[7] 공감각의 존재 자체가 뇌의 종류와 정신의 종류가 단 하나뿐이 아닐 수 있음을 보여준다.

공감각 중 한 형태를 골라 자세히 살펴보자. 대부분의 사람에게 2월과 수요일은 공간적으로 특정한 자리를 차지하지 않는다. 그러나 공감각자 중 일부는 숫자, 시간 단위 등 순서와 관련된 여러 개념이 자기 몸의 특정한 위치와 관련되어 있는 것처럼 느낀다. 숫자 32가 있는 곳, 12월이 떠 있는 곳, 1966년이 놓여 있는 곳을 그들은 콕 집어 말할 수 있다.[8] 이렇게 3차원으로 형상화된 순서 관련 개념들을 흔히 수형 數型이라고 부른다. 더 정확한 명칭은 공간순서 공감각spatial sequence synesthesia이다.[9] 요일, 달月, 정수 헤아리기, 10년 단위로 묶인 해年와 관련해서 이 공감각이 가장 흔하게 나타난다. 이런 흔한 유형 외에도, 신발과 의류 사이즈, 야구 통계, 역사 시대, 봉급, 텔레비전 채널, 온도 등 여러 요소가 공간적인 형태로 나타나는 사례들이 연구 과정에서 발견되었다. 딱 한 종류의 순서만 공감각으로 경험하는 사람이 있는가 하면, 10여 가지 순서에 대해 공감각을 느끼는 사람도 있다. 공감각자가 모두 그렇듯이, 그들 또한 다른 사람들이 자기처럼 순서를 시각적으로 보지 못한다는 사실에 놀라움을 표시한다. 공감각이 없는 사람들도 놀라기는 매한가지다. 남들이 시간을 시각화하지 못한 채로 어떻게 살아가는지 공감각자들이 잘 이해하지 못한다니. 우리 현실이 그들에게 낯선 만큼, 그들의 세계 또한 우리에게 낯설다. 그들도 우리처럼 자신에게 제시된 현실을 받아들일 뿐이다.[10]

공감각이 없는 사람들은 남들이 감지하지 못하는 색, 질감, 공간 형태를 감지하는 것이 부담스러울 것이라고 생각할 때가 많다. "그렇게 많은 추가 정보를 처리하다 보면 정신이 이상해지지 않을까?" 이렇게 묻는 사람도 있다. 그러나 이 상황은 색맹인 사람이 색맹이 아닌 사람에게 "가엾어라. 어딜 보든 색이 보일 것 아냐. 모든 걸 컬러로 보면 정신이 이상해지지 않아?"라고 말하는 것과 다르지 않다. 우리는 색 때문에 정신이 이상해지지 않는다. 색을 보는 것이 대부분의 사람에게는 정상적인 일이고, 우리가 받아들인 현실의 일부이기 때문이다. 마찬가지로, 공감각자도 추가 정보로 인해 정신이 이상해지지 않는다. 그들은 자신이 아는 현실 외에 다른 현실을 모른다. 대부분의 공감각자는 다른 사람이 보는 세상이 자신의 것과 다르다는 사실을 평생 동안 끝내 알지 못한다.

수십 가지 유형이 있는 공감각은 개인이 보는 주관적인 세계가 놀라울 정도로 다르다는 점을 강조해준다. 각자의 뇌가 스스로 무엇을 지각할지, 또는 무엇을 지각할 수 있는지 결정한다는 점을 우리에게 일깨워주는 역할도 한다. 이 사실이 여기서 우리가 말하고자 하는 가장 중요한 점을 다시 불러낸다. 즉, 현실은 사람들이 흔히 생각하는 것보다 훨씬 더 주관적이라는 사실.[11] 뇌는 수동적으로 현실을 기록하기보다, 적극적으로 현실을 구축한다.

* * *

　세상에 대한 우리의 지각을 비유로 표현하자면, 다른 곳과 차단된 특정한 영토 안에 정신생활이 구축되어 있다고 할 수 있다. 특정한 종류의 생각을 우리는 결코 떠올리지 못한다. 우주에 존재하는 수많은 별을 이해하지도 못하고, 5차원 정육면체를 상상하지도 못하고, 개구리에게 매력을 느끼지도 못한다. 너무 뻔한 예("당연히 못하지!")라고 생각된다면, 적외선으로 세상을 보거나 전파를 포착하거나 진드기처럼 부티르산을 감지하는 것과 비슷하다고 생각하면 된다. 우리의 '생각 움벨트'는 '생각 움게붕'의 아주 작은 일부일 뿐이다. 이제 이 영역을 탐험해보자.

　뇌라는 촉촉한 컴퓨터의 기능은 환경과 여건에 맞는 행동을 만들어내는 것이다. 진화과정에서 눈, 내장기관, 생식기 등이 섬세하게 조형되었다. 우리가 가진 생각과 신념의 성격도 마찬가지다. 우리는 진화를 통해 세균에 저항하는 면역기능을 갖게 되었을 뿐만 아니라, 인류의 진화 역사 중 99퍼센트가 넘는 기간 동안 수렵-채집 조상들이 직면한 특유의 문제들을 해결할 수 있는 신경 기계를 발달시켰다. 진화심리학은 우리가 특정한 방향으로 사고하게 된 이유를 탐구한다. 신경과학자는 뇌를 구성하는 조각들을 연구하는 반면, 진화심리학자는 사회적인 문제를 해결하는 소프트웨어를 연구한다. 진화심리학에 따르면, 뇌의 물리적인 구조가 일련의 프로그램을 구현하고, 그 프로그램들은 과거 특정한 문제를 해결했기 때문에 뇌에 자리를 잡게 되었다. 이 프로그램들의 결과에 따라 새로운 요소가 추가되거나 배제된다.

찰스 다윈은 《종의 기원》을 마무리하면서 이 학문의 출현을 예견했다. "먼 미래에 훨씬 더 중요한 연구 분야가 열리는 것이 보인다. 심리학의 새로운 기초가 생겨날 텐데, 우리가 점진적으로 획득하게 될 꼭 필요한 정신 능력이 바로 그것이다." 다시 말해서, 눈과 손가락과 날개와 마찬가지로 정신도 진화한다는 뜻이다.

아기들을 생각해보자. 갓 태어난 아기는 백지상태가 아니다. 문제를 해결하는 장비를 아주 많이 물려받았기 때문에, 문제와 직면하더라도 해결책을 이미 손에 쥐고 있을 때가 많다.[12] 이런 추론을 처음으로 내놓은 사람은 다윈(역시 《종의 기원》에서)이고, 나중에 윌리엄 제임스가 《심리학 원칙》에서 이 생각을 발전시켰다. 20세기가 거의 끝날 때까지 이 생각은 무시되었으나, 결국 옳은 것으로 판명되었다. 아기들은 비록 무력하지만, 사물, 물리적 인과관계, 숫자, 생물학적인 세계, 다른 개체들의 신념과 동기, 사회적 상호작용에 관한 추론을 전문적으로 다루는 신경 프로그램을 갖고 태어난다. 예를 들어, 신생아의 뇌는 사람들의 얼굴을 **예상**한다. 태어난 지 10분도 안 돼서 아기는 얼굴과 비슷한 패턴을 향해 고개를 돌리지만, 그 패턴을 뒤섞어 놓으면 같은 반응을 보이지 않는다.[13] 생후 2개월 반이 된 아기는 단단한 물체가 다른 물체를 그냥 통과하는 것처럼 보이거나, 어떤 물체가 막 뒤에서 마법처럼 사라지는 것처럼 보일 때 놀라움을 표시한다. 움직이는 물체와 움직이지 않는 물체를 대하는 태도도 다르다. 움직이는 장난감에는 자신이 알 수 없는 내적인 상태(의도)가 있다고 가정하기 때문이다. 어른들의 의도에 대해서도 나름대로 가정을 한다. 어른이 어떤 일을 해내는 법을 보여주려고 할 때, 아기는 어른을 흉내 낸다. 그러나 어른이 보여주는 시범이 엉망이라면("아이고!"라는 말이 들려올 수도 있다) 아기는 자신이 본 것이 아니라 어른이 보여주려고 했다고 짐작되는 행동을 흉내 낸다.[14] 다시 말해서, 이런 시험이 가능해진 무렵의 아기들은 벌써 세상의 작용에 대해 나름의 가정을 한다는 뜻이다.

아이는 주변에서 볼 수 있는 것, 즉 부모, 반려동물, 텔레비전을 흉내 내며 학습하지만 백지상태는 아니다. 옹알이를 예로 들어보자. 귀가 들리지 않는 아이도 다른 아이들과 똑같이 옹알이를 한다. 또한 근본적으로 다른 언어를 사용하는 여러 나라에서 아이들의 옹알이는 비슷하게 들린다. 최초의 옹알이는 뇌에 미리 프로그램되어 있다는 뜻이다.

이런 선프로그램의 또 다른 사례는 상대의 마음을 읽는 시스템이다. 우리는 눈동자 방향과 움직임을 읽어서 그 사람이 원하는 것, 아는 것, 믿는 것을 추측하는 여러 메커니즘을 갖고 있다. 예를 들어, 누군가가 갑자기 내 왼쪽 어깨 너머를 바라본다면, 나는 즉시 내 등 뒤에서 흥미로운 일이 벌어지고 있는 모양이라고 생각할 것이다. 이렇게 시선을 읽는 시스템은 유아기 초기에 이미 완전히 자리를 잡는다. 자폐증을 비롯한 몇 가지 장애의 경우, 자폐증은 이 시스템이 손상된 상태일 수 있다. 반면, 윌리엄스 증후군처럼 다른 여러 시스템이 손상되었는데 시선을 읽는 시스템은 온전한 경우도 있다. 윌리엄스 증후군을 앓는 사람들은 시선을 읽는 데에는 아무 문제가 없지만, 다른 면의 사회적 인지력이 크게 손상되어 있다.

미리 소프트웨어가 마련되어 있으면, 백지상태의 뇌가 태어나자

마자 맞닥뜨리게 될 가능성의 폭발을 우회할 수 있다. 백지상태로 시작하는 시스템은 아기들이 받아들이는 빈약한 정보민으로는 세상의 복잡한 규칙을 모두 배울 수 없을 것이다.[15] 모든 것을 직접 시도해봐야 하고, 실패를 맛볼 것이다. 다른 건 몰라도, 아무런 지식이 없는 상태에서 출발해 세상의 규칙을 배우려고 시도하는 인공 신경망의 오랜 실패 역사 덕분에 우리가 알게 된 사실이다.

우리 뇌의 선프로그램은 사회적 교류, 즉 인간들 사이의 상호작용과 깊이 연관되어 있다. 사회적 상호작용은 아주 오래전부터 인류에게 꼭 필요한 요소였으므로, 사회적인 프로그램이 신경회로 속으로 깊이 파고들었다. 심리학자 리다 코스마이즈와 존 투비는 이렇게 표현했다. "심장박동은 보편적이다. 이 박동을 만들어내는 기관이 어디서나 똑같기 때문이다. 이 설명은 사회적 교류의 보편성에도 알뜰하게 적용된다." 심장과 마찬가지로 뇌 역시 문화적 차이와 상관없이 사회적 행동을 만들어낼 수 있다는 뜻이다. 프로그램이 하드웨어에 미리 장착되어 있기 때문이다.

이제 구체적인 사례를 살펴보자. 우리 뇌는 진화과정에서 터득하지 못한 특정 유형의 계산에는 애를 먹지만, 사회적 교류와 관련된 계산은 쉽게 해치운다. 내가 여러분에게 카드 네 장을 보여주고, 짝수 카드의 뒷면에 원색의 이름이 있다고 주장한다고 가정해보자. 내 말이 사실인지 확인하기 위해 카드 두 장을 뒤집을 수 있다면, 어떤 카드를 뒤집어야 할까?

이 문제가 어렵게 느껴져도 걱정할 필요 없다. 정말로 어려운 문제니까. 답은 8번 카드와 자주색 카드를 뒤집는 것이다. 만약 5번 카

| 5 | 자주색 | 8 | 빨간색 |

드를 뒤집었는데 뒷면에 빨간색이라고 적혀 있다면, 내가 말한 규칙이 옳은지 전혀 알 수 없을 것이다. 내가 짝수 카드에 대해서만 말했기 때문이다. 만약 빨간색 카드를 뒤집었는데 홀수가 나와도 내가 제시한 규칙에 대해서는 아무것도 확인할 수 없다. 홀수 카드의 뒷면에 무엇이 있을지 내가 분명히 말하지 않았기 때문이다.

만약 우리 뇌의 회로에 조건 논리의 규칙이 각인되어 있다면, 우리는 이 문제를 전혀 어려움 없이 풀 수 있다. 그러나 정답을 말하는 사람은 4분의 1이 채 되지 않는다. 정식으로 논리 교육을 받은 사람들도 마찬가지다.[16] 이 문제가 어렵게 느껴진다는 사실은, 우리 뇌의 회로가 이런 유형의 일반적인 논리 문제에 맞게 조정되어 있지 않다는 의미다. 이런 논리 퍼즐을 풀지 않아도 인류가 지금껏 상당히 잘해왔기 때문인 듯하다.

하지만 이 이야기에는 반전이 있다. 만약 우리 뇌가 이해할 수 있는 방식으로, 즉 사회적인 관계를 중시하는 인간의 뇌가 관심을 기울이는 언어로 이 논리 문제를 제시한다면, 우리는 이 문제를 쉽게 해결한다.[17] 18세 미만이면 술을 마실 수 없다는 것을 새로운 규칙으로 제

시한다고 가정하자. 위에 제시된 카드의 한 면에는 나이가 있고, 뒷면
에는 음료나 술 이름이 있다.

　이 규칙이 깨졌는지 확인하려면 어떤 카드를 뒤집어야 할까? 대
부분의 참가자는 정답을 맞힌다(16 카드와 테킬라 카드). 두 퍼즐의 형
식이 똑같다는 점에 주목해야 한다. 그런데 왜 첫 번째 퍼즐은 어렵고
두 번째 퍼즐은 비교적 쉽게 느껴질까? 코스마이즈와 투비는 두 번째
퍼즐에서 정답률이 높아진 것은 신경이 전문화되어 있음을 보여준다
고 주장한다. 뇌는 사회적 상호작용에 워낙 관심이 많아서 그것만 다
루는 특수한 프로그램을 만들었다. 권리와 의무를 다루는 원시적인
기능이 생겨난 것이다. 사람의 심리가 부정행위 감지 같은 사회적인
문제를 해결할 수 있게 진화했지만, 전체적으로 똑똑하고 논리적으로
발전하지는 않았다고 할 수 있다.

진화하는 뇌의 주문:
진짜 좋은 프로그램을 DNA까지 깊숙이 각인시켜라

> "대체로 우리는 자신의 머리가 가장 잘하는 일을
> 가장 인식하지 못한다."
> _마빈 민스키, 《마음의 사회》

    본능은 복잡하고 선천적인 행동이며, 우리가 굳이 학습할 필요가 없다. 본능은 대체로 경험과 상관없이 작동한다. 말의 출산을 생각해보자. 어미의 자궁에서 밖으로 떨어진 망아지는 앙상하고 불안한 다리로 서서 잠시 휘청휘청 돌아다니다가 몇 분 또는 몇 시간 만에 무리를 따라 걷고 뛰기 시작한다. 인간 아기처럼 몇 년에 걸친 시행착오를 통해 다리를 사용하는 법을 배우는 것이 아니다. 본능적으로 그 복잡한 행동을 해낸다.

    전문화된 신경회로가 뇌에 기본적으로 장착되어 있기 때문에, 개구리는 다른 개구리에게만 미친 듯한 욕망을 느끼고, 인간의 성적 매력은 아예 상상조차 하지 못한다. 인간도 개구리에 대해 같은 심정이다. 진화의 압력으로 형성된 본능 프로그램은 행동이 매끄럽게 이루어지게 하고, 단단한 손으로 인지력을 조종한다.

    전통적으로 본능은 추론과 학습의 반대개념으로 여겨진다. 대부분의 사람이 보기에 개는 주로 본능에 의지해 행동하는 반면 인간은 본능보다는 **이성**에 가까운 어떤 것을 바탕으로 움직이는 것 같다. 19세기의 위대한 심리학자 윌리엄 제임스는 이런 인식을 처음으로 의

심한 사람이었다. 아니, 단순히 의심하기만 한 것이 아니었다. 완전히 틀린 생각이라고 보았다. 그는 인간의 행동이 다른 동물의 행동보다 더 유연하고 영리한 것은 우리에게 본능이 더 적기 때문이 아니라 오히려 더 **많기** 때문이라는 의견을 내놓았다. 본능은 도구상자 속의 도구와 같아서, 본능이 많을수록 우리의 적응력이 커진다.

우리가 이런 본능의 존재를 잘 알아차리지 못하는 것은 순전히 본능의 기능이 워낙 뛰어나기 때문이다. 본능은 힘들이지 않고 자동적으로 정보를 처리한다. 병아리 감별사나 비행기 식별가나 테니스 선수의 무의식적인 소프트웨어처럼, 본능이라는 프로그램도 신경회로 속에 아주 깊숙이 각인되어 있어서 우리는 접근할 수 없다. 하지만 이런 본능이 모여서 인간의 본성을 형성한다.[18]

본능은 우리가 살면서 배울 필요가 없다는 점에서 자동화된 행동(타이핑, 자전거 타기, 테니스 경기에서 서브 넣기)과 다르다. 본능은 물려받는 것이다. 몹시 유용한 선천적인 행동이 DNA의 작은 암호로 만들어졌다. 오랜 세월에 걸친 자연선택의 결과다. 생존과 번식에 유리한 본능을 지닌 개체는 번성하는 경향이 있었다.

여기서 핵심은 전문화되고 최적화된 본능 회로가 속도와 에너지 효율이라는 혜택을 주지만, 그 대가로 의식의 접근 범위에서는 더욱더 멀어진다는 점이다. 따라서 우리는 테니스 경기에서 서브를 넣을 때처럼, 회로에 각인된 본능 프로그램에 거의 접근할 수 없다. 코스마이즈와 투비는 이런 상황을 '본능맹instinct blindness'이라고 부른다. 우리 행동의 엔진 역할을 하는 본능을 우리는 볼 수 없다는 뜻이다.[19] 우리가 이 프로그램에 접근할 수 없는 것은, 그것이 중요하지 않아서가 아니라 오히려 몹시 중요하기 때문이다. 의식의 간섭은 전혀 도움이 되지 않을 것이다.

윌리엄 제임스는 본능의 숨은 본질을 알아차리고, 간단한 정신적 연습으로 본능을 구슬려서 밝은 곳으로 이끌어낼 것을 제안했다. "인간의 모든 본능적인 행동의 이유"를 묻는 방법으로 "자연스러운 것이 이상해 보이게" 만들자는 것이었다.

기분이 좋을 때 우리는 왜 찡그리지 않고 미소를 짓는가? 친구한 명과 이야기할 때처럼 군중에게 선뜻 말을 걸지 못하는 이유가 무엇인가? 특정한 여성 앞에서 우리 머릿속이 뒤죽박죽되는 이유가 무엇인가? 평범한 남자라면 이런 질문에 다음과 같은 답만 내놓을 것이다. 미소를 짓는 게 **당연하죠.** 군중을 보면 심장이 두근거리는 게 **당연하죠.** 우리가 그 여성을 사랑하니까 **당연하죠.** 그렇게 완벽한 형태로 태어난 아름다운 영혼, 영원히 사랑받아야 할 생생한 존재인데요!

아마 다른 동물들도 특정한 대상 앞에서 자신이 자주 보이는 특정한 반응에 대해 같은 기분일 것이다……. 수사자라면 그 대상이 사랑받아 마땅한 암사자일 것이고, 수컷 곰이라면 그 대상이 암컷 곰일 것이다. 알을 낳는 암탉이라면, 둥지에 가득한 알을 보고 자신은 완전히 홀려서 귀하게 여기며 알을 품고 앉아 있는 것쯤 전혀 힘든 일이 아니라고 여기는데 세상에는 그렇지 않은 생물도 있다는 말을 듣고 소름이 끼칠 것이다.

그래서 우리는 어떤 동물의 본능이 아무리 수수께끼처럼 보일

지라도, 우리 본능 또한 그들의 눈에는 수수께끼처럼 보일 것이
라고 확신해도 될 것 같다.[20]

　가장 깊숙이 각인된 본능은 대개 관심의 초점에서 벗어나 있었
다. 심리학자들이 인간의 독특한 행동(고등 인지기능)이나 (정신장애 같
은) 문제가 발생하는 경위에 관심을 쏟았기 때문이다. 그러나 가장 자
동적이고 힘이 들지 않는 행동, 즉 가장 전문화되고 복잡한 신경회로
가 필요한 행동은 줄곧 우리 눈앞에 있었다. 성적인 매력, 어둠에 대
한 공포, 감정이입, 말다툼, 질투, 공정성 추구, 해결책 찾기, 근친관계
회피, 표정 인식 등이 그런 행동이다. 이런 행동을 지탱하는 방대한 신
경망은 워낙 훌륭하게 조정되어 있기 때문에, 우리는 그들의 정상적
인 활동을 인식하지 못한다. 병아리 감별사의 경우처럼, 회로에 각인
된 프로그램에 접근하는 데 내면 성찰은 소용없다. 어떤 행동을 의식
적으로 쉽다거나 자연적이라고 평가하다 보면, 그런 행동을 가능하게
해주는 회로의 복잡성을 형편없이 과소평가하게 될 수 있다. 쉬운 일
이 어렵다. 우리가 당연하게 생각하는 일들은 대부분 신경의 관점에
서 보면 복잡하다.
　인공지능 분야에서 일어난 일을 예로 들어보자. 1960년대에 '말
은 일종의 포유류'라는 말처럼 사실에 기반한 지식을 다루는 프로그
램들이 빠르게 발전했다. 그러나 그 뒤로는 발전 속도가 점점 느려져
서 거의 정지 상태가 되었다. 알고 보니 연석에서 도로로 떨어지지 않
고 인도를 걷는 일, 카페테리아의 위치를 기억하는 일, 작은 발 두 개
로 키 큰 몸의 균형을 잡는 일, 친구를 알아보는 일, 농담을 이해하는

일 등 '간단한' 문제를 해결하기가 훨씬 더 어려웠다. 우리가 무의식적으로 신속하게 해내는 일들을 모델로 만들기가 너무 어려워서 지금도 미해결 상태로 남아 있다.

뻔하고 쉬워 보이는 일일수록, 그 뒤에 방대한 신경회로가 살아 움직일 것이라고 짐작해야 한다. 2장에서 보았듯이, 우리가 아주 쉽고 빠르게 사물을 볼 수 있는 것은 시각에만 전념하는 복잡한 조직이 토대를 이루고 있기 때문이다. 자연스럽고 쉬워 보이는 일일수록 사실은 그렇지 않다.[21] 벌거벗은 개구리를 봐도 우리의 욕망 회로가 작동하지 않는 것은 우리가 개구리와 짝짓기를 할 수 없기 때문이다. 개구리는 우리 유전자의 미래와 별로 상관이 없다. 반면 1장에서 보았듯이, 우리는 여성의 동공 확장에 상당히 관심이 많다. 성적인 관심과 관련해서 중요한 정보를 알려주기 때문이다. 우리는 자신이 지닌 본능의 움벨트 안에 살면서도, 물고기가 물을 인식하지 못하듯이 그 움벨트를 거의 인식하지 못한다.

아름다움: 영원히 사랑받아야 할 생생한 존재

사람들이 나이 든 상대가 아니라 젊은 상대에게 매력을 느끼는 이유는 무엇인가? 머리가 금발인 사람들이 정말로 더 즐기며 살아가는가? 자세히 살펴본 사람보다 언뜻 본 사람이 더 매력적으로 느껴지는 이유가 무엇인가? 이쯤 되면, 아름다움을 느끼는 감각이 우리 뇌에 깊이 (그리고 접근할 수 없게) 각인되어 있다는 말이 놀랍게 들리지 않을 것이다. 모두 생물학적으로 유용한 일을 성취하기 위해서다.

우리가 아는 가장 아름다운 사람에 대한 생각으로 되돌아가보자. 신체 비율이 좋고, 애쓰지 않아도 호감을 얻는 매력적인 사람. 우리 뇌는 이런 외모를 포착하는 뛰어난 능력을 갖추고 있다. 순전히 좌우대칭과 신체 구조의 세세한 부분들 때문에, 그 사람은 운명적으로 남들보다 더 인기를 끌고, 더 빠르게 승진해서 성공을 거둔다.

우리가 느끼는 매력이 (오로지 시인의 펜만이 표현할 수 있는) 신묘한 것이 아니고, 자물쇠에 열쇠를 넣듯이 이 일을 전담하는 신경 소프트웨어에 잘 맞는 구체적인 신호의 산물이라는 사실을 알게 되더라도 이제는 놀랍지 않을 것이다.

사람들이 아름답다고 꼽는 요소는 무엇보다도 호르몬 변화로 나타난 번식능력을 알려주는 것들이다. 사춘기 이전에는 사내아이와 여자아이의 얼굴과 몸매가 비슷하다. 사춘기에 소녀의 몸에서 에스트로겐이 증가하면 입술이 더 도톰해지고, 소년의 몸에서 테스토스테론이 증가하면 턱이 도드라지고 코가 커진다. 에스트로겐은 젖가슴과 엉덩이를 키우는 반면, 테스토스테론은 근육을 성장시키고 어깨를 건장하게 만든다. 따라서 여성의 도톰한 입술, 풍만한 엉덩이, 가느다란 허리가 전달하는 메시지는 분명하다. "나는 에스트로겐으로 가득 차서 번식할 수 있어." 남성의 경우에는 도드라진 턱, 수염 자국, 넓찍한 가슴이 같은 역할을 한다. 우리는 이런 것을 아름답게 느끼도록 프로그램되어 있다. 형태가 기능을 반영한다.

이 프로그램이 워낙 깊이 각인되어 있기 때문에, 사람들 사이에 차이가 별로 없다. 학자들(은 물론 포르노를 퍼뜨리는 사람들도)은 남성들이 가장 매력적이라고 생각하는 여성의 신체비율 범위가 놀라울 정도로 좁다는 사실을 발견했다. 허리와 엉덩이의 비율이 0.67에서 0.8 사이여야만 완벽하게 보이는 것이다. 플레이보이 화보 모델들의 허리-엉덩이 비율은 줄곧 약 0.7을 유지했다. 세월이 흐르면서 그들의 평균 체중이 줄어들었는데도 이 비율은 변하지 않았다.[22] 허리-엉덩이 비율이 이 범위에 속하는 여성은 남성의 눈에 더 매력적으로 보일 뿐만 아니라, 더 건강하고, 유머러스하고, 똑똑하게 보인다.[23] 여성이 나이를 먹으면 신체가 이 비율과는 멀어지는 방향으로 변화한다. 허리가 두꺼워지고, 입술이 얇아지고, 젖가슴이 늘어지는 이 모든 변화는 그들이 최고의 가임기를 지났다는 신호다. 생물학 수업을 전혀 듣지 않은 십대 소년조차 젊은 여성에 비해 나이 든 여성에게는 별로 매력을 느끼지 못할 것이다. 그의 뇌 회로는 분명한 임무(번식)를 띠고 있고, 그의 의식은 꼭 알아야 하는 사실("저 여자 매력적이다. 쫓아가!")만 받아들인다.

숨어서 활동하는 신경 프로그램이 감지하는 것은 번식능력만이 아니다. 가임기 여성이 모두 똑같이 건강한 것은 아니므로, 그들의 매력도 똑같지 않다. 신경과학자 빌라야누르 라마찬드란은 남자가 금발 여성을 더 좋아한다는 말이 생물학적 진실의 씨앗을 품고 있을지도 모른다고 추측한다. 피부가 하얀 여성이 병에 걸리면 쉽게 병색이 드러나는 반면, 피부가 가무잡잡한 여성은 결점을 비교적 쉽게 위장할 수 있다. 건강에 관한 정보가 많을수록 선택에 도움이 되기 때문에, 하얀 피부가 선호의 대상이 된다는 것이다.[24]

남성은 여성에 비해 시각의 영향을 많이 받는 편이지만, 여성 또한 내부에서 작용하는 똑같은 힘에 좌우된다. 상대가 성숙한 남성성을 지녔음을 보여주는 매력적인 특징들에 마음이 끌린다는 뜻이다. 그러나 흥미로운 점은, 한 달을 주기로 시기에 따라 여성의 선호도가 바뀔 수 있다는 것이다. 배란 중인 여성은 남성적인 외모의 남성을 선호하지만, 배란 중이 아닌 여성은 이목구비가 부드러운 남성을 선호한다. 아마 이런 외모를 지닌 사람이 사교적이고 자상한 행동을 할 것이라고 생각하는 듯하다.[25]

유혹과 구애 프로그램은 주로 의식의 영역에서 돌아가지만, 결말은 누가 봐도 뻔하다. 그래서 부유한 나라의 수많은 국민이 얼굴 주름 리프팅, 늘어진 뱃살 제거, 지방흡입, 보톡스 등에 아낌없이 돈을 쓴다. 다른 사람의 뇌에서 이 프로그램을 작동시키는 열쇠를 계속 유지하고 싶기 때문이다.

우리가 매력 메커니즘에 거의 접근하지 못하는 것은 놀랄 일이 아니다. 대신 우리 행동을 좌우하는 오래된 신경 모듈에 시각 정보가 입력된다. 1장에서 언급한 실험을 다시 살펴보자. 남성 피험자들은 여성의 얼굴을 보고 아름다움의 순위를 매기면서, 동공이 확장된 여성을 더 매력적으로 보았다. 동공 확장은 성적인 관심의 신호이기 때문이다. 그러나 자기들이 이런 결정을 내린 과정에 그 남성들의 의식은 접근하지 못했다.

내 연구실에서는 피험자들에게 남녀의 사진을 번개처럼 순간적으로 보여준 뒤 매력도 순위를 매기게 하는 연구를 실시했다.[26] 그 다음에는 이미 보았던 사진을 다시 보여주면서 마음껏 자세히 살펴본 뒤 순위를 매기게 했다. 그 결과는? 번개처럼 언뜻 본 사람들이 더 아름답게 평가되었다. 어떤 사람이 모퉁이를 돌거나 빨리 차를 몰아 지나가는 모습을 언뜻 보았을 때, 우리 지각 시스템이 그 사람을 실제보다 더 아름답게 판단한다는 뜻이다. 여성에 비해 남성에게서 이런 판단 착오가 더 강력히 나타나는데, 아마 남성들이 매력을 평가할 때 시각에 더 의존하기 때문인 것 같다. 이 '언뜻 보기 효과'는 일상 경험과 일치한다. 남성이 어떤 여성을 언뜻 보고, 자신이 방금 보기 드문 미인을 놓쳤다고 생각하는 것을 말한다. 그러나 그 여성의 뒤를 쫓아 서둘러 모퉁이를 돌아 뛰어가 보면, 그는 자신이 잘못 판단했음을 알게 된다. 이런 효과가 나타나는 것은 분명한데, 그 원인은 분명치 않다. 시각 시스템은 왜 스치듯 지나간 정보를 접했을 때, 그 여성을 실제보다 더 아름답게 판단하는 실수를 항상 저지르는 걸까? 명확한 데이터가 없는 상태에서, 지각 시스템은 왜 그냥 중간치를 선택해서 그 여성의 미모를 평균 수준으로 판단하지 않을까?

이 질문의 답을 결정하는 것은 번식의 필요성이다. 스치듯 지나간 사람을 실제보다 아름답게 판단했을 때에는 되돌아가서 그 사람을 다시 보기만 하면 실수를 바로잡을 수 있다. 별로 힘든 일이 아니다. 반면, 매력적인 상대를 매력적이지 않은 사람으로 잘못 판단했을 때는 어쩌면 장밋빛이 될 수도 있었던 유전자의 미래에 안녕을 고하게 될 수 있다. 따라서 지각 시스템은 언뜻 스치듯 지나간 사람이 매력적이라고 허풍을 떨 필요가 있다. 다른 사례들과 마찬가지로, 의식적인 뇌가 아는 것은 믿을 수 없을 만큼 아름다운 사람이 방금 반대편 차선에서 차를 타고 스쳐 갔다는 사실뿐이다. 이런 믿음을 만들어 낸 신경 기계나 진화의 압력에는 의식이 접근할 길이 없다.

경험으로 터득한 개념들 또한 뇌에 깊이 각인된 이 매력 메커니즘을 이용할 수 있다. 최근 한 연구에서 학자들은 술이라는 개념에 무의식적으로 노출되었을 때 술과 관련된 개념들, 즉 섹스나 성욕 같은 개념들 또한 (역시 무의식적으로) 자극될 수 있는지 시험해보았다.[27] 그들은 남성 피험자에게 '맥주' '콩' 같은 단어들을 의식적으로 지각할 수 없을 만큼 순간적으로 보여주었다. 그러고는 여성들의 사진을 보여주며 매력의 순위를 매기게 했다. 술과 관련된 단어(맥주 등)에 무의식적으로 노출된 피험자는 사진 속 여성들을 실제보다 더 아름답게 평가했다. 술이 성욕을 증가시킨다고 강력히 믿는 남성에게서 이 효과가 가장 강력하게 나타났다.

매력은 고정된 개념이 아니라, 상황에 따라 조정된다. 발정기라는 개념을 예로 들어보자. 거의 모든 포유류 암컷은 발정기 때 분명한 신호를 내보인다. 비비 암컷의 엉덩이가 밝은 분홍색으로 변하는 것은 운 좋은 수컷 비비가 저항할 수 없는 분명한 초대장이다. 반면 인간 여성은 1년 내내 짝짓기 행동을 한다는 점에서 독특하다. 임신이 가능한 시기가 되었을 때 특별한 신호를 내보이지도 않는다.[28]

아니, 정말로 그런가? 여성은 월경주기 중 임신 가능성이 가장 높을 때 가장 아름답게 보이는 것으로 드러났다. 월경을 시작하기 약 열흘 전이다.[29] 미모를 평가하는 사람이 남성이든 여성이든, 그녀가 무슨 행동을 하든 결과는 똑같다. 심지어 사진으로 평가할 때도 마찬가지다. 즉, 미모가 임신 가능성을 널리 알리는 셈이다. 비비의 엉덩이 색깔보다는 더 섬세한 신호지만, 같은 공간에 있는 남성들의 뇌에서 이 일만을 전담하는 무의식 조직을 자극할 수만 있으면 된다. 남성들의 신경회로에 그 신호가 닿으면 임무 완수다. 그런데 이 신호가 다른 여성들의 신경회로에도 닿는다. 여성들이 다른 여성의 월경주기가 일으키는 변화에 상당히 민감한 것은 아마도 짝을 놓고 다툴 때 경쟁상대를 평가하기 위해서인 듯하다. 임신 가능성을 알려주는 신호가 정확히 무엇인지는 아직 확실하지 않다. 어쩌면 피부 상태(배란기에 피부색이 더 밝아진다), 배란 직전 며칠 동안 여성의 귀와 젖가슴의 좌우대칭이 평소보다 더 강화되는 것이 그런 신호인지도 모른다.[30] 단서가 무엇이든, 뇌는 그것을 포착하게 만들어져 있다. 의식은 전혀 알아차리지 못한다 해도, 뇌는 설명하기 어렵고 전능한 욕망의 힘을 감지한다.

배란과 미모 효과는 실험실뿐만 아니라, 현실에서도 측정할 수 있다. 뉴멕시코주의 학자들은 인근 스트립클럽의 댄서들이 받는 팁을 조사해서 월경주기와의 상관관계를 살펴보았다.[31] 임신 가능성이 가장 높을 때, 그들은 시간당 평균 68달러를 받았다. 월경 중일 때 받는 돈은 고작 35달러 정도였다. 이 두 시기 사이의 평균치는 52달러였다. 이 여성들은 한 달 내내 최고로 매력을 발산하고 있었을 텐데도, 그들의 임신 가능성 변화가 체취, 피부 상태, 허리-엉덩이 비율 등의 변화를 통해 고객에게 전달되고 있었다. 그들 자신의 자신감 또한 시기에 따라 변했을 가능성이 높다. 흥미로운 것은, 피임약을 복용하는 스트리퍼들의 실적에서 뚜렷하게 치솟는 기간이 나타나지 않았다는 점이다. 그들의 월평균 수입은 시간당 37달러에 불과했다(피임약을 복용하지 않는 스트리퍼의 평균 수입은 시간당 53달러다). 그들의 수입이 적은 것은, 피임약이 호르몬 변화를 일으켜 임신 초기와 비슷한 상태가 되기 때문인 것 같다. 따라서 술집을 찾은 카사노바들의 흥미를 잘 끌지 못하는 것이다.

　이 연구가 우리에게 일려주는 것은 무엇인가? 경제적인 면에서 스트리퍼는 피임약을 쓰지 말고, 배란기 직전에 근무 시간을 두 배로 늘려야 한다. 그러나 이보다 더 중요한 것은, 여성(또는 남성)의 미모가 신경회로에 의해 미리 결정된다는 사실을 분명히 보여준다는 점이다. 우리는 이 프로그램에 의식적으로 접근할 수 없으므로, 세심한 연구를 통해서만 정보를 알아낼 수 있다. 섬세한 신호를 감지하는 뇌의 솜씨가 상당히 좋다는 점에 주목해야 한다. 이제 자신이 아는 가장 아름다운 사람을 찾아내는 문제로 돌아가서, 우리가 상대의 눈과 눈 사이 거리, 코 길이, 입술 두께, 턱 모양 등을 일일이 자로 쟀다고 상상해보자. 이런 측정 결과를 별로 매력적이지 않은 사람의 것과 비교해보면, 그 차이가 아주 미세하다는 것을 알 수 있을 것이다. 외계인이나 셰퍼드 개가 보기에 이 두 사람은 구분할 수 없을 만큼 똑같다. 우리가 외계인이나 셰퍼드의 매력을 구분하기 힘든 것과 마찬가지다. 그러나 인류라는 종 내에 존재하는 아주 작은 차이가 우리 뇌에 엄청난 영향을 미친다. 예를 들어, 어떤 사람들은 아주 짧은 반바지를 입은 여성은 홀린 듯이 보는 반면, 아주 짧은 반바지를 입은 남성은 혐오스럽다고 생각한다. 기하학적인 관점에서 보면, 두 사람 사이에 차이가 거의 없는데도 말이다. 작은 차이를 알아내는 우리 능력은 대단히 섬세하게 조정되어 있다. 짝짓기 상대를 선택해서 구애하는 분명한 임무에 맞게 우리 뇌가 만들어져 있기 때문이다. 이 모든 일이 의식의 수면 아래에서 이루어진다. 우리는 그저 거기서 보글보글 올라오는 사랑스러운 느낌을 즐길 뿐이다.

* * *

　아름다움에 대한 판단은 시각 시스템에 의해 구축될 뿐만 아니라, 냄새의 영향도 받는다. 냄새는 짝짓기 후보의 나이, 성별, 번식능력, 정체, 감정, 건강에 관한 정보를 포함해서 엄청난 양의 정보를 전달한다. 전달 매개체는 공중을 떠다니는 분자 집단이다. 이 분자들이 거의 전적으로 행동을 좌우하는 동물이 많다. 인간의 경우 냄새에 포함된 정보는 대개 의식적인 지각의 레이더 아래로 날아오는데도 여전히 행동에 영향을 미친다.

　우리가 생쥐 암컷에게 여러 수컷 중에 짝짓기 상대를 고르라고 선택권을 준다고 상상해보자. 암컷은 아무렇게나 고르지 않고, 자신과 상대의 유전적 상호작용을 바탕으로 결정을 내릴 것이다. 그런데 그런 숨은 정보에 암컷은 어떻게 접근하는 걸까? 모든 포유류는 주요 조직 적합유전자 복합체MHC라고 불리는 유전자 집단을 갖고 있다. 이 유전자들은 면역체계에서 핵심적인 역할을 한다. 선택권이 주어졌을 때, 생쥐는 MHC 유전자가 자신과 **비슷하지 않은** 상대를 선택할 것이다. 유전자를 혼합하는 것은 생물학에서 거의 언제나 좋은 일이다. 유전적 결함을 최소한으로 유지해주고, 유전자 사이의 건강한 상호작용을 이끌어내기 때문이다. 이러한 상호작용을 잡종 강세hybrid vigor라고 부른다. 따라서 유전적으로 거리가 먼 파트너를 찾아내는 것이 유용하다. 하지만 앞을 거의 보지 못하는 생쥐가 어떻게 이런 재주를 부릴 수 있는 걸까? 코가 그들의 수단이다. 코 안의 어떤 기관이 신호를 품고 허공을 떠다니는 화학물질인 페로몬을 포착한다. 페로몬이 전달하는 신호는 경고, 먹이의 흔적, 성적인 준비상태 등 다양한데, 상대를 선택할 때 사용되는 것은 유전적인 유사성 또는 차이에 대한 신호다.

인간도 생쥐처럼 페로몬을 감지해서 반응하는가? 이 의문의 답을 확실히 아는 사람은 없지만, 최근 연구에서는 인간의 코 안쪽 벽에서 생쥐의 페로몬 신호 감지기관과 비슷한 수용기가 발견되었다.[32] 이 수용기가 제대로 기능하는지는 명확치 않지만, 행동 연구의 결과를 보면 그런 듯하다.[33] 베른대학교의 학자들은 남녀 학생들의 MHC를 측정해서 정량화하는 연구를 했다.[34] 그러고는 남학생들에게 면 티셔츠를 주고, 그들이 매일 흘리는 땀이 천에 흠뻑 스며들 때까지 입고 있으라고 했다. 나중에 실험실에서 여학생들은 티셔츠의 겨드랑이에 코를 박고 냄새를 맡은 뒤, 선호하는 체취를 선택했다. 그 결과는? 생쥐의 경우와 똑같이, 그들도 MHC가 자신과 최대한 비슷하지 않은 남학생을 선호했다. 인간의 코도 선택에 영향을 미치는 듯하다. 이번에도 번식과 관련된 그들의 임무는 의식의 레이더망 아래에서 수행된다.

인간의 페로몬은 번식이 아닌 다른 상황에서도 보이지 않는 신호를 전달하는 듯하다. 예를 들어, 신생아는 깨끗한 거즈보다 엄마의 젖가슴에 문질렀던 거즈 쪽으로 움직이는 경향이 있는데, 아마도 페로몬 신호 때문인 것 같다.[35] 여성이 다른 여성의 겨드랑이 땀 냄새를 맡은 뒤 월경주기가 바뀌기도 한다.[36]

페로몬이 신호를 전달하는 것은 분명한 사실이지만, 인간의 행동에 얼마나 영향을 미치는지는 밝혀지지 않았다. 인간의 인지능력이 워낙 다층적이라서, 페로몬 신호의 영향은 단역배우 정도로 줄어들었다. 페로몬의 다른 역할이 무엇이든, 페로몬은 뇌가 계속 진화한다는 사실을 우리에게 일깨워준다. 시대에 뒤떨어진 옛 소프트웨어의 존재를 드러내서 보여주기 때문이다.

유전자 속의 불륜?

우리가 어머니에게 느끼는 애착, 그리고 어머니도 역시 우리에게 애착을 느낀다는 행운을 생각해보라. 특히 우리가 무력해서 어머니의 도움이 필요한 유아 시절에. 이런 종류의 유대감은 자연스러운 일로 보이기 쉽다. 그러나 표면을 조금만 긁어보아도, 사람 사이의 애착이 정교한 화학신호 시스템에 의존하고 있다는 사실을 알 수 있다. 애착은 저절로 발생하지 않는다. 목적을 갖고 생겨난다. 생쥐 새끼의 유전자를 조작해서, 아편유사제 시스템(통증 억제와 보상에 관여)의 특정 수용체를 없애면, 그들은 어미와 헤어지는 것에 신경을 쓰지 않게 된다.[37] 울음도 줄어든다. 그들이 이런저런 일에 전체적으로 신경을 쓸 수 없게 된다는 뜻이 아니다. 사실 그들은 위협적인 수컷 생쥐나 차가운 온도에 정상적인 생쥐보다 더 민감하게 반응한다. 단지 어미와 유대를 맺지 않을 뿐이다. 어미의 냄새와 낯선 생쥐의 냄새 중 하나를 선택하게 하면, 둘 중 하나를 고르는 비율이 똑같다. 어미의 굴과 낯선 생쥐의 굴 앞에서도 똑같은 반응을 보인다. 다시 말해서, 특정한 유전적 프로그램이 돌아가야만 새끼가 어미에게 정상적으로 애정을 품게 된다는 뜻이다. 애착을 품는 데 어려움을 드러내는 장애, 예를 들어 자폐증 같은 장애의 기저에도 이런 문제가 있을 가능성이 있다.

부모와의 유대감 문제는 파트너에게 정절을 지키는 문제와도 관련되어 있다. 상식적으로는, 사람들이 각자의 도덕적 품성에 따라 일부일처제를 유지하는 것처럼 보일 것이다. 그러나 여기서 애당초 무엇이 '품성'을 구성하는지에 대한 의문이 생겨난다. 의식의 레이더망 아래에서 작동하는 메커니즘이 여기서도 길잡이 역할을 하는가?

대초원 들쥐를 예로 들어보자. 이 자그마한 생물은 땅을 얕게 파고 들어가서 길을 만들고 1년 내내 활발히 활동한다. 그러나 다른 들쥐, 또는 다른 포유류와 달리 그들은 일부일처제를 유지한다. 한 상대와 평생에 걸친 유대를 맺고, 함께 굴을 만들어 함께 자고 그루밍을 해주고 새끼를 키운다. 가까운 친척 관계인 다른 동물들은 제멋대로 관계를 맺는데, 대초원 들쥐는 왜 이렇게 헌신적인 행동을 보일까? 호르몬 때문이다.

수컷 들쥐가 같은 암컷과 반복적으로 짝짓기를 하면, 바소프레신이라는 호르몬이 뇌에서 분비된다. 바소프레신은 측좌핵이라는 부위에서 수용체와 결합해, 그 암컷과 연관된 즐거운 감정을 조절한다. 그리고 이것이 일부일처제로 연결된다. 이 호르몬을 차단하면, 일부일처제 결합이 사라진다. 유전자 기법으로 바소프레신 수치를 늘리면, 놀랍게도 여러 상대와 짝짓기를 하는 생물이 일부일처제 행동을 하게 만들 수 있다.[38]

인간에게도 바소프레신이 중요한가? 2008년 스웨덴 카롤린스카 연구소의 한 연구팀이 장기적인 이성애 관계를 맺고 있는 남성 552명의 바소프레신 수용체 유전자를 조사했다.[39] 그 결과 이 유전자에서 RS3 334라는 부위의 수가 사람마다 다를 수 있다는 사실이 발견되었다. 이 부위가 아예 없는 사람, 한 개인 사람, 두 개인 사람 등 다양했다. 이 부위가 많을수록, 바소프레신이 뇌에 미치는 영향이 약했다. 그 결과가 너무 명백해서 놀라울 정도였다. 이 부위의 수가 남성의 일부일처제 행동과 관련되어 있었던 것이다. RS3 334가 많은 남성은 일부일처제 행동에서 낮은 성적을 기록했다. 그들이 맺고 있는 관계의 강도, 그들이 인지하고 있는 결혼생활의 문제, 배우자가 인지하는 결혼생활의 질 등도 마찬가지였다. 이 부위가 두 개인 남성은 결혼하지 않을 가능성이 높고, 결혼했다면 가정불화가 생길 가능성이 높았다.

각자의 선택과 환경이 중요하지 않다는 뜻이 아니다. 이 두 요인은 중요하다. 그러나 우리는 저마다 다른 기질을 지니고 태어난다. 한 사람과 줄곧 관계를 유지하는 쪽에 유전적으로 기울어져 있는 남성이 있고, 그렇지 않은 남성이 있다. 과학 문헌에 밝은 젊은 여성들이 남자 친구가 충실한 남편이 될지 알아보려고 유전자 검사를 요구하는 미래가 곧 올지도 모르겠다.

최근 진화심리학자들은 사랑과 이혼에 시선을 돌렸다. 그 결과 오래지 않아 그들은 사랑에 빠진 사람들의 열정과 사랑이 최고 수준으로 유지되는 기간이 최대 3년이라는 사실을 알아냈다. 몸과 뇌의 내부 신호들은 문자 그대로 사랑의 미약 역할을 하다가 점점 감소하기 시작한다. 이런 관점에서 보면, 우리는 자녀를 키우는 데 필요한 기간(평균적으로 약 4년)이 지난 뒤 성적인 파트너에게 관심을 잃도록 미리 프로그램되어 있는 셈이다.[40] 심리학자 헬렌 피셔는 우리와 여우의 프로그램이 똑같다는 의견을 내놓았다. 여우는 번식기 동안 일부일처제 관계를 맺고 새끼를 기르는 데 필요한 기간만큼 함께 지내다가 갈라선다. 거의 60개국에서 이혼을 연구한 피셔는 결혼한 지 약 4년차에 이혼이 최대치에 이른다는 것을 발견했다. 그녀 자신의 가설과 일치하는 결과다.[41] 피셔의 주장에 따르면, 체내에서 생산되는 사랑의 미약은 남녀가 자식의 생존율을 높이는 데 필요한 기간만큼 함께 지내게 만드는 효율적인 메커니즘일 뿐이다. 생존을 위해서라면 부모 중 한쪽만 있을 때보다 두 사람이 모두 있는 편이 더 낫다. 부모를 구슬려서 함께 지내게 만드는 것은 자식에게 안전한 환경을 제공해주는 방법이다.

같은 맥락에서, 아기들의 큰 눈과 둥근 얼굴이 우리 눈에 귀여워 보이는 것은 아기가 원래 '귀엽기' 때문이 아니라 어른이 아기를 돌보는 것이 진화과정에서 중요했기 때문이다. 아기를 귀엽게 생각하지 않는 유전자는 이제 존재하지 않는다. 그런 유전자를 지닌 개체의 자식들이 제대로 보살핌을 받지 못했기 때문이다. 살아남은 우리의 정신적 움벨트는 아기를 귀엽게 생각하지 않는 것을 허용하지 않으므로, 우리는 아기가 다음 세대를 담당할 수 있게 성공적으로 키워낸다.

* * *

이번 장에서 우리는 우리가 할 수 있는 생각과 할 수 없는 생각은 물론 가장 깊은 본능까지도 회로에 아주 깊숙이 각인되어 있음을 살펴보았다. 여러분은 "이거 굉장한 소식인데"라고 생각할지도 모른다.

"내 뇌가 살아남는 데 필요한 일을 모두 제대로 해내는 동안 나는 그런 일을 생각할 필요도 없다는 거잖아!" 그래, 굉장한 소식이 맞다. 그러나 이 소식에서 우리가 예상하지 못한 부분은, 뇌에서 의식이 맡은 역할이 가장 미미하다는 점이다. 의식은 마치 보위를 물려받은 어린 군주 같다. 그는 나라의 영광이 모두 자신의 공이라고 생각하지만, 나라가 무사히 잘 돌아가게 해주는 수많은 일꾼들의 존재를 전혀 알지 못한다.

우리의 정신적 풍경이 지닌 한계를 생각하려면 약간의 용기가 필요할 것이다. 다시 영화 〈트루먼 쇼〉로 돌아가면 한 익명의 여성이 프로듀서와 통화하며 자기도 모르게 수많은 사람이 지켜보는 텔레비전 프로그램에 출연하고 있는 가엾은 트루먼이 연기자라기보다 죄수라고 말하는 장면이 나온다. 여기서 프로듀서는 다음과 같이 차분하게 대답한다.

그럼 시청자님은 인생이라는 무대에서 자신에게 배정된 역할을 하는 연기자가 아니라고 말씀하실 수 있습니까? 트루먼은 언제든 떠날 수 있습니다. 만약 그가 막연한 포부 이상의 것을 품었다면, 반드시 진실을 찾아내겠다고 굳게 마음을 다졌다면, 우리가 그를 막을 길은 없었을 겁니다. 제 생각에는 결국 트루먼이 시청자님이 말씀한 이 '감옥'의 편안함을 더 좋아한다는 사실이 가장 거슬리시는 것 같습니다.

우리가 서 있는 무대를 탐구하다 보면, 우리의 움벨트 너머에도 상당히 넓은 곳이 있음을 알게 된다. 이 탐색은 느리고 점진적이지만, 우리가 스튜디오 전체의 크기를 알아차리고 경탄하게 만든다.

이제 뇌 속으로 더 깊이 들어가, 비밀을 한 꺼풀 더 벗겨낼 준비가 되었다. 지금까지 우리가 하나의 존재를 대하듯이, 경솔하게 '우리'라고 지칭한 존재에 대한 비밀이다.

5장
뇌는 라이벌로 이루어진 팀

"내가 두 말을 하고 있나?

그래, 나는 두 말을 하지.

(나는 커서, 여럿을 품고 있어.)"

_월트 휘트먼, 〈나 자신의 노래〉

진짜 멜 깁슨께서 일어서주시겠습니까?

2006년 7월 28일 배우 멜 깁슨이 캘리포니아주 말리부의 태평양 해안 고속도로에서 제한 속도의 두 배에 가까운 속도로 달리다가 경찰의 제지를 받았다. 그의 차를 세운 경찰관 제임스 미가 음주검사를 실시한 결과, 깁슨의 혈중알코올농도가 0.12퍼센트로 법적인 제한 수치를 훨씬 상회했다. 깁슨의 차 조수석에는 테킬라 한 병이 열린 채 놓여 있었다. 경찰관은 그를 체포하겠다고 통보하고, 순찰차에 타라고 지시했다. 그러나 할리우드에서 일어나는 다른 음주 사건과 달리 이날 일이 놀라웠던 것은, 깁슨이 상황에도 맞지 않는 선동적인 말을 내뱉었다는 점 때문이다. "망할 유대인 새끼들…… 세상의 모든 전쟁이 유대인 책임이야." 그러고는 경찰관에게 이렇게 물었다. "당신 유대인

이야?" 미는 실제로 유대인이었다. 결국 깁슨이 순찰차에 타는 것을 거부했기 때문에, 경찰관은 그의 손에 수갑을 채워야 했다.

그 일이 있고 19시간이 채 지나지 않아서, 유명인들의 소식을 다루는 웹사이트 TMZ.com이 손으로 쓴 체포 보고서에 대한 제보를 입수해 즉시 사이트에 게재했다. 언론의 열렬한 반응이 이어지자 깁슨은 7월 29일 사과문을 발표했다.

목요일 밤 술을 마신 뒤 저는 아주 잘못된 행동을 많이 저질렀으며, 지금 그것을 부끄러워하고 있습니다……. 체포될 때 저는 완전히 이성을 잃은 사람처럼 굴면서 제 신념과도 다르고 경멸받아 마땅한 말을 했습니다. 그때 제가 한 모든 말에 깊은 수치심을 느낍니다. 저로 인해 상처를 입은 모든 분께 사과합니다……. 저는 저와 제 가족을 부끄럽게 만드는 행동을 했습니다. 진심으로 죄송합니다. 어른이 된 뒤로 줄곧 알코올 중독이라는 병과 싸워온 저는 그렇게 끔찍하게 병이 재발한 것을 진심으로 뉘우치고 있습니다. 제가 술에 취한 상태에서 저지른 무례한 행동을 사과합니다. 건강을 되찾기 위해 필요한 조치를 이미 취했습니다.

반명예훼손 연맹의 에이브러햄 폭스먼은 사과문에 반유대주의 발언 관련 내용이 없다며 분노를 표현했다. 그러자 깁슨은 유대인에게만 보내는 더 긴 사과문을 발표했다.

종류를 막론하고 반유대주의 발언을 하거나 그런 생각을 하는 사람을 변명하려는 글이 아닙니다. 그런 사람에게는 관용을 베풀지 말아야 합니다. 저는 제가 음주운전 혐의로 체포되던 날 밤 경찰관에게 했던 독설에 대해 유대인 사회의 모든 분께 사과하고 싶습니다……. 제가 믿는 종교의 교의에 따르면, 저는 자선과 관용을 항상 실천해야 합니다. 모든 인간은 하느님의 자녀이므로, 제가 하느님을 존중하고 싶다면 그분의 자녀들도 존중해야 합니다. 반유대주의는 결코 제 진심이 아님을 알아주시기 바랍니다. 저는 편견에 물든 사람이 아닙니다. 종류를 막론하고 증오는 제 믿음과 어긋납니다.

깁슨은 유대인 지도자들과 일대일로 만나서 "치유를 위한 적절한 길을 모색해보자"고 제의했다. 그가 진심으로 뉘우치는 것처럼 보였기 때문에 에이브러햄 폭스먼은 반명예훼손 연맹을 대표해서 그의 사과를 받아들였다.

깁슨은 사실 반유대주의자인가? 아니면 나중에 마음에서 우러나온 것처럼 보이는 사과문에서 유창하게 말한 내용이 그의 진심인가?

유진 로빈슨은 '멜 깁슨: 단순히 테킬라 때문이 아니었다'라는 제목의 〈워싱턴 포스트〉 기사에서 이렇게 썼다. "그의 병이 재발한 것은 안타깝지만, 약간의 테킬라 또는 많은 양의 테킬라가 편견 없는 사람을 마구 날뛰는 반유대주의자, 인종차별주의자, 동성애 혐오자 등 편견을 품은 사람으로 바꿔놓을 수 있다고는 믿지 않는다. 술로 인해 자제력이 사라져서 온갖 종류의 말을 마구 내뱉게 되기는 한다. 그러나 애당초 그런 생각을 품고 점점 키워온 것을 술 탓으로 돌릴 수는 없다."

〈스카보로 컨트리〉의 프로듀서 마이크 야비츠는 이 견해에 지지를 표명하기 위해 프로그램에 출연해서 술을 마셔 혈중알코올농도를 깁슨과 같은 0.12퍼센트까지 높였다. 그러고는 "반유대주의 감정이 느껴지지 않는다"고 보고했다.

로빈슨과 야비츠처럼 술 때문에 깁슨의 자제력이 느슨해져서 그의 참된 자아가 드러났다고 의심하는 사람이 많았다. 사람들이 이런 의심을 품게 된 데에는 오랜 역사가 있다. 그리스의 시인 미틸레네의 알카이오스는 "포도주 안에 진실이 있다En oino álétheia"는 말을 만들어냈고, 로마의 대大플리니우스도 이 말을 그대로 라틴어로 번역한 'In vino veritas'라는 말을 사용했다. 바빌로니아 탈무드에도 같은 내용을 담은 구절이 있다. "포도주가 들어오면, 비밀이 나갔다." 이 책은 뒤에 이렇게 조언한다. "사람의 속내를 드러내는 세 가지가 있다. 술잔, 지갑, 분노." 로마 역사가 타키투스는 게르만족이 아무도 거짓말을 하지 못하게 회의 중에 항상 술을 마신다고 주장했다.

그러나 술 때문에 멜 깁슨의 참모습이 드러났다는 가설에 모두가 동의한 것은 아니었다. 〈내셔널 리뷰〉에 글을 쓴 존 더비셔는 이렇게 주장했다. "그 사람은 술에 취한 상태였다. 사람은 누구나 술에 취했을 때 멍청한 말과 행동을 한다. 만약 내가 술에 취해 저지른 엉뚱한 짓과 어리석은 짓만을 판단 기준으로 삼는다면, 나는 모든 예의 바른 모임에서 쫓겨나야 마땅하다. 여러분도 마찬가지다. 여러분이 성자가 아닌 한은." 유대인이며 보수주의 활동가인 데이비드 호로비츠는 〈폭스 뉴스〉에서 다음과 같이 말했다. "이런 곤경에 처한 사람에게는 마땅히 연민을 보여야 합니다. 사람들이 그에게 연민을 베풀지 않는 것은 아주 무례한 일이에요." 중독 전문 심리학자 G. 앨런 말랫은 〈USA 투데이〉에 이렇게 썼다. "술은 자백제가 아니다……. 사람의 진실한 감정이 드러날 수도 있고 아닐 수도 있다."

사실 깁슨은 체포되기 전 오후에 친구이자 유대인 영화 제작자인 딘 데블린의 집에 있었다. 데블린은 이렇게 말했다. "멜이 술에 취해 완전히 다른 사람으로 변할 때 함께 있었던 적이 있다. 정말로 경악스러운 일이다." 그는 이런 말도 했다. "멜이 반유대주의자라면, 우리(데블린과 역시 유대인인 그의 아내)와 함께 많은 시간을 보낸 것이 말이 되지 않는다."

그러면 '진짜' 깁슨은 어떤 사람인가? 반유대주의 발언을 내뱉으며 고함을 지르는 모습이 진짜인가? 아니면 부끄러움을 느끼고 후회하며 "유대인 사회의 도움을 구하며 손을 뻗습니다"라고 공개적으로 말하는 모습이 진짜인가?

사람의 본성에 진실한 면과 거짓된 면이 있다는 견해를 선호하는 사람이 많다. 원래 사람의 진정한 목표는 하나뿐이고, 나머지는 모두 장식이나 회피나 은폐라는 것이다. 직관적인 생각이지만 불완전하다. 뇌 연구를 위해서는 인간의 본성에 대한 더 섬세한 견해가 필요하다. 이번 장에서 살펴보겠지만, 우리는 많은 신경 소집단으로 구성되어 있다. 휘트먼의 말처럼 "여럿을 품고" 있는 셈이다. 깁슨을 비난하는 사람들은 그가 정말로 반유대주의자라고 계속 주장할 테고, 그를 옹호하는 사람들은 그렇지 않다고 계속 주장할 것이다. 그러나 두 집단 모두 자신의 편견과 일치하는 불완전한 견해를 옹호하는 것일 수도 있다. 뇌에 인종차별적인 부분과 그렇지 않은 부분이 동시에 존재할 가능성이 없다고 믿어야 할 이유가 있는가?

나는 커서, 여럿을 품고 있어

1960년대 내내 인공지능 선구자들은 작은 나무 블록을 찾아내고 가져와서 패턴에 맞게 쌓는 조작을 할 수 있는 간단한 로봇 프로그램을 만들기 위해 밤늦게까지 일했다. 언뜻 보기에는 간단한 과제 같았지만, 실제로 해보니 엄청나게 어려웠다. 일단 나무 블록을 찾기 위해서는 그 블록에 해당하는 카메라 픽셀을 구분할 수 있어야 한다. 또한 블록이 놓인 각도와 거리에 상관없이 블록의 모양을 인지할 수 있어야 한다. 블록을 쥐는 데에는 정확한 순간에 정확한 방향에서 정확한 힘으로 아귀를 오므릴 수 있게 해주는 시각적인 유도장치가 필요하다. 블록을 쌓으려면 다른 블록들을 분석해서 세세하게 조정할 필요가 있다. 이 모든 프로그램이 정확한 순간에 정확한 순서로 작동해야 한다. 앞에서 보았듯이, 간단해 보이는 과제에 엄청나게 복잡한 계산이 필요할 때가 있다.

수십 년 전 이렇게 어려운 로봇공학 문제와 씨름하던 컴퓨터공학자 마빈 민스키와 동료 학자들은 발전적인 아이디어를 내놓았다. 전문화된 하위 에이전트, 즉 문제의 작은 부분을 하나씩 맡아서 처리하는 작은 컴퓨터 프로그램들에 작업을 분산시켜서 이 문제를 해결할수 있을지 모른다는 아이디어였다. 한 프로그램에는 블록을 '찾는' 작업을 맡긴다. 다른 프로그램은 '가져오는' 문제를 해결한다. 또 다른 프로그램은 '쌓는' 문제를 담당한다. 아무 생각 없이 맡은 일만 하는 이 하위 에이전트들을 회사 조직처럼 위계가 있는 조직으로 연결시켜 서로 보고를 주고받을 뿐만 아니라 보스에게도 보고를 보내게 한다. 위계구조 때문에, '블록 쌓기'는 블록 '찾기'와 '가져오기'가 완수된 뒤에야 비로소 시작될 것이다.

이 아이디어가 문제를 완전히 해결해주지는 못했으나, 상당히 도움이 되기는 했다. 그러나 더 중요한 점은 뇌의 작용에 대한 새로운 아이디어에 사람들이 초점을 맞추게 되었다는 것이다. 민스키는 기계와 비슷한 하위 에이전트들이 엄청나게 많이 모인 집합체가 인간의 정신인지 모른다는 의견을 내놓았다.[1] 여기서 핵심은 작고 전문화된 다수의 일꾼이 일종의 사회를 만들어낼 수 있다는 것이다. 민스키는 이렇게 썼다. "각각의 정신 에이전트는 정신이나 생각이 전혀 필요하지 않은 간단한 작업을 할 수 있을 뿐이다. 그러나 우리가 이 에이전트들을 모아 (아주 특별한 방식으로) 사회를 구성하면 지능이 생겨난다." 이 틀 안에서는 수천 개의 작은 정신이 커다란 정신 하나보다 낫다.

이 가설을 이해하고 싶다면, 공장의 작업을 생각하면 된다. 조립 라인에서 일하는 작업자는 각각 제품 생산과정 중 하나의 작업만을 전문적으로 수행한다. 모든 과정을 아는 사람은 없다. 그것을 안다고 해서 효율적인 생산이 이루어지지도 않을 것이다. 정부의 부처들도 같은 방식으로 작동한다. 관료들 각자는 한 개 또는 소수의 아주 전문화된 일을 맡고 있다. 정부의 성공을 좌우하는 것은 작업을 적절히 분배하는 능력이다. 좀 더 규모를 키워 보면, 문명도 같은 방식으로 작동한다. 분업을 배워서 농업, 예술, 전쟁 등 다양한 분야에 각각 전문가를 배치할 때 문명은 다음 단계로 성장한다.[2] 분업은 전문화와 전문 기술의 심화를 가능케 한다.

문제를 서브루틴으로 나눈다는 발상이 인공지능이라는 젊은 분야에 불을 붙였다. 컴퓨터공학자들은 다목적 컴퓨터 프로그램이나 로봇 하나를 개발하려고 애쓰는 대신, 각각 한 가지 일을 잘할 줄 아는 작은 '지역 전문가' 네트워크를 시스템에 장착해주는 쪽으로 목표를 바꿨다.[3] 여기서 큰 시스템은 각각의 순간에 어떤 전문가에게 제어권을 넘겨줄지 스위치를 조작하기만 하면 된다. 이제 시스템이 배워야 할 것은 각각의 작은 과제를 해내는 법이 아니라 언제 누가 무슨 일을 할지를 배분하는 법이다.[4]

민스키가 저서 《마음의 사회》에서 말한 것처럼, 인간의 뇌가 할 일도 어쩌면 그것뿐인지 모른다. 그의 말은 윌리엄 제임스가 말한 본능의 개념을 연상시킨다. 만약 뇌가 정말로 이런 방식으로(하위 에이전트 집단으로) 작동한다면, 우리가 전문화된 과정들을 굳이 의식할 이유가 없다는 것이다.

우리가 예상하고, 상상하고, 계획하고, 예측하고, 예방하는 데에 수십만, 어쩌면 수백만 개의 작은 과정들이 관련되어 있음이 분명한데 이 모든 일이 아주 자동적으로 이루어지기 때문에 우리는 그냥 '평범한 상식'으로 생각해버린다……. 우리 정신이 그토록 복잡한 조직을 이용하면서 그 존재를 모를 수도 있다는 말이 처음에는 믿기 힘들지도 모른다.[5]

과학자들이 동물의 뇌를 들여다보기 시작하자, 이 '마음의 사회' 가설 덕분에 세상을 보는 새로운 방법들이 열렸다. 1970년대 초에 학자들은 개구리에게 움직임을 감지하는 별도의 메커니즘이 적어도 두 개 존재한다는 사실을 깨달았다. 한 시스템은 개구리가 파리처럼 작고 빠른 대상을 향해 혀를 획 뻗는 동작을 지휘하고, 다른 시스템은 커다란 대상을 감지했을 때 펄쩍 뛰어오르라는 명령을 다리에 내린다.[6] 이 두 시스템 모두 의식과는 상관이 없는 듯하다. 회로에 각인된 간단한 자동 프로그램이다.

'마음의 사회'라는 틀은 중요한 일보 전진이었다. 그러나 초창기의 흥분된 반응과 달리, 분업하는 전문가 집단이 인간의 뇌와 같은 결과를 낼 수 있다는 것이 실험으로 충분히 증명되지 않았다. 그래서 우리가 만든 가장 똑똑한 로봇도 아직 세 살짜리 아이의 지능을 따라가지 못한다.

무엇이 문제였을까? 나는 분업 모델에 중대한 요소 하나가 빠져 있었다고 본다. 이제 그 점을 살펴보자.

정신의 민주주의

민스키의 이론에서 빠진 요소는 자기가 문제를 해결하는 올바른 방법을 안다고 믿는 전문가들 사이의 **경쟁**이다. 좋은 드라마와 마찬가지로, 인간의 뇌도 갈등으로 움직인다.

조립 라인이나 정부 부처에서 각각의 일꾼은 자기가 맡은 작은 과제의 전문가다. 반면, 민주주의 국가의 정당은 **같은 이슈**에 대해 다른 의견을 갖고 있다. 그들에게 중요한 것은 국가라는 배의 조종간을 잡으려는 전투다. 뇌도 대의민주주의와 비슷하다.[7] 뇌는 서로 분야가 겹치는 여러 전문가로 구성되어 있으며, 전문가들은 다양한 선택지를 놓고 의견을 제시하며 경쟁한다. 월트 휘트먼의 짐작처럼, 우리는 크고 여럿을 품고 있다. 그리고 이 여럿은 끊임없는 전투에서 헤어나오지 못한다.

뇌 안의 여러 파벌은 항상 대화를 주고받으며, 우리 행동이라는 단 하나의 출력 채널을 차지하려고 경쟁한다. 그 결과 우리는 자신과 언쟁하기, 자신을 욕하기, 자신을 구워삶기 같은 기묘한 재주를 부릴 수 있다. 현대 컴퓨터는 절대 부릴 수 없는 재주다. 파티 주최자가 초콜릿케이크를 권하면, 우리는 고통스러운 딜레마에 빠진다. 뇌의 일부는 당분이라는 풍부한 에너지원을 갈망하게 진화한 반면, 다른 부분은 심장에 미치는 영향이나 불룩 튀어나온 뱃살 같은 부정적인 결과를 생각하기 때문이다. 케이크를 원하는 마음과 케이크를 포기하는 의지력을 발휘하려고 애쓰는 마음이 공존한다. 이 두 파벌 중 어느 쪽이 우리 행동을 제어하게 될지는 투표 결과로 결정된다. 우리는 초콜릿케이크를 먹는 것과 먹지 않는 것 중에 하나를 고를 수 있을 뿐, 둘 다 고를 수는 없다.

이처럼 내면에 여럿이 있기 때문에 생물은 갈등에 빠진다. 프로그램이 하나뿐인 생물에게 '갈등'이라는 단어를 적용할 수는 없다. 자동차는 어느 쪽으로 방향을 꺾을지를 놓고 갈등에 빠질 수 없다. 운전자 한 명이 하나뿐인 운전대를 잡고 조종하기 때문이다. 그래서 자동차는 아무 불평 없이 지시를 따른다. 반면 뇌에는 두 마음이 공존할 수 있다. 마음이 그보다 훨씬 더 많을 때도 많다. 케이크 쪽으로 돌아설지 아니면 멀어져야 할지 우리는 모른다. 우리 행동을 조종하는 운전대를 여러 개의 작은 손이 붙잡고 있기 때문이다.

실험실에서 쥐를 대상으로 간단한 실험을 한다고 상상해보자. 통로 끝에 먹이와 전기충격기를 모두 놓아두면, 쥐는 그곳에서 약간 떨어진 곳에 멈춰 서서 앞으로 나아가려다가 물러난다. 하지만 뒤로 물러나려다가 또다시 용기를 내서 다가간다. 갈등에 빠져서 오락가락하는 것이다.[8] 쥐의 몸에 하네스를 채워서 먹이를 향해 나아갈 때의 힘과 전기충격에서 멀어질 때의 힘을 따로 측정해보면, 두 힘이 같아져서 서로를 상쇄하는 지점에 쥐가 멈춰 선다는 사실을 알게 된다. 당기는 힘과 미는 힘이 같다. 당혹스러워서 어쩔 줄 모르는 쥐의 발 두 쌍이 운전대를 붙잡고 각각 반대쪽으로 힘을 주고 있다. 그래서 쥐는 어디로도 가지 못한다.

쥐의 뇌도 인간의 뇌도 모두 서로 갈등하는 부분들로 이루어진 기관이다. 내적인 분업이 이루어지는 장치를 만드는 것이 이상하게 보인다면, 우리가 이미 이런 유형의 사회적 기관을 만들었음을 생각해보라. 배심원제도가 바로 그것이다. 일면식도 없고 의견도 서로 다른 사람 열두 명이 합의에 도달해야 한다. 배심원들은 토론하고, 설득하고, 영향을 미치려 하고, 한발 물러선다. 그렇게 해서 결국 하나의 결론에 도달한다. 서로 의견이 다른 것은 배심원제도의 결점이 아니라 핵심적인 특징이다.

에이브러햄 링컨은 이렇게 합의를 일궈내는 과정에서 영감을 얻어, 서로 적대적인 관계인 윌리엄 수어드와 새먼 체이스를 각료로 임명했다. 역사가 도리스 컨스 굿윈의 잊을 수 없는 표현처럼, 링컨은 라이벌들로 이루어진 한 팀을 만들고 있었다. 라이벌들로 이루어진 팀은 현대 정치 전략에서 핵심을 차지한다. 짐바브웨 경제가 걷잡을 수 없이 추락하던 2009년 2월 로버트 무가베 대통령은 과거 자신이 암살하려 한 적이 있는 라이벌 모건 창기라이와 권력을 나누기로 했다. 중국의 후진타오 국가주석은 2009년 3월 서로 격렬하게 대적하는 파벌 지도자인 시진핑과 리커창을 지목해 중국의 경제와 정치의 미래를 만들어가는 데 손을 보태게 했다.

나는 뇌를 라이벌들로 이루어진 한 팀으로 보아야 가장 잘 이해할 수 있다고 생각한다. 이제부터 이 생각을 탐구해보겠다. 정당은 누구고, 그들이 어떻게 경쟁하고, 그들의 연합이 어떻게 유지되고, 파국이 왔을 때 무슨 일이 벌어지는지 살펴볼 것이다. 서로 경쟁하는 파벌들의 목표는 대체로 같지만(나라의 성공) 그 목표를 향해 나아가는 방법이 다를 때가 많다는 점을 명심해야 한다. 링컨의 말처럼, 라이벌은 "공공선을 위해" 동맹으로 바뀌어야 한다. 신경 하위집단에게 공통의 이익은 유기체의 번성과 생존이다. 자유파와 보수파가 모두 나라를 사랑하면서도 나라를 이끄는 전략에 대해서는 서로를 독하게 공격할 수 있는 것과 마찬가지로, 뇌 안의 여러 파벌도 저마다 자신이 문제를 해결하는 올바른 방법을 알고 있다고 믿으며 경쟁을 벌인다.

양당체제의 지배: 이성과 감정

심리학자와 경제학자는 인간 행동의 기묘한 부분들을 이해하려고 애쓰면서 때로 '이중과정' 이론에 호소한다.[9] 뇌에 별도의 시스템 두 개가 있다는 이론이다. 하나는 빠르고 자동적이며 의식의 표면 아래에서 움직이는 반면, 다른 하나는 느리고 인지적이고 의식이 있다. 첫 번째 시스템을 자동적, 암묵적, 체험적, 직관적, 전체론적, 반응적, 충동적이라고 표현할 수 있다면, 두 번째 시스템은 인지적, 체계적, 외현적, 분석적, 규칙 기반, 성찰적이다.[10] 이 두 과정은 항상 필사적인 싸움을 벌인다.

이름은 '이중과정'이지만, 시스템이 딱 두 개뿐일 것이라고 가정할 이유는 없다. 사실 시스템은 여러 개일 수도 있다. 예를 들어, 지크문트 프로이트는 1920년에 세 부분, 즉 이드(본능적), 자아(현실적이고 정돈되어 있음), 초자아(비판적이고 설교적)가 경쟁하는 심리모델을 내놓았다.[11] 1950년대에 미국의 신경과학자 폴 매클린은 뇌가 진화과정의 순차적인 단계를 대표하는 세 층으로 이루어져 있다는 의견을 내놓았다. 파충류 뇌는 생존 행동에 관여하고, 변연계는 감정에 관여하며, 신피질은 고등한 사고에 동원된다. 이 두 이론의 세세한 부분은 신경해부학자들의 관심에서 대체로 멀어졌지만, 뇌가 서로 경쟁하는 하위 시스템으로 구성되어 있다는 핵심은 살아남았다. 우리는 일반화된 이중과정 모델을 출발점으로 삼을 것이다. 이 주장의 요점을 적절히 전달할 수 있기 때문이다.

심리학자와 경제학자는 뇌 안의 다양한 시스템을 추상적으로 생각하지만, 현대 신경과학은 해부학적인 기반을 찾으려고 애쓰는 중이다. 우연이지만, 뇌의 회로 다이어그램이 일반적으로 이중과정 모델에 상응하는 분할에 도움이 된다.[12] 뇌의 일부 영역(예를 들어, 관자놀이 자리에 있는 배외측 전전두엽 피질)은 바깥세상에서 벌어지는 일과 관련된 고등한 활동에 관여한다. 반면 허기, 의욕, 보람 등 내면 상태를 감시하는 영역(예를 들어, 이마 위치에 있는 내측 전전두엽 피질과 피질 표면 아래 깊숙한 곳에 있는 여러 영역)도 있다. 실제상황은 이 대략적인 분할보다 더 복잡하다. 뇌가 미래 상태 시뮬레이션, 과거 회상, 바로 눈앞에 있지 않은 물건이 어디에 있는지 알아내는 것 등 다양한 작업을 수행할 수 있기 때문이다. 그러나 지금은 외부와 내부를 모니터하는 두 시스템으로 뇌를 나눈 위의 설명이 대략적인 안내인 역할을 할 것이다. 자세한 설명은 좀 더 나중에 하겠다.

신경해부학과 관련되지 않은 용어를 고르다 보니, 나는 모두에게 친숙한 두 단어, 즉 이성과 감정이라는 단어를 고르게 되었다. 정확히 규정되지 않은 불완전한 용어이지만, 그래도 뇌 안의 라이벌 관계와 관련해서 요점을 전달할 수는 있을 것이다.[13] 이성 시스템은 바깥세상에서 일어나는 일들의 분석에 관여하고, 감정 시스템은 내면 상태를 감시하며 상황이 좋아질지 나빠질지 걱정한다. 윤곽만 대략 설명하자면, 이성적인 인지는 외부 사건에 관여하고, 감정은 내면 상태에 관여한다고 할 수 있다. 수학문제를 풀 때는 내면에 자문을 구할 필요가 없지만, 메뉴판을 보고 디저트를 고를 때나 다음에 하고 싶은 일의 순서를 매길 때는 얘기가 다르다.[14] 다음에 할 수 있는 행동들의 순위를 매길 때에는 감정 네트워크가 절대적으로 필요하다. 감정이 없는 로봇이라면 주변의 물체를 분석할 수 있을지는 몰라도, 다음에 무엇을 해야 할지 결정할 때는 결론을 내지 못하고 얼어붙을 것이다. 행동의 우선순위를 결정하는 것은 내면 상태다. 집에 도착하자마자 냉장고, 화장실, 침실 중 어디로 곧장 갈 것인지를 좌우하는 것은 집 안의 외부 자극이 아니라 몸 안의 내면 상태다.

수학을 할 시간, 죽일 시간

철학자들이 트롤리 딜레마라고 부르는 것이 이성 시스템과 감정 시스템 사이의 싸움을 잘 보여준다. 이런 시나리오를 상상해보자. 전차(트롤리trolley) 한 대가 통제를 벗어나 선로를 마구 달려온다. 선로 저편에서는 기술자 다섯 명이 수리를 하고 있고, 구경꾼인 나는 그들이 전차에 치여 죽을 것임을 금방 알아차린다. 또한 내 손이 닿는 근처에 스위치가 있는 것도 보인다. 스위치를 조작하면 전차가 다른 선로로 옮겨갈 텐데, 그곳에서는 기술자 한 명만이 목숨을 잃을 것이다. 어떻게 해야 할까? (꼼수나 비밀 정보는 없다.)

대부분의 사람은 주저 없이 스위치를 조작할 것이다. 다섯이 죽는 것보다 한 명이 죽는 편이 훨씬 더 나으니까. 그렇지? 훌륭한 선택이다.

그런데 이 딜레마를 조금 비틀어보자. 전차가 선로를 달려오는 것도 같고, 기술자 다섯 명이 위험해진 것도 같다. 하지만 이번에는 내가 선로 위를 지나가는 육교 위에서 아래를 내려다보고 있다. 육교에 비만한 남자 한 명이 서 있는 것을 보고, 나는 만약 그를 육교 아래로 밀어서 떨어뜨린다면 그 커다란 몸집 덕분에 충분히 기차가 멈춰 기술자 다섯 명을 구할 수 있을 것이라고 생각한다. 남자를 밀어버려야 할까?

대부분의 사람은 무고한 사람을 죽여야 한다는 말에 파르르 화를 낸다. 아니, 잠깐만. 조금 전의 선택과 다를 것이 무엇인가? 한 목숨과 다섯 목숨을 맞바꾸는 것은 똑같지 않은가? 수학적인 계산은 똑같지 않은가?

두 사례의 정확한 차이가 무엇일까? 이마누엘 칸트의 전통을 따르는 철학자들은 사람이 이용되는 방법에 차이가 있다는 의견을 내놓았다. 첫 번째 시나리오에서 나는 단순히 나쁜 상황(다섯 명의 죽음)을 덜 나쁜 상황(한 명의 죽음)으로 바꿔놓았다. 반면 육교 위의 남자는 목적을 위한 수단으로 이용당한다. 철학 문헌에 자주 나오는 설명이 바로 이것이다. 그러나 사람들의 선택이 두 시나리오에서 달라지는 것을 이해하는 데에는, 뇌를 더 많이 염두에 둔 접근 방법이 있을 것 같다.

신경과학자 조슈아 그린과 조너선 코언이 내놓은 또 다른 해석은, 두 시나리오의 차이가 실제로 누군가의 몸에 손을 댄다는 감정적인 요소에 달려 있다는 것이다. 육교 위의 남자와 가까운 거리에서 상호작용을 해야 한다는 것.[15] 만약 스위치 조작이나 바닥에 뚜껑처럼 생긴 문을 통해 남자를 떨어뜨릴 수 있게 시나리오가 만들어졌다면, 많은 사람이 그를 떨어뜨리는 쪽을 선택할 것이다. 그런데 가까이에서 상호작용을 해야 한다는 점 때문에 대부분의 사람이 그를 죽음의 길로 밀어버리지 못한다. 왜? 그런 상호작용이 감정 네트워크를 활성화시키기 때문이다. 추상적이고 비인간적인 수학 문제가 인간적이고 감정적인 결정으로 변한다.

사람이 이 트롤리 문제를 생각할 때 뇌를 촬영한 결과는 다음과 같다. 육교 시나리오에서는 운동 계획과 감정을 담당하는 영역이 활성화되는 반면, 선로 스위치 시나리오에서는 이성적인 사고를 담당하는 측면 영역만이 활성화된다. 누군가를 직접 밀어야 할 때는 감정이 작동하고, 단순히 스위치를 움직이기만 하면 될 때는 뇌가 〈스타 트렉〉 시리즈에서 오로지 합리적인 이성으로만 움직이는 미스터 스폭처럼 행동한다.

* * *

옛날 TV 시리즈 〈환상특급〉의 한 에피소드는 감정 네트워크와 이성 네트워크가 뇌에서 벌이는 싸움을 훌륭하게 보여주었다. 내가 기억하는 플롯은 대략 다음과 같다. 외투를 입은 낯선 사람이 어떤 남자의 집 앞에 나타나 거래를 제안한다. "여기 버튼이 하나 달린 상자가 있습니다. 당신이 버튼을 누르기만 하면 내가 1000달러를 드리죠."

"내가 버튼을 누르면 무슨 일이 생기는데요?" 남자가 묻는다.

"버튼을 누르면, 먼 곳에 있는 어떤 사람, 당신이 알지도 못하는 누군가가 죽습니다."

남자는 도덕적인 딜레마에 빠져 밤새 괴로워한다. 버튼 상자는 식탁에 놓여 있다. 남자는 그것을 빤히 보기도 하고, 주위를 서성거리기도 한다. 이마에 땀방울이 맺혀 있다.

그는 자신의 절망적인 경제 상황을 생각해본 뒤 마침내 상자에 달려들어 버튼을 누른다. 아무 일도 일어나지 않는다. 조용하고 맥이 빠진다.

그때 누군가가 문을 두드린다. 외투를 입은 낯선 사람이다. 그는 남자에게 돈을 건네고 상자를 가져간다. "잠깐만요." 남자가 소리친다. "이제 어떻게 되는 겁니까?"

"내가 이 상자를 가져가서 다른 사람에게 줄 겁니다. 먼 곳에 있는 어떤 사람, 당신이 알지도 못하는 누군가에게."

이 이야기는 인간적인 요소들이 배제되었을 때 버튼을 누르기가 얼마나 쉬운지를 잘 보여준다. 만약 남자에게 두 손으로 직접 누군가를 공격하라고 말했다면, 그는 아마 거래를 거절했을 것이다.

과거 진화과정 중에 우리에게는 손, 발, 또는 막대기로 닿을 수 있는 거리보다 더 먼 곳의 사람들과 상호작용을 할 방법이 없었다. 그래서 상호작용의 결과를 분명하게 볼 수 있는 이 거리가 지금도 감정적인 반응에 영향을 미친다. 현대에는 장군들은 물론 병사들도 자신이 죽이는 사람들과 한참 떨어져 있을 때가 많다. 셰익스피어의 《헨리 6세 2부》에서 반란을 일으킨 잭 케이드는 세이 경에게 도전장을 내밀면서, 그가 전장의 위험을 직접 경험한 적이 한 번도 없다고 조롱한다. "전장에서 일격을 날린 것이 언제요?" 그러자 세이 경은 이렇게 답한다. "위대한 자의 손은 멀리 뻗지. 나는 한 번도 보지 못한 사람에게 일격을 날려 죽인 적이 많아." 현대에는 페르시아만과 홍해의 해군 전함 갑판에서 버튼 하나를 눌러 토마호크 지대지 미사일 40발을 발사할 수 있다. 그 버튼을 누른 사람은 몇 분 뒤 화염에 휩싸인 바그다드 건물들의 모습을 CNN에서 생중계로 볼 수 있다. 가까운 거리감이 사라지면, 감정적인 영향도 사라진다. 이런 비인간적인 전쟁 방식은 그런 공격이 불편할 정도로 쉬워지는 데 기여한다. 1960년대에 한 정치사상가는 핵무기 발사 버튼을 대통령과 가장 절친한 친구의 가슴에 이식해야 한다고 말했다. 그러면 대통령이 지구 반대편의 수많은 사람을 날려버릴 결정을 내리고 싶을 때 먼저 친구에게 물리적인 손상을 입혀야 한다. 친구의 가슴을 열어야 버튼에 손을 댈 수 있으니까. 이렇게 해서 의사결정에 감정 시스템이 관여하게 된다면, 인간적인 요소를 배세한 채 결정을 내리는 것을 막을 수 있을 것이다.

두 시스템이 모두 행동이라는 단 하나의 출력 채널을 관장하려고 싸움을 벌이기 때문에, 감정이 의사결정의 균형추를 한쪽으로 기울일 수 있다. 오랜 옛날부터 이어져온 두 시스템의 싸움은 많은 사람의 삶에서 일종의 명령으로 변했다. '느낌이 안 좋은 걸 보니, 하면 안 될 것 같아.'[16] 이런 판단을 반박하는 사례(예를 들어, 타인의 성적인 취향에 반감을 느끼면서도 그 취향을 도덕적으로 잘못된 일이라고는 생각하지 않는 것)가 많지만, 그래도 감정은 결정을 내릴 때 대체로 유용한 방향 지시 메커니즘 역할을 한다.

진화의 관점에서 감정 시스템은 오래전부터 존재했기 때문에 다른 생물들도 이 시스템을 많이 갖고 있다. 반면 이성 시스템은 비교적 최근에 발달했다. 그러나 앞에서 보았듯이, 이성 시스템이 최근의 것이라고 해서 반드시 우월하다고 볼 수는 없다. 모든 사람이 미스터 스폭처럼 감정 하나 없이 이성적으로만 움직인다고 해서 사회가 지금보다 더 나아지지는 않을 것이다. 그보다는 내부의 라이벌들이 힘을 모아 균형을 유지하는 것이 뇌에 가장 좋다. 앞의 시나리오에서 육교 위의 남자를 밀어버리는 것에 대헤 우리가 느끼는 혐오감이 사회적 상호작용에 몹시 중요하기 때문이다. 토마호크 미사일을 발사하는 버튼을 누르면서 아무런 감정을 느끼지 못하는 것은 문명에 파괴적인 영향을 미친다. 감정과 이성 사이에 약간의 균형이 이루어질 필요가 있다. 그런데 인간의 뇌에서는 자연선택에 의해 이미 최적의 균형이 이루어진 것 같기도 하다. 달리 말하자면, 통로를 사이에 두고 양쪽으로 갈라진 민주주의가 딱 좋은 것 같다고 할 수 있다. 어느 쪽이든 한쪽이 전체를 지배해버리면 덜 바람직한 결과가 나올 것이 거의 확실하다. 고대 그리스에는 이 지혜를 담은 비유가 있었다. 천둥 같은 말 두 마리가 끄는 전차를 내가 몰고 있다. 백마는 이성을 상징하고 흑마는 열정을 상징하는데, 두 말은 항상 서로 반대편으로 전차를 끌고 가려고 한다. 나는 이 둘의 고삐를 단단히 잡아, 계속 도로의 한복판을 달려야 한다.

감정 네트워크와 이성 네트워크가 바로 눈앞의 도덕적인 결정만을 놓고 다투는 것은 아니다. 시간의 흐름에 따라 달라지는 우리 행동을 놓고 두 네트워크가 싸우는 상황 또한 우리에게 친숙하다.

악마가 나중에 가져갈 영혼을 대가로
지금 우리에게 명성을 팔 수 있는 이유

몇 년 전 심리학자 대니얼 카너먼과 아모스 트버스키가 깜박 속아 넘어갈 정도로 간단한 질문을 내놓았다. 당장 100달러를 받는 것과 일주일 뒤 110달러를 받는 것 중 어느 편을 선택하겠는가? 대부분의 사람은 당장 100달러를 받는 쪽을 택했다. 10달러를 더 받겠다고 꼬박 일주일을 기다릴 가치가 없는 것 같았기 때문이다.

두 심리학자는 곧 질문을 살짝 바꿨다. 52주 뒤에 100달러를 받는 것과 53주 뒤에 110달러를 받는 것 중 어느 편을 선택하겠는가? 그러자 사람들은 취향이 바뀌었는지, 53주 기다리는 쪽을 택했다. 일주일을 더 기다리면 10달러를 더 받는다는 점에서 두 시나리오는 똑같다. 그렇다면 왜 사람들의 대답이 달라졌을까?[17]

사람들이 미래를 '할인'하기 때문이다. 이 경제용어는 현재와 가까운 보상이 먼 미래의 보상보다 더 높은 가치를 인정받는다는 뜻이다. 만족을 뒤로 미루는 것은 힘든 일이다. '지금 당장'이라는 말에는 뭔가 아주 특별한 것이 있으므로, 항상 가장 높은 가치를 지닌다. 카너먼과 트버스키의 실험에서 사람들의 답이 달라진 것은, 미래 할인에 패턴이 있기 때문이다. 미래의 가치가 가까운 미래까지는 급격히 떨어졌다가 잠시 평탄하게 유지된다. 마치 먼 과거는 다 비슷하게 인식되는 듯하다. 이 패턴은 단기적인 보상과 좀 더 먼 미래에 대한 관심을 다루는 두 가지 간단한 과정을 결합했을 때의 패턴과 우연히 일치한다.

신경과학자 샘 매클루어와 조너선 코언의 연구팀은 여기서 아이디어를 얻어, 뇌 안에서 여러 시스템이 경쟁하고 있다는 관점에서 사람들의 선택이 바뀌는 문제를 다시 생각해보았다. 그들은 실험 자원자들을 뇌 스캐너 안에 눕힌 상태에서 '지금 보상을 받을까 아니면 나중에 더 큰 보상을 받을까'라는 경제적인 문제를 제시했다. 이 실험에서 그들이 찾으려 한 깃은 즉각적인 만족에 관여하는 시스템과 장기적이고 이성적인 판단에 관여하는 시스템이었다. 만약 이 두 시스템이 독립적으로 활동하면서 서로 싸우는 관계라면, 데이터를 설명할 수 있을 것 같았다. 실험에서 연구팀은 즉각적인 보상 또는 가까운 미래의 보상을 선택할 때 뇌에서 감정에 관여하는 부위가 크게 활성화되는 것을 발견했다. 마약 중독 같은 충동적인 행동과 연관된 부위들이었다. 반면 피험자들이 먼 미래에 더 높은 보상을 받는 선택을 할 때는 고등 인지기능과 신중한 사고를 담당하는 피질 측면 부위들이 더 활성화되었다.[18] 이 부위들의 활동이 왕성할수록, 피험자들은 더 기꺼이 만족을 뒤로 미뤘다.

2005년에서 2006년 사이에 미국에서 주택 버블이 터졌다. 신규 모기지의 80퍼센트가 변동금리라는 점이 문제였다. 이 서브프라임 대출을 받은 사람들은 갑자기 높아진 금리를 감당할 돈을 마련할 길이 없었다. 그 결과 연체가 급격히 늘어나서, 2007년 말부터 2008년 사이 미국 주택 거의 100만 채가 압류되었다. 모기지를 기반으로 한 채권도 급속히 가치를 잃었다. 전 세계에서 금융 압박이 심해지고 경제는 녹아내렸다.

이것이 뇌에서 서로 경쟁하는 시스템들과 무슨 상관이 있을까? 서브프라임 모기지는 '지금 당장 원한다'는 시스템을 이용하는 데 완벽하게 최적화되어 있었다. 싼 이자로 지금 이 아름다운 집을 사서 친구들과 부모님에게 자랑하고, 지금까지 기대했던 것보다 더 편안한 삶을 누리라는 것이었다. 변동금리이니 언젠가 금리가 오르겠지만 그

건 먼 미래의 안갯속에 아직 감춰져 있다. 즉각적인 만족을 원하는 이 회로에 직접 접속했던 은행들은 미국 경제를 거의 고꾸라뜨릴 뻔했다. 서브프라임 모기지 위기가 지나간 뒤 경제학자 로버트 실러가 말한 것처럼, 투기 거품의 원인은 "사실에 둔감한 듯 보이고 물가가 오를 때 잘 유지되는, 전염성 있는 낙관주의다. 거품은 일차적으로 사회적 현상이다. 거품의 연료가 되는 심리를 우리가 이해하고 대처할 때까지, 거품은 계속 생겨날 것이다."[19]

'지금 당장 원한다'는 심리를 이용한 거래의 사례는 보려고 하면 어디서나 볼 수 있다. 최근 나는 대학 시절 500달러를 받기로 하고 사후에 대학병원에 시신을 기증하겠다는 증서에 서명한 남자를 만났다. 이 거래를 받아들인 학생들은 수십 년 뒤 자신의 시신이 운반될 병원이 어디인지 알리는 문신을 모두 발목에 새겨야 했다. 학교 측에게는 손쉬운 거래였다. 지금 500달러를 받으면 기분이 좋고, 죽음은 생각하기도 힘들 만큼 먼 미래의 일이니까. 시신을 기증하는 건 결코 잘못된 일이 아니지만, 이 사례는 이중과정 갈등의 원형, 즉 우화 속에 등장하는 악마와의 거래를 잘 보여준다. 악마는 먼 미래에 우리 영혼을 가져가는 대가로 지금 우리 소원을 들어주겠다고 한다.

뇌 안에서 벌어지는 이런 종류의 전투가 불륜의 배후일 때도 많다. 배우자들은 진심으로 상대를 사랑하는 순간에 이런저런 언약을 하지만, 세월이 흐른 뒤 때로는 유혹 때문에 생각이 다른 쪽으로 기울어지는 상황과 맞닥뜨린다. 1995년 11월 빌 클린턴의 뇌는 자유세계의 미래 지도자가 될 가능성과 지금 당장 매력적인 모니카와 함께 느낄 수 있는 쾌락이 같은 가치를 지닌다는 결론을 내렸다.

따라서 고결한 사람이란 유혹받지 않는 사람이 아니라 유혹에 **저항**할 수 있는 사람이다. 싸움의 추가 즉각적인 만족을 향해 기울어지지 않게 하는 사람. 우리가 이런 사람을 높게 평가하는 것은, 충동에 굴복하기는 쉽지만 충동을 무시하기는 터무니없이 어렵기 때문이다. 지크문트 프로이트는 인간의 열정과 욕망 앞에서 지성이나 도덕의 주장은 힘이 없다고 지적했다.[20] 그래서 절제를 권유하는 캠페인은 효과를 발휘하지 못한다. 종교가 끈질기게 힘을 발휘하는 것도 이성과 감정의 이런 불균형 때문일 수 있다는 의견도 있다. 세계적인 종교들은 감정 네트워크를 파고드는 데 최적화되어 있으며, 이런 자석 같은 힘 앞에서 이성의 위대한 주장은 거의 힘을 내지 못한다. 소련도 종교를 말살하려 했으나 부분적인 성공을 거뒀을 뿐이다. 소련 정부가 무너지자마자 종교적인 의식이 곧장 풍부하게 되살아났다.

사람들이 단기적인 욕망과 장기적인 욕망의 갈등을 관찰한 것은 어제오늘의 일이 아니다. 고대 유대교 문헌은 몸이 상호작용을 주고받는 두 부분으로 구성되었다는 주장을 내세웠다. 몸(구프)은 항상 지금 당장 만족을 얻으려 하고, 영혼(네페시)은 장기적인 관점을 갖고 있다. 독일 사람들도 만족을 뒤로 미루려 하는 사람을 기발하게 표현한다. 그 사람이 반드시 'innerer Schweinehund'를 극복해야 한다는 것이다. 이 말을 번역하면 '내면의 멧돼지 사냥개'라는 당혹스러운 표현이 된다.

우리가 하는 행동은 뇌 안에서 벌어지는 전투의 최종 결과일 뿐이다. 그러나 이야기는 여기서 더 재미있어진다. 뇌 안의 여러 정당이 상호작용에 대해 학습할 수 있기 때문이다. 따라서 상황은 단기적 욕망과 장기적 욕망 사이의 간단한 팔씨름 수준을 금방 넘어서서, 놀라울 정도로 정교한 협상의 영역에 들어선다.

현재와 미래의 율리시스

펜실베이니아주에 있는 칼라일 신탁회사의 재무 담당 머클 랜디스는 1909년 오랜 산책을 나갔다가 금융에 관한 새로운 아이디어를 문득 떠올렸다. 크리스마스 클럽이라는 것을 시작해보자는 아이디어였다. 고객이 1년 동안 은행에 돈을 예금하는 상품인데, 계약 기간보다 일찍 돈을 인출하려면 수수료를 물어야 했다. 그렇게 1년이 흘러 딱 연말연시 선물을 살 시기가 되면 돈을 찾을 수 있다. 이 상품이 잘된다면, 은행은 많은 자본을 확보해서 1년 내내 투자수익을 얻을 수 있었다. 정말로 상품이 잘 될까? 사람들이 아주 소액의 이자로, 또는 아예 이자 없이 1년 내내 자금을 기꺼이 묶어두려 할까?

랜디스가 생각해낸 상품은 시험 삼아 출시하자마자 불이 붙었다. 그해에 은행 고객 중 거의 400명이 이 예금으로 평균 28달러(1900년대 초에는 상당한 금액이었다)를 모았다. 랜디스를 포함한 은행 직원들은 이런 행운을 믿을 수 없었다. 고객들이 **기꺼이** 돈을 맡기다니.

크리스마스 클럽의 인기가 급속히 높아지면서, 곧 은행들이 서로 경쟁을 벌이게 되었다. 신문들은 "자립심과 저축 습관을 길러주기 위해"[21] 자녀에게 크리스마스 클럽 계좌를 만들어주라고 부모들에게 권유했다. 1920년대가 되자 오하이오주 톨레도의 다임 저축은행, 뉴저지주 애틀랜틱시티의 애틀랜틱 컨트리 트러스트 컴퍼니 등 여러 은행이 새로운 고객을 끌어들이기 위해 황동으로 만든 매력적인 크리스마스 클럽 토큰을 제작하기 시작했다.[22] (애틀랜틱시티의 토큰에는 "크리스마스 클럽에 가입해서 가장 필요할 때 쓸 돈을 마련하세요"라는 말이 적혀 있었다.)

크리스마스 클럽이 왜 인기를 끌었을까? 돈을 예금한 사람이 1년 동안 스스로 돈을 관리했다면 더 높은 이자를 받을 수도 있고 새로운 기회를 잡아 투자할 수도 있었을 것이다. 경제학자라면 누구나 자기 돈을 손에 쥐고 있어야 한다고 조언할 것이다. 그런데 사람들은 왜 기꺼이 은행에 돈을 맡겼을까? 심지어 여러 제한이 있고, 중도 인출 수수료도 있는데. 답은 명백하다. 사람들은 자기가 돈을 쓰지 못하게 누군가가 막아주기를 원했다. 만약 자신이 돈을 손에 쥐고 있다면 모두 날려버릴 가능성이 높다는 것을 그들은 잘 알고 있었다.[23]

같은 이유로 사람들은 국세청을 크리스마스 클럽 대용품으로 흔히 이용한다. 봉급에서 세금공제를 덜 받는 방식으로 국세청이 1년 동안 더 많은 돈을 가져가게 했다가, 이듬해 4월에 우편으로 세금 환불 수표를 받는 기쁨을 누리는 것이다. 공돈 같지만 사실은 수표를 받은 사람 자신의 돈이다. 게다가 그 돈에 붙는 이자를 정부가 가져가는데도 사람들은 이 방법을 선택한다. 1년 동안 봉급을 받을 때마다 추가로 돈을 더 받아봤자 주머니에 남아 있지 않을 것을 직감하기 때문이다. 그래서 충동적인 결정을 예방하기 위해 차라리 다른 누군가에게 책임을 맡긴다.

사람들이 스스로 행동을 자제하면서 자기 돈을 직접 관리하는 즐거움을 누리지 않는 이유가 무엇일까? 크리스마스 클럽과 국세청 이용 현상이 인기를 끄는 이유를 이해하려면, 3000년을 거슬러 올라가 이타카의 왕이자 트로이 전쟁의 영웅이었던 율리시스를 만나봐야 한다.

전쟁이 끝난 뒤 율리시스는 고향 이타카로 돌아가기 위해 길고 긴 항해를 하다가 자신 앞에 희귀한 기회가 있음을 깨달았다. 아름다운 사이렌들이 인간의 정신을 무력하게 만들 만큼 매혹적인 노래를 부르는 시레눔 스코풀리섬 앞을 배가 지나갈 예정이라는 것. 그러나 그들의 노래를 들으면 선원들이 그들을 향해 배를 몬다는 것이 문제였다. 배가 무자비한 바위섬을 향해 그대로 돌진하면 배에 탄 사람은 모두 물에 빠져 죽을 터였다.

그래서 율리시스는 계획을 마련했다. 노래를 들으면 자신도 다른 사람들과 마찬가지로 저항하지 못할 것을 알기 때문에 그 **미래의 자신**에 대처하기 위한 계획을 짠 것이다. 현재의 이성적인 율리시스가 아니라, 제정신이 아닌 미래의 율리시스에 대비해서 그는 부하들에게 자신을 돛대에 단단히 묶으라고 지시했다. 그러면 노랫소리가 들려오더라도 움직일 수 없을 것이다. 그 다음에는 부하들에게 각각 귀를 밀랍으로 막아 사이렌의 목소리에 유혹당하지 않게, 그리고 자신이 미쳐서 내리는 명령도 듣지 못하게 했다. 그는 부하들에게 자신이 아무리 애원해도 넘어가지 말고, 배가 사이렌들이 있는 섬을 완전히 지난 뒤에야 그를 풀어주어야 한다고 신신당부했다. 자신이 고함을 지르고, 욕을 하며 부하들에게 그 감미로운 여자들을 향해 배를 몰라고 강요할 것이라고 추측했다. 미래의 율리시스는 결코 좋은 결정을 내릴 수 없는 상태일 것이라고 확신하기 때문이었다. 따라서 율리시스는 그 섬을 지나갈 때 어리석은 짓을 하지 않기 위해, 아직 정신이 건전할 때 여러 조치를 취했다. 현재의 율리시스와 미래의 율리시스가 맺은 거래였다.

이 신화는 단기 편과 장기 편의 상호작용에 대해 우리 정신이 메타 지식을 어떻게 만들어내는지 보여준다. 그 결과 정신이 각각 다른 시간대의 자신과 협상을 할 수 있게 되는 놀라운 일이 벌어진다.[24]

파티 주최자가 내게 초콜릿케이크를 강권하고 있다고 상상해보자. 내 뇌의 일부는 그 당분을 원하지만, 다른 부분은 다이어트를 걱정한다. 전자는 단기적인 이득을 생각하고, 후자는 장기적인 전략을 생각한다. 이 싸움의 승패가 감정 쪽으로 기울어지면 나는 케이크를 먹기로 결정한다. 하지만 조건이 없는 것은 아니다. 내일 운동하러 가기로 스스로 약속해야만 케이크를 먹겠다는 것. 누가 누구와 협상을 벌인 건가? 양쪽이 모두 **나와** 협상하고 있는 것 아닌가?

자유의지로 미래에 자신을 묶는 결정을 내리는 것을 철학자들은 율리시스의 계약이라고 부른다.[25] 구체적인 사례를 하나 든다면, 알코올 중독을 끊어내는 첫 단계 중 하나가 술에 취하지 않았을 때 반드시 집에 있는 술을 모두 치우는 것이다. 스트레스가 심한 평일이나 축제 분위기가 나는 토요일이나 외로운 일요일에 술의 유혹이 너무 크기 때문이다.

사람들은 항상 율리시스의 계약을 맺는다. 머클 랜디스의 크리스마스 클럽이 출시 직후부터 쭉 성공을 거둔 이유가 이것이다. 사람들이 4월에 돈을 은행에 맡기는 것은 10월의 자신이 미덥지 않기 때문이다. 10월의 자신이 인심 좋게 선물을 나눠주는 12월의 자신에게 돈을 양보하지 않고 이기적인 목적에 써버리고 싶다는 유혹을 받을 것을 그들은 알고 있다.

미래의 자신에게 미리 제약을 걸 수 있게 해주는 여러 방안이 지금까지 선을 보였다. 미래의 자신과 거래함으로써 살을 뺄 수 있게 해주는 웹사이트의 존재를 생각해보자. 그 웹사이트는 다음과 같이 작동한다. 먼저 사용자가 살을 약 4.5킬로그램 빼겠다고 약속하며 100달러를 맡긴다. 약속한 기한까지 살을 빼는 데 성공하면 그 돈을 돌려받을 수 있다. 살을 빼지 못하면, 웹사이트 회사가 그 돈을 갖는다. 이런 설계는 명예 시스템을 기반으로 작동하기 때문에 부정을 저지르기도 쉽다. 그런데도 회사는 이윤을 올린다. 돈을 되찾을 수 있는 날이 가까워지면 감정 시스템이 그 약속에 점점 더 신경을 쓰게 된다는 것을 사람들이 알기 때문이다. 이것은 단기 시스템과 장기 시스템을 서로 대결시키는 구도다.*

율리시스의 계약은 의학적인 결정을 내릴 때 등장하는 경우가 많다. 건강한 사람이 혹시 자신이 혼수상태에 빠질 경우 생명 유지 장치를 끄라는 의학적인 문서에 미리 서명하는 것은 어쩌면 현실이 될

---

* 비록 이런 시스템이 효과를 발휘하기는 해도, 이 비즈니스 모델을 신경생물학에 더 잘 맞출 수 있는 방법이 있다는 생각이 들었다. 체중을 줄이려면 지속적인 노력이 필요한 반면 돈을 잃을 수 있는 기한은 항상 멀게만 보이다가 갑자기 훌쩍 다가온 것처럼 느껴진다는 것이 문제다. 신경학적으로 최적화된 모델에서는 4.5킬로그램을 모두 뺄 때까지 매일 돈을 조금씩 잃는다. 그리고 잃어버리는 돈의 액수가 매일 15퍼센트씩 증가한다. 당장 돈을 잃을 수 있다는 사실이 매일 감정을 자극할 뿐만 아니라, 그 자극이 지속적으로 강해진다는 얘기다. 4.5킬로그램을 모두 빼고 나면 더 이상 돈을 잃지 않는다. 그래서 주어진 시간 동안 지속적으로 다이어트를 실행하는 데 도움이 된다.

수도 있는 미래의 자신과 지금의 자신을 계약으로 묶는 행동이다. 그 두 자아가 (건강할 때나 아플 때나) 정말로 크게 다를지 논쟁의 여지가 있기는 하지만.

율리시스의 계약에 흥미로운 반전이 생기는 것은, 다른 사람이 끼어들어 대신 결정을 내려줄 때다. 타인이 미래의 나와 지금의 나를 계약으로 묶어버리는 것이다. 이런 상황은 병원에서 흔히 볼 수 있다. 방금 정신적인 상처가 남을 만큼 큰일(예를 들어, 사지 중 하나를 잃거나 배우자를 잃는 것)을 겪은 환자가 죽고 싶다고 선언한다고 가정하자. 어쩌면 이 환자는 의사에게 투석을 중단하라든가 모르핀을 과다하게 투여해달라고 요구할지도 모른다. 이런 일은 대부분 윤리위원회로 올라가게 되는데, 위원회는 똑같은 결정을 내릴 때가 많다. 환자를 죽게 하면 안 된다는 것. 미래의 환자 자신이 감정적인 기반을 되찾고 다시 행복해질 방법을 결국 찾아낼 수도 있기 때문이다. 여기서 윤리위원회는 지금은 지성이 감정에 맞서 목소리를 내기 어려운 상황임을 인지하고, 이성적이고 장기적인 시스템의 대변자 기능을 수행한다.[26] 그리고 신경 의회가 편파적으로 기울어졌으니 어느 한쪽의 일방적인 지배를 막기 위해 개입할 필요가 있다는 결정을 내린다. 우리가 때로 타인의 냉정함에 기댈 수 있다는 것이 얼마나 다행인지 모른다. 선원들이 자신의 간청을 무시해줄 것이라고 율리시스가 믿은 것과 같다. 우리는 자신의 이성 시스템을 믿을 수 없을 때 남의 시스템을 빌려온다.[27] 앞의 사례에서는 환자가 윤리위원들의 이성 시스템을 빌려왔다고 할 수 있다. 위원들은 환자를 유혹한 사이렌들의 감정적인 노래를 듣지 못하기 때문에, 미래의 환자를 보호하는 책임을 더 수월하게 수행할 수 있다.

많은 정신들

　라이벌들로 구성된 팀이라는 틀을 설명하기 위해 나는 지금까지 신경의 해부학적 구조를 지나치게 단순화해서 이성 시스템과 감정 시스템으로 나눴다. 그러나 뇌 안에서 경쟁하는 파벌이 이 둘뿐이라는 인상을 주고 싶지는 않다. 이 둘은 라이벌 이야기의 시작에 불과하다. 어디를 봐도 기능이 일부 겹치는 시스템들이 경쟁을 벌이고 있다.

　가장 매혹적인 사례 중 하나는 뇌의 좌반구와 우반구의 경쟁이다. 두 반구는 대략 똑같은 모양을 하고 있으며, 섬유 조직이 조밀하게 모여 있는 뇌량이라는 고속도로로 연결되어 있다. 이 좌반구와 우반구가 라이벌 관계로 한 팀을 형성하고 있다는 사실을 1950년대까지는 아무도 짐작하지 못했다. 이 사실이 밝혀진 것은 이례적인 수술이 시행된 덕분이었다. 신경생물학자 로저 스페리와 로널드 메이어스는 고양이와 원숭이의 뇌량을 절단하는 실험적인 수술을 시행했다. 그 결과는? 별것 없었다. 수술을 받은 동물들의 행동이 정상이라서, 두 반구를 이어주는 굵은 섬유 조직이 별로 필요하지 않은 것 같았다.

　이런 성공에 힘입어, 1961년 인간 간질 환자들에게 두 반구를 분리하는 수술이 처음으로 시행되었다. 한쪽 반구에서 다른 쪽 반구로 발작이 번지는 것을 막아주는 이 수술이 환자들에게는 마지막 희망이었다. 수술은 멋들어진 효과를 발휘했다. 고통스러운 발작에 시달리며 쇠약해지던 환자가 이제는 정상적인 생활을 할 수 있었다. 뇌의 두 반구가 분리되었는데도, 환자의 행동은 달라지지 않은 것 같았다. 기억도 정상이고, 새로운 사실을 학습하는 데에도 어려움이 없었다.

환자는 사랑하고 웃고 춤추고 즐길 수 있었다.

하지만 이상한 일이 벌어지고 있었다. 한쪽 반구에만 정보를 전달하는 특별한 전략을 사용한다면, 그 반구만 그 정보를 학습할 수 있었다. 마치 그 사람에게 독립적인 뇌 두 개가 생긴 것 같았다.[28] 그래서 환자들은 동시에 여러 가지 일을 할 수 있었다. 정상적인 뇌로는 불가능한 일이다. 예를 들어, 뇌가 분리된 환자들은 양손에 각각 연필을 쥐고 동시에 원과 삼각형을 그릴 수 있었다.

이것이 전부가 아니었다. 뇌의 중요 운동회로는 양편을 교차해서 연결되어 있다. 우반구가 왼손을 제어하고, 좌반구가 오른손을 제어하는 식이다. 그 덕분에 놀라운 시범이 가능해진다. 좌반구에는 '사과'라는 단어를 번쩍 보여주고, 우반구에는 동시에 '연필'이라는 단어를 번쩍 보여준다고 가정하자. 뇌가 분리된 환자에게 방금 본 물건을 손으로 잡아보라고 말하면, 오른손은 사과를 잡고 왼손은 동시에 연필을 잡을 것이다. 두 반구가 서로 분리되어 독자적인 삶을 살고 있기 때문이다.

시간이 흐르면서 학자들은 두 반구의 성격과 능력이 조금 다르다는 사실을 깨달았다. 여기에는 추상적인 사고능력, 이야기를 창작하는 능력, 추론 능력, 기억의 원천을 파악하는 능력, 도박게임에서 좋은 선택을 하는 능력이 포함된다. 뇌 분할 연구의 선구자(이며 그 연구로 노벨상을 수상한)인 신경생물학자 로저 스페리는 뇌를 "의식을 지닌 두 개의 분리된 영역, 감각을 느끼고, 지각하고, 생각하고, 기억하는 두 시스템"으로 이해하게 되었다. 두 반구는 서로 경쟁하며 한 팀을 이룬다. 같은 목표를 갖고 있지만, 목표를 달성하는 방법이 조금 다르다.

1976년 미국 심리학자 줄리언 제인스는 기원전 1000년대 말까지 인간에게 내면을 들여다보는 의식이 없었으며, 그 대신 정신이 둘로 나뉘어 좌반구가 우반구의 지시를 따랐다는 의견을 내놓았다.[29] 청각적인 환각의 형태로 나타난 이 지시들은 신의 목소리로 해석되었다. 제인스는 약 3000년 전, 좌반구와 우반구의 이런 분업 관계가 깨지기 시작했다고 본다. 두 반구의 의사소통이 더 매끄러워지면서, 내면 성찰 같은 인지과정이 발전할 수 있었다. 제인스는 두 반구가 한 탁자에 앉아 서로의 차이를 잘 해결할 수 있었기 때문에 의식이 생겨났다고 주장한다. 제인스의 가설에 타당성이 있는지는 아직 아무도 모르지만, 무시하기에는 너무 흥미로운 주장이다.

　　두 반구는 해부학적으로 거의 똑같은 모양이다. 두개골 안에 기본적으로 똑같은 모델의 반구 두 개가 장착되어 있는 것 같다. 청사진 하나로 두 개를 찍어낸 듯하다. 라이벌로 이루어진 팀에 이보다 더 적합한 것은 있을 수 없다. 두 반구의 기본 설계가 같다는 사실은 반구 절제술이라는 수술로 확인된다. 반구 하나를 통째로 제거하는 수술이다(라스무센 뇌염이 원인인 난치성 간질 치료를 위해 시행된다). 놀라운 것은, 약 여덟 살 미만의 어린이는 이 수술을 받아도 아무런 이상이 없다는 사실이다. 다시 말한다. 어린이는 뇌가 절반만 있어도 괜찮다. 먹고, 읽고, 말하고, 수학 문제를 풀고, 친구를 사귀고, 체스를 두고, 부모를 사랑하는 등 두 반구가 모두 있는 어린이가 하는 일을 모두 할 수 있다. 그냥 아무렇게나 뇌를 절반으로 자르면 안 된다는 점을 명심해야 한다. 뇌의 앞쪽이나 뒤쪽 절반을 뚝 자르고서 생존을 기대하면 안 된다. 그러나 우반구와 좌반구는 서로 복사본이라고 해도 될 만하다. 한쪽을 제거해도, 대략 중복되는 기능을 가진 다른 한쪽이 아직 남아 있다. 정치의 양당과 같다. 공화당이나 민주당이 사라진다 해도 남은 한 당이 계속 국가를 운영할 수 있을 것이다. 두 당의 시각은 조금 달라도, 국가는 계속 돌아간다.

끊임없는 재창조

처음에 나는 이성 시스템과 감정 시스템을 예로 들었다. 그리고 뇌를 분리하는 수술 덕분에 뇌 하나에 두 파벌이 존재하는 현상이 밝혀졌다. 그러나 뇌 안의 라이벌 관계는 내가 지금까지 소개한 것보다 훨씬 더 많고 훨씬 더 미묘하다. 뇌에는 서로 영역이 겹쳐서 같은 과제를 담당하는 소형 하위 시스템이 가득하다.

기억을 예로 들어보자. 자연은 기억을 저장하는 메커니즘을 한 번 이상 창조했던 것으로 보인다. 예를 들어, 평범한 상황에서 일상적인 일들에 대한 기억은 뇌의 해마라는 영역에서 단단하게 굳어진다. 그러나 자동차 사고라든가 강도 사건 같은 무서운 상황에서는 편도체라는 영역이 별도의 독립적인 기억 트랙에 기억을 저장한다.[30] 편도체 기억은 성격이 조금 달라서, 지우기가 어렵고 때로 '플래시'처럼 번뜩 떠오른다. 성폭행 피해자와 참전군인에게서 흔히 볼 수 있는 현상이다. 이처럼 기억을 저장하는 데에는 하나의 방법만 있는 것이 아니다. 사건별 기억이 따로 있다는 뜻이 아니라, 같은 사건의 기억이 여럿이라는 뜻이다. 성격이 다른 기자 두 명이 하나의 사건에 대해 메모를 하는 것과 같다.

뇌의 여러 파벌이 같은 과제에 관여할 수 있음을 이제 알게 되었다. 궁극적으로는 둘 이상의 파벌이 나서서 모두 정보를 적어두었다가 나중에 그 정보를 들려주겠다고 경쟁을 벌일 가능성이 높다.[31] 기억이 하나뿐이라는 믿음은 환상이다.

서로 영역이 겹치는 사례는 또 있다. 학자들은 뇌가 어떻게 운동을 감지하는지를 놓고 오랫동안 논쟁을 벌였다. 뉴런으로 운동 감지기를 만드는 방법은 이론적으로 많이 있다. 과학 문헌에는 뉴런 사이의 연결 또는 뉴런의 연장된 부분(수지상돌기) 또는 대규모 뉴런 집단 등이 등장하는 몹시 다른 모델이 제안되어 있다.[32] 자세한 설명은 여기서 중요하지 않다. 이 다양한 가설이 수십 년에 걸친 학문적 논쟁에 불을 붙였다는 점이 중요하다. 이 모델들이 너무 작아서 직접 측정할 수 없기 때문에, 학자들은 여러 가설을 확인하기 위한 영리한 실험을 설계했다. 그러나 대부분의 실험이 명확한 결론을 내리지 못했다는 점이 흥미롭다. 실험실에서는 어느 특정 모델을 지지하는 결과가 나온 것 같았는데, 다른 환경에서는 그렇지 않았다. 그래서 학자들은 시각 시스템이 운동을 감지하는 방법이 **많다**는 것을 점점 인정하게 되었다(마지못해 인정한 사람도 있다). 뇌 안의 위치에 따라 각각 다른 전략이 시행된다. 기억의 경우와 마찬가지로, 여기서도 교훈은 뇌가 문제를 해결하기 위해 서로 기능이 겹치는 다수의 방법을 발전시켰다는 것이다.[33] 신경 파벌들이 바깥세상의 상황에 대해 대체로 같은 결론을 내리기는 하지만, 항상 그런 것은 아니다. 그리고 이것이 신경 민주주의에 완벽한 기질基質을 제공해준다.

내가 강조하고 싶은 것은 생물이 단 하나의 해결책에 의존하는 경우는 드물다는 점이다. 생물학적으로 그들은 끊임없이 해결책을 다시 만들어낸다. 하지만 왜 이렇게 끝없는 혁신이 이어지는 걸까? 좋은 해결책을 하나 찾아내서 앞으로 나아가면 안 되나? 인공지능 실험실과 달리, 자연이라는 실험실에는 새로 만든 서브루틴을 확인할 수석 프로그래머가 없다. 인간 프로그래머는 '블록 쌓기' 프로그램을 멋지게 만든 뒤, 그 다음의 중요한 단계로 나아간다. 나는 인공지능이 벽에 부딪힌 중요한 이유 중 하나가 바로 이렇게 앞으로 나아가는 부분이라고 생각한다. 생물은 인공지능과 대조적인 방식을 택한다. 운동을 감지하는 신경회로가 우연히 만들어져도 이 사실을 보고받을 수석 프로그래머는 존재하지 않는다. 따라서 무작위적인 변이가 계속 일어나 다양한 회로가 끊임없이 만들어지면서, '운동 감지'라는 과제가 뜻밖의 창의적인 방식으로 해결된다.

그렇다면 뇌에 관해서도 새로운 각도에서 접근해야 할 것 같다. 신경과학 문헌들은 대부분 자신이 연구하고자 하는 뇌기능에 대한 유일한 해법을 구하려고 한다. 하지만 어쩌면 이런 방식이 잘못된 것인지도 모른다. 외계인이 지구에 착륙해서 나무에 오를 수 있는 동물(예를 들어, 원숭이)을 발견하고 그런 재주를 지닌 동물이 원숭이뿐이라고 결론을 내리는 것은 성급한 일이다. 외계인이 계속 주위를 살핀다면 개미, 다람쥐, 재규어도 나무를 오를 수 있다는 사실을 금방 알게 될 것이다. 생물계의 영리한 메커니즘도 비슷하다. 계속 살펴보면 비슷한 메커니즘을 더 많이 찾아낼 수 있다. 생물계에서는 어떤 문제를 해결한 뒤 이제 됐다고 손을 터는 일이 벌어지지 않는다. 해결책이 끊임없이 새로 만들어진다. 그 결과 서로 많은 부분이 겹치는 해결책들의 시스템이 만들어진다. 라이벌들로 이루어진 팀의 구성에 반드시 필요한 조건이다.[34]

다당제 시스템의 역동성

한 팀의 팀원들은 서로 의견이 다를 때가 많지만, 꼭 그래야 하는 것은 아니다. 대부분의 경우 라이벌들은 자연스러운 의견 일치를 즐긴다. 이 단순한 사실 덕분에, 시스템의 일부가 사라지더라도 라이벌들로 이루어진 팀은 역동적으로 움직일 수 있다. 정당이 사라지는 상황을 가정한 생각실험으로 되돌아가보자. 특정 정당의 핵심적인 결정권자가 모두 비행기 추락사고로 죽었다고 가정하고, 이것이 뇌손상과 대략 비슷하다고 생각해보자. 많은 경우 한 정당이 사라지면 반대편으로 기울어진 라이벌 정당의 주장이 노출된다. 전두엽이 손상돼서 상점 절도나 노상방뇨 같은 나쁜 행동이 나타나는 경우와 비슷하다. 그러나 이보다 훨씬 더 흔하게 나타나는 상황은, 정당이 사라진 사실을 아무도 알아차리지 못하는 것이다. 다른 정당들이 모두 특정 문제(예를 들어, 주택가 쓰레기 수거에 자금을 지원하는 것의 중요성)에 대해 대략 같은 의견을 갖고 있기 때문이다. 생물계의 역동적인 시스템이 바로 이런 특징을 나타낸다. 비극적인 사고로 정당이 사라져도 사회는 계속 이어질 것이다. 영향을 받는다 해도, 딸꾹질을 한 번쯤 하는 수준을 크게 벗어나지 않는다. 뇌손상으로 행동이나 지각에 기괴한 변화가 일어나는 임상 사례가 한 건이라면, 뇌 일부가 손상돼도 임상적으로 감지할 수 있는 징후가 나타나지 않는 사례는 아마 수백 건쯤 될 것이다.

각 영역의 기능이 서로 겹칠 때의 이점을 보여주는 것은 얼마 전에 발견된 인지 예비능 현상이다. 살아 있을 때는 아무런 증상이 없었지만, 부검에서 알츠하이머병 때문에 신경이 마구 망가진 것이 발견되는 사례가 많다. 이런 일이 어떻게 가능할까? 알고 보니 그들은 나이를 먹은 뒤에도 활발히 일을 계속하거나 십자말풀이를 열심히 하는 등 뉴런을 계속 활동시켜 뇌를 자극한 사람들이었다. 정신적으로 계속 활발히 활동한 결과, 신경심리학자들이 인지 예비능이라고 부르는 현상이 생겨난 것이다. 인지기능이 정상인 사람들이 알츠하이머병에 걸리지 않는다는 뜻이 아니다. 그들의 뇌가 이 병의 증상을 막는 능력을 지니고 있다는 뜻이다. 뇌 일부가 퇴행하는 와중에도, 그들에게는 문제를 해결할 수 있는 다른 방법이 존재한다. 단 하나의 해결책이라는 고랑에 발이 묶이지 않는다. 평생 중복적인 전략을 찾아 구축한 덕분에 그들에게는 대안이 있다. 뉴런 일부가 퇴화해서 사라지더라도 전혀 아쉬울 것이 없다.

서로 겹치는 부분이 많은 해결책들로 문제 하나를 담요처럼 덮어버릴 때 인지 예비능(과 전체적인 역동성)이 생겨난다. 수리공을 예로 들어보자. 도구 상자에 여러 개의 도구가 있다면, 망치 하나쯤 잃어버려도 그의 일자리가 사라지지는 않는다. 망치 대신 쇠지레나 파이프렌치를 사용하면 된다. 그러나 도구가 두어 개밖에 없다면, 문제가 심각해진다.

기능의 중복이라는 비밀 덕분에, 예전에는 괴상한 임상적 수수께끼이던 현상을 이제 이해할 수 있다. 1차 시각피질이 크게 손상돼서 시야의 절반이 사라진 환자가 있다고 가정해보자. 실험자가 마분지로 만든 어떤 형태를 환자의 사각死角 앞에 들고 이렇게 묻는다. "무엇이 보입니까?"

환자는 이렇게 말한다. "전혀 모르겠어요. 그쪽 시야는 보이지 않아요."

"압니다. 그래도 추측을 해보세요. 원이 보입니까? 사각형? 삼각형?"

"정말 모르겠어요. 아무것도 안 보여요. 그쪽은 시력을 잃었어요."

"알아요, 알아요. 그래도 추측해보세요."

결국 환자는 화를 내며 삼각형인 것 같다고 말했다. 그런데 이것이 **정답**이다. 정답을 말하는 비율이 무작위적인 확률보다 훨씬 더 높다.[35] 그쪽 시야가 보이지 않는데도, 환자는 어떻게든 육감을 발휘할 수 있다. 환자의 뇌에서 **뭔가**가 그 사물을 보고 있다는 암시다. 시각피질이 정상이어야만 작동하는 의식적인 부분은 아니다. 이런 현상을 맹시blindsight라고 부르는데, 의식적인 시각이 사라져도 막후에서 피질 하부의 일꾼들이 여전히 정상적인 프로그램을 돌리고 있음을 알려준다. 따라서 뇌의 일부(이 경우에는 피질)가 사라지면, 그 부위와 똑같은 기능을 지닌 저변 구조가 드러난다. 다만 성능이 좀 떨어질 뿐이다. 신경해부학적인 관점에서 보면, 이것은 놀라운 일이 아니다. 사실 파충류는 피질이 전혀 없는데도 앞을 보지 않는가. 시각이 우리만큼 뛰어나지는 않아도, 파충류가 앞을 보는 것은 확실하다.[36]

＊ ＊ ＊

여기서 잠시 숨을 고르면서, 라이벌들로 이루어진 팀이라는 가설이 뇌에 관해 전통적인 가르침과는 다른 시각을 제공한다는 점을 생각해보자. 뇌에서 사람 얼굴, 집, 색깔, 몸, 도구 사용법, 종교적 열정 등을 담당하는 영역을 깔끔하게 구분해서 나눌 수 있을 것이라고 생각하는 사람이 많다. 19세기 초 골상학도 이런 희망을 품었다. 골상학자들은 두개골에 튀어나온 부분이 있으면, 그 안의 뇌 영역 크기가 그만큼 다를 것이라고 생각했다. 그리고 뇌 지도에서 각각의 지점에 이름표를 붙일 수 있을 것이라고 보았다.

그러나 생물학적 현상이 그런 식으로 전개되는 경우는 아예 없거나 거의 없다. 라이벌들로 이루어진 팀이라는 가설은 같은 자극을 다양한 방식으로 처리하는 뇌 모델을 제시한다. 뇌의 각 부분이 어떤 기능을 수행하는지 쉽게 구분할 수 있을 것이라던 과거의 희망에 종말을 고하는 모델이다.

그런데 뇌 영상 촬영으로 뇌를 시각적으로 표현할 수 있게 되면서, 과거 골상학의 충동적인 생각이 슬금슬금 되살아났다. 과학자와 일반인 모두 뇌의 구체적인 위치에 각각 기능을 하나씩 부여하고 싶다는 유혹에 쉽게 빠져든다. 단순하고 효과적인 표현을 찾아내야 한다는 압박 때문인지, 언론(심지어 과학 전문 문헌까지도)의 꾸준한 보도로 이러이러한 기능을 수행하는 뇌의 특정 영역이 방금 발견되었다는 식의 잘못된 인상이 만들어졌다. 이런 보도는 쉽게 뇌 영역을 구분하고 싶은 대중의 기대와 희망을 부채질하지만, 현실은 이보다 훨씬 더 흥미롭다. 신경회로망이 저마다 독자적으로 발견한 다양한 전략을 이용해서 기능을 수행하고 있기 때문이다. 뇌는 복잡한 세상을 잘 헤쳐 나가지만, 명확한 지도를 그리는 솜씨는 형편없다.

연합을 유지하라: 민주국가 뇌의 내전

컬트 영화 〈이블 데드 2〉에서는 주인공의 오른손이 자기만의 정신을 갖게 되어 주인공을 죽이려 한다. 6학년 아이들이 노는 운동장에서나 볼 수 있을 법한 상황으로 묘사되는 이 장면에서 주인공은 왼손으로 오른손을 막으려 하고, 오른손은 주인공의 얼굴을 공격하려 한다. 결국 주인공은 기계톱으로 오른손을 절단해, 여전히 펄떡거리며 움직이는 그 손을 쓰레기통으로 덮어둔다. 그러고는 엎어 놓은 쓰레기통 위에 책을 쌓아두는데, 이 장면을 유심히 보면 맨 위의 책이 헤밍웨이의 《무기여 잘 있거라》임을 알 수 있다.

이런 전개가 어이없게 보일지 몰라도, 실제로 외계인 손 증후군이라는 것이 존재한다. 〈이블 데드 2〉에 묘사된 것처럼 극적이지는 않지만, 기본적인 개념은 대략 비슷하다. 우리가 앞에서 설명한 뇌 분리 수술로 인해 생길 수 있는 이 외계인 손 증후군은 두 손이 서로 상충하는 욕망을 드러내는 현상이다. 환자의 '외계인' 손은 쿠키를 들어 입안에 넣고 싶어하는 반면, 정상적인 손은 그 행동을 막으려고 '외계인' 손의 손목을 잡는 식이다. 또는 한 손은 신문을 주워들고 다른 손은 신문을 쳐서 다시 바닥으로 떨어뜨리려 할 수도 있다. 또는 한 손은 재킷의 지퍼를 올리고, 다른 손은 다시 지퍼를 내리는 경우도 있다. 두 손이 이런 식으로 싸움을 벌인다. 외계인 손 증후군 환자 중 일부에게서는 "그만!"이라는 고함소리에 반대쪽 반구(와 외계인 손)가 뒤로 물러서는 효과가 나타난다. 그러나 이런 미약한 효과를 제외하면, 외계인 손은 주인의 의식이 접근할 수 없는 자기만의 프로그램에 따라 움직인다. '외계인'이라는 이름도 그래서 생겼다. 환자의 의식이 그 손의 움직임을 전혀 예측하지 못하는 것처럼 보이기 때문이다. 그 손은 환자의 인격에 전혀 속하지 않는 것 같다. 이 장애를 지닌 환자들은 흔히 이런 말을 한다. "맹세코 내가 하고 싶어서 하는 일이 아니에요." 이 책의 중요한 주제 중 하나를 다시 생각나게 하는 말이다. '나'는 누구인가? 손을 움직이는 것은 분명히 다른 사람이 아닌 환자 본인의 뇌다. 다만 환자의 의식이 그 프로그램에 접근하지 못할 뿐이다.

외계인 손 증후군이 우리에게 말해주는 것은 무엇일까? 우리가 전혀 접근할 수도 없고 알지도 못하며, '외계인'처럼 낯선 기계적 서브루틴이 우리 안에 존재한다는 사실이다. 말하기부터 커피 잔을 들어 올리는 동작에 이르기까지 우리가 하는 거의 모든 행동이 좀비 시스템이라고도 불리는 외계인 서브루틴에 의해 이루어진다. (나는 이 두 용어를 같은 의미로 사용한다. '좀비'는 의식이 접근하지 못한다는 점을 강조하고, '외계인'이라는 말은 프로그램이 낯설게 느껴지는 것을 강조한다.)[37] 본능적인 외계인 서브루틴이 있는가 하면, 학습으로 만들어지는 것도 있다. 우리가 3장에서 살펴본, 고도로 자동화된 알고리즘(테니스 서브 넣기, 병아리 감별하기) 전부가 회로에 각인되면 의식이 접근할 수 없는 좀비 프로그램이 된다. 프로야구선수가 의식적으로는 도저히 추적할 수 없을 만큼 빨리 날아오는 공을 방망이로 맞히는 것은, 잘 연마된 외계인 서브루틴 덕분이다.

외계인 손 증후군은 또한 평범한 상황에서 자동화된 프로그램이 모두 아주 엄격히 제어되기 때문에 한 번에 한 가지 행동만 출력될 수 있음을 알려준다. 외계인 손은 평소 뇌가 내적인 갈등을 물 흐르듯이 매끄럽게 잘 덮어둔다는 사실을 강조해준다. 그러나 뇌 구조가 조금만 손상되어도, 가려져 있던 것들이 드러난다. 즉, 뇌가 전혀 힘들이지 않고 하위 시스템의 연합을 유지하는 게 아니라는 뜻이다. 뇌는 연합 유지를 위해 적극적으로 움직인다. 그러다 일부 파벌이 연합에서 탈퇴하려고 움직이기 시작하면, 해당 부위가 확실히 외계인처럼 변한다.

스트룹 테스트는 루틴들 사이의 충돌을 잘 보여준다. 스트룹 테스트는 아주 간단하기 그지없다. 단어가 어떤 색의 잉크로 인쇄되었는지만 말하면 된다. 내가 파란색으로 인쇄된 단어 '정의'를 보여주면, 여러분은 '파란색'이라고 말하는 식이다. 내가 노란색으로 인쇄된 단어 '프린터'를 보여주면, 여러분이 말할 답은 '노란색'이다. 이보다 더 쉬울 수 없다. 그러나 내가 색깔의 이름을 단어로 제시할 때, 예를 들어 초록색으로 인쇄된 단어 '파란색'을 제시하면 상황이 좀 달라진다. 답하기가 그리 쉽지 않기 때문이다. 여러분이 무심코 불쑥 "파란색!"이라고 말할 수도 있고, 그렇게 말하려다가 말고 "초록색!"이라고 내뱉을 수도 있다. 어느 쪽이든 반응시간이 훨씬 느려진다. 막후에서 갈등이 벌어지고 있다는 방증이다. 이 스트룹 간섭은 단어를 읽으려는 강력하고 비자발적이며 자동적인 충동과 인쇄된 글자의 색깔을 말하기 위해 의식적으로 노력을 기울여야 하는 상황 사이의 충돌을 보여

준다.[38]

3징에서 무의식적인 인종차별주의를 자극해서 이끌어낸 암묵적인 연상 과제를 기억하는가? 자신이 싫어하는 것을 긍정적인 단어(예를 들어 '행복')와 연결해야 할 때 반응시간이 평소보다 느려진다는 사실에 기댄 과제였다. 스트룹 테스트와 마찬가지로, 그 과제에서도 깊숙이 각인된 시스템들이 저변에서 서로 갈등하고 있음이 드러난다.

여럿이 모여 하나

우리는 외계인 서브루틴을 운영할 뿐만 아니라, 정당화하기도 한다. 우리는 자신의 모든 행동이 처음부터 자신의 의도였다는 듯이 이야기를 만들어내는 능력이 있다. 예를 들어, 이 책의 첫머리에서 나는 생각이 떠올랐을 때 우리가 그것을 자신의 공으로 돌린다고 말했다.("나한테 좋은 생각이 있어!") 하지만 사실은 우리 뇌가 해당 문제를 오랫동안 곱씹고 곱씹어서 최종적인 결과물을 내놓은 것이다. 우리는 막후에서 돌아가는 외계인 루틴들의 활동에 대해 끊임없이 이야기를 만들어낸다.

뇌가 분리된 환자들을 대상으로 한 실험 하나를 살펴보기만 해도 이런 식의 날조를 밝혀낼 수 있다. 앞에서 우리는 우반구와 좌반구가 서로 비슷하지만 완전히 똑같지는 않다는 것을 알게 되었다. 인간 뇌의 좌반구(언어를 말하는 능력 대부분이 여기에 속한다)는 자신의 느낌에 대해 말할 수 있는 반면, 말이 없는 우반구는 왼손에 지시를 내려 어딘가를 가리키거나, 글을 쓰게 하는 방식으로만 자신의 생각을 전달할 수 있다. 바로 이 점이 이야기 날조와 관련된 실험의 문을 열어준다. 1978년 마이클 가자니가와 조지프 르두는 뇌가 분리된 환자의 좌반구에는 닭발 사진을, 우반구에는 눈 내린 겨울 풍경을 보여주었다. 그러고는 환자에게 방금 본 것을 표현해주는 카드를 가리키라고 말했다. 그러자 환자의 오른손은 닭이 그려진 카드를 가리키고, 왼손은 눈삽이 그려진 카드를 가리켰다. 실험자들은 환자에게 왜 삽을 가리켰느냐고 물었다. 환자의 좌반구(말하는 능력을 지닌 곳)는 닭에 관한 정보만 갖고 있었는데도 조금도 주저없이 이야기를 만들어냈다. "아, 그거야 간단하죠. 닭발은 닭에 달린 거잖아요. 닭장을 청소하려면 삽이 필요해요." 뇌의 한 부분이 결정을 내리면, 다른 부분들은 그 이유를 설명하기 위해 재빨리 이야기를 만들어낸다. 우리가 우반구(언어능력이 없는 곳)에 '걷기'라는 지시어를 보여주면, 환자는 일어나서 걷기 시작할 것이다. 그때 우리가 환자를 멈춰 세우고 왜 나가려 하느냐고 물어보면, 환자의 좌반구가 이야기를 만들어내서 대략 다음과 같은 답을 내놓을 것이다. "물을 마시러 가는 길이었어요."

가자니가와 르두는 닭/삽 실험을 통해, 좌반구가 몸의 행동을 지켜보며 각각의 사건에 이치가 맞는 이야기를 부여하는 '해석자' 역할을 한다는 결론을 내렸다. 손상이 없는 정상적인 뇌에서도 좌반구는 이렇게 작용한다. 숨은 프로그램들이 행동을 주도하면, 좌반구는 그 행동을 정당화한다. 이렇게 이미 일어난 일에 대해 이야기가 만들어지는 현상은, 우리가 적어도 부분적으로는 자신의 행동을 관찰하고 추론하는 방식으로 자신의 태도와 감정을 알게 된다는 것을 암시한다.[39] 가자니가는 이렇게 말했다. "이 연구 결과는 모두 좌반구의 해석 메커니즘이 항상 열심히 일하면서 사건들의 의미를 찾아내려 한다는 것을 암시한다. 이 메커니즘은 질서와 이성이 전혀 없는 곳에서도 항상 질서와 이성을 찾아내려 하기 때문에, 계속 실수를 저지른다."[40]

이야기 날조는 뇌가 분리된 환자에게서만 나타나는 현상이 아니다. 여러분의 뇌도 여러분의 행동을 해석해서 이야기를 만들어낸다. 심리학자들은 이로 연필을 물고 뭔가를 읽으면 그 내용이 더 웃기게 느껴진다는 사실을 알아냈다. 미소를 짓는 것 같은 입 모양이 글의 해석에 영향을 미치기 때문이다. 늘어지지 않고 똑바른 자세로 앉으면, 기분이 더 좋아진다. 입과 척추가 그런 자세를 취하면 틀림없이 즐거운 상태라는 뜻이라고 뇌가 해석하기 때문이다.

* * *

1974년 12월 31일 윌리엄 오 더글러스 대법관은 뇌중풍 발작으로 좌반신이 마비되어 휠체어에서 일어날 수 없는 몸이 되었다. 그러나 더글러스는 자기 몸에 아무 이상이 없다며 퇴원시켜달라고 요구했다. 자신의 몸이 마비되었다는 보도가 '허구'라는 것이었다. 기자들이 그의 말에 의구심을 표현하자, 그는 함께 등산을 가자고 공개적으로 기자들을 초대했다. 사람들은 어리석은 짓을 한다고 보았다. 그러나 더글러스는 마비된 좌반신으로 미식축구 경기에서 필드골도 기록할 수 있다고 주장하기까지 했다. 누가 보아도 망상적인 주장이었기 때문에, 더글러스는 대법관직에서 면직되었다.

더글러스의 증상을 질병 불각증이라고 부른다. 장애를 전혀 의식하지 못하는 현상을 일컫는 용어다. 몸이 분명히 마비되었는데도 그 사실을 완전히 부정하는 환자가 전형적인 사례다. 더글러스 대법관은 거짓말을 하지 않았다. 그의 뇌는 그가 아무 문제 없이 움직일 수 있다고 실제로 믿었다. 이런 현실 날조는 뇌가 이치에 맞는 이야기를 만들어내는 데 얼마나 노력을 기울이는지를 잘 보여준다. 몸 한쪽이 마비되었으나 그 사실을 전혀 깨닫지 못하는 환자에게 가상의 운전대를 양손으로 잡아보라고 말하면, 한 손만 들어올릴 것이다. 양손이 모두 운전대를 잡고 있느냐고 말하면 환자는 그렇다고 대답한다. 환자에게 손뼉을 쳐보라고 말해도 환자는 한 손만 움직인다. 그때 "손뼉을 쳤나요?" 하고 물어보면 환자는 역시 그렇다고 대답한다. 손뼉 치는 소리가 들리지 않았다며 다시 해보라고 요구하면, 환자가 전혀 움직이지 않을 수도 있다. 이유를 물어보면, 환자는 "기분이 내키지 않는다"고 말할 것이다. 2장에서 언급했던 것처럼, 시력을 잃었는데도 여전히 앞이 잘 보인다고 주장하는 사람도 있다. 방 안을 돌아다니면서 항상 가구에 부딪히는데도. 그들은 균형을 잃었다, 의자 위치가 바뀌었다 등 갖가지 핑계를 대면서 시력을 잃었다는 사실을 계속 부정한다. 불각증에서 중요한 점은 환자가 거짓말을 하는 것이 아니라는 사실이다. 심술을 부리는 것도 아니고, 당황한 것도 아니다. 그들의 뇌는 예전 같지 않은 몸과 관련해서 조리 있는 설명을 만들어내려고 계속 이야기를 날조한다.

그래도 그런 이야기와 어긋나는 증거와 맞닥뜨리면 사람들이 문제를 깨달아야 하는 것 아닌가? 환자가 손을 움직이려 해도 손이 움직이지 않는 것은 사실 아닌가. 박수를 치고 싶어도 소리가 나지 않는다. 이런 문제를 시스템에 알리는 기능은 뇌의 특정한 영역, 득히 전측 대상회 피질이 주로 담당하고 있다. 증거와 어긋나는 현상을 감시하는 이런 영역들 때문에, 서로 양립할 수 없는 생각 중 한쪽이 승리를 거두게 되고, 이 생각들을 조리 있게 이어주는 이야기나 한쪽을 무시해버리는 이야기가 만들어진다. 뇌손상이라는 특별한 상황에서는 이런 중재 시스템도 손상될 수 있어서, 뇌가 만들어낸 이야기와 증거의 충돌이 환자의 의식에서 전혀 문제를 야기하지 않는다. 내가 G부인이라고 부르는 여성의 사례가 이런 상황을 잘 보여준다. G부인은 얼마 전 뇌중풍 발작으로 뇌가 상당히 손상되었다. 나와 처음 만났을 때 G부인은 병원에서 회복 중이었고, 남편이 병상을 지키고 있었다. 언뜻 보기에는 부인의 건강과 정신이 대체로 괜찮은 것 같았다. 하지만 내 동료 카르틱 사르마 박사가 전날 밤 부인에게 눈을 감으라고 했더니, 부인은 한쪽 눈만 감았다. 그래서 사르마 박사와 나는 이 문제를 더 꼼꼼히 들여다보기 시작했다.

내가 부인에게 눈을 감아보라고 하자 부인은 알겠다면서 한쪽 눈을 감았다. 계속 윙크를 하는 것 같았다.

"눈을 감았나요?" 내가 물었다.

"네."

"두 눈 다요?"

"네."

나는 손가락 세 개를 들었다. "제가 손가락 몇 개를 들고 있죠, G부인?"

"세 개요."

"눈을 감으셨다고요?"

"네."

나는 반박하는 것처럼 보이지 않으려고 애쓰면서 말했다. "그럼 제가 손가락 몇 개를 들고 있는지 어떻게 아셨어요?"

흥미로운 침묵이 이어졌다. 뇌가 움직이는 소리를 우리가 들을 수 있다면, 부인의 뇌에서 여러 영역들이 서로 싸워서 결판을 내는 소리가 들렸을 것이다. 부인이 눈을 감았다고 믿고 싶은 정당들은 논리적인 결론을 원하는 정당들과 필리버스터를 벌이고 있었다. '눈을 감은 채로 앞을 볼 수 없다는 걸 몰라?' 이런 전투에서는 대개 가장 이성적인 쪽이 승리를 거두지만, 불각증 환자의 경우에는 그렇지 않을 때도 있다. 환자는 아무 말도 하지 않고 아무 결론도 내리지 않을 것이다. 당황해서가 아니라, 그 문제에 갇혀 있기 때문이다. 양쪽 정당들은 너무 지쳐서 스스로 마모될 지경이 되면 결국 처음 싸움의 원인이 된 이슈를 내다 버린다. 그래서 환자는 그 상황에 대해 아무런 결론을 내리지 않는다. 보는 사람 입장에서는 놀랍고 당황스러운 광경이다.

나는 문득 어떤 아이디어가 떠올라서 G부인을 휠체어에 태워 병실 안의 하나뿐인 거울 앞으로 데려갔다. 그리고 자신의 얼굴이 보이느냐고 물었다. 부인은 그렇다고 대답했다. 나는 부인에게 두 눈을 감으라고 말했다. 이번에도 부인은 한쪽 눈만 감았다.

"두 눈을 모두 감으셨나요?"

"네."

"자신의 모습이 보이세요?"

"네."

나는 부드럽게 말했다. "두 눈을 감았는데 거울 속의 자신을 보는 것이 가능할까요?"

침묵. 아무런 결론이 나오지 않았다.

"한쪽 눈만 감긴 것처럼 보이세요, 아니면 두 눈이 다 감긴 것처럼 보이세요?"

침묵. 아무런 결론이 나오지 않았다.

부인은 내 질문 때문에 괴로워하지 않았다. 자신의 주장을 바꾸지도 않았다. 뇌가 정상이었다면 내 질문이 체크메이트가 되었겠지만, G부인의 뇌는 게임 자체를 재빨리 잊어버렸다.

G부인과 같은 사례 덕분에 우리는 좀비 시스템이 매끄럽게 협조하면서 합의에 도달할 때까지 막후에서 얼마나 많은 일들이 이루어져야 하는지 알 수 있다. 연합을 유지하면서 좋은 이야기를 만들어내는 일은 공짜로 이루어지지 않는다. 뇌는 우리 일상에 논리적인 패턴을 꿰매 넣으려고 24시간 내내 일한다. 방금 어떤 일이 있었고, 거기서 내가 수행한 역할은 무엇인가? 이런 이야기를 만들어내는 것이 우리 뇌의 중요한 일 중 하나다. 뇌는 민주주의 체제의 다면적인 활동들을 조리 있게 조합하는 목적만 생각할 뿐이다. 여럿이 모여 하나가 된다.

＊ ＊ ＊

자전거 타는 법을 배우고 나면, 근육의 움직임에 대해 뇌가 이야기를 만들어낼 필요가 없어진다. 자전거 타기는 의식이라는 CEO를 전혀 귀찮게 하지 않는다. 모든 것을 예측할 수 있기 때문에 이야기가 필요 없다. 우리는 페달을 밟으면서 자유로이 다른 생각을 할 수 있다. 뇌의 이야기 능력은 서로 상충하는 현상이나 이해하기 힘든 현상이 벌어질 때에만 활동을 개시한다. 뇌가 분리된 환자나 더글러스 대법관 같은 질병 불각증 환자가 그런 예다.

1990년대 중반에 나는 동료 리드 몬터규와 함께 사람들이 간단한 결정을 내리는 과정을 이해하기 위한 실험을 실시했다. 우리는 피험자들에게 컴퓨터 화면에 나타난 두 카드 중 하나를 고르라고 했다. 카드에는 각각 A와 B라는 글자가 적혀 있었다. 피험자들은 어느 쪽을 선택해야 좋은지 전혀 알 길이 없었으므로, 처음에는 무작위로 카드를 골랐다. 어떤 카드를 고르는가에 따라 그들은 1센트에서 1달러까지 다양한 보상을 받을 수 있었다. 우리는 카드를 리셋한 뒤 다시 골라보라고 말했다. 이번에는 같은 카드를 골라도 결과가 달랐다. 패턴이 있는 것 같기는 한데, 알아내기가 몹시 어려웠다. 사실 카드를 리셋할 때마다 보상은 피험자들이 이전에 했던 40번의 선택을 기반으로 한 공식에 따라 결정되었으나, 피험자들은 이 사실을 몰랐다. 40번의 선택 기록은 뇌가 감지하고 분석하기에 너무나 어려웠다.

실험이 끝난 뒤 내가 피험자들을 면담할 때 흥미로운 일이 벌어졌다. 나는 방금 있었던 도박 게임에서 그들이 어떤 결정을 왜 내렸는지 물었다. 그러자 그들은 놀랍게도 온갖 기이한 설명을 내놓았다. "내가 양쪽을 오갈 때 컴퓨터가 좋아하는 것 같았나." "컴퓨터가 나를 벌주려고 해서 나는 계획을 바꿨다." 자신의 전략에 대한 피험자들의 설명은 그들의 실제 행동과 일치하지 않았다. 그들의 행동은 예측 가능성이 대단히 높았다.[41] 그들의 설명은 순전히 공식에 따라 움직이는 컴퓨터의 행동과도 일치하지 않았다. 잘 관리된 좀비 시스템에 그 과제를 할당하지 못한 그들의 의식이 필사적으로 이야기를 만들어내고 있을 뿐이었다. 피험자들이 거짓말을 한 것은 아니다. 뇌가 분리된 환자나 질병 불각증 환자처럼, 그들은 자신이 할 수 있는 최고의 설명을 내놓았다.

정신은 패턴을 찾으려 한다. 과학 저술가 마이클 셔머는 '패턴화'라는 용어를 도입했다. 무의미한 데이터에서 구조를 찾으려는 시도를 일컫는 말이다.[42] 진화는 패턴 추구를 선호한다. 수수께끼를 줄여 신경 회로 안에 빠르고 효율적인 프로그램을 만들어낼 수 있기 때문이다.

캐나다의 학자들은 패턴화를 증명하기 위해, 피험자에게 무작위로 깜박거리는 빛을 보여준 뒤, 빛의 깜박거림을 더 규칙적으로 만들기 위해 두 개의 버튼 중 어느 것을 언제 눌러야 할지 선택하라고 말했다. 피험자들이 다양한 패턴으로 버튼을 눌러본 끝에 마침내 빛의 깜박임이 조금 규칙적으로 변하기 시작했다. 그들이 성공한 것이다! 학자들은 어떻게 이 일을 해냈느냐고 그들에게 물었다. 그들은 자신이 한 일을 해석해서 이야기로 포장했지만, 사실 그들이 버튼을 누른 것과 빛의 변화 사이에는 아무런 관계가 없었다. 그들이 무슨 짓을 했든 상관없이 빛의 깜박거림은 점점 규칙적으로 변했을 것이다.

혼란스러운 데이터 앞에서 이야기가 만들어지는 또 다른 사례로는 꿈이 있다. 꿈은 밤에 뇌에서 폭풍처럼 일어나는 전기활동을 해석해서 만들어진 이야기인 듯하다. 신경과학 문헌에 자주 등장하는 모델은 기본적으로 무작위적인 활동을 이어 붙여서 꿈의 플롯이 만들어진다고 암시한다. 중뇌에서 방출된 신경 신호들이 낮에 쇼핑몰에서 있었던 일, 사랑하는 사람의 얼굴에 언뜻 나타난 표정, 추락하는 느낌, 깨달음을 얻은 느낌 등을 비슷하게 재현하고, 이 모든 순간들이 이야기 속에 역동적으로 포함된다. 그래서 무작위적인 활동이 벌어진 밤에 자고 일어나서 파트너를 향해 돌아누웠을 때, 자신이 본 기괴한 이야기를 들려줘야 할 것 같은 기분이 드는 것이다. 어렸을 때부터 나는 내 꿈속에 등장하는 인물들이 구체적이고 독특한 특징을 세세하게 지니고 있다는 것, 내 질문에 엄청 빠르게 답을 내놓는 것, 그토록 놀라운 대화와 창의적인 제안('나'라면 만들어내지 못했을 온갖 것들)을 만들어내는 것에 계속 놀라움을 금치 못했다. 어디서도 듣지 못한 농담을 꿈에서 처음 들은 적이 얼마나 많았는지. 그런 것들이 내게 깊은 인상을 남겼다. 낮에 멀쩡한 정신으로 봤을 때도 그 농담이 무척 재미있었기 때문이 아니라(재미없었다), 아무리 봐도 내가 생각해낼 수 있는 농담이 아니었기 때문이다. 그래도, 적어도 짐작으로는, 이런 재미있는 이야기를 만들어낸 것이 다른 누구도 아닌 바로 나의 뇌였다.[43] 뇌가 분리된 환자들이나 더글러스 법관처럼 꿈도 무작위적인 실뭉치에서 하나의 이야기를 뽑아내는 우리 능력을 잘 보여준다. 뇌는 전혀 일치하지 않는 데이터 앞에서도 연합을 유지하는 솜씨가 놀라울 정도로 뛰어나다.

우리에게 의식이 있는 이유가 도대체 무엇인가

대부분의 신경과학자는 동물의 행동모델을 연구한다. 해삼이 뭔가에 닿았을 때 움츠러드는 것, 생쥐가 보상에 보이는 반응, 어둠 속에서 올빼미가 특정 지점에 소리를 집중시키는 것. 이런 회로들을 과학적으로 밝혀내고 보면, 모두 좀비 시스템에 지나지 않는다. 특정한 입력 정보에 적절한 결과를 출력해주는 회로의 청사진이라는 뜻이다. 만약 우리 뇌가 이런 회로 패턴으로만 구성되어 있다면, 살아 있다는 느낌과 의식이 있다는 느낌이 왜 존재하는가? 왜 자신이 아무것도 아닌 것처럼, 좀비가 된 것처럼 느끼지 않는가?

오래전 신경과학자 프랜시스 크릭과 크리스토프 코흐는 이런 질문을 던졌다. "우리 뇌는 왜 일련의 전문화된 좀비 시스템으로만 구성되어 있지 않은가?"[44] 이 질문을 바꿔서 말하면 이렇다. 우리에게 왜 의식이 있는가? 우리는 왜 회로에 각인되어 문제를 해결해주는 이 자동 루틴의 거대한 집단이 아닌가?

크릭과 코흐가 찾아낸 답은, 내가 앞에서 제시한 답과 마찬가지로, 의식이 자동화된 외계인 시스템을 제어하고 제어권을 널리 분배하기 위해 존재한다는 것이다. 특정한 수준의 복잡성(인간의 뇌는 확실히 이 기준을 충족한다)을 갖춘 자동 서브루틴 시스템에서 각각의 서브루틴이 대화를 주고받고, 자원을 분배하고, 제어권을 할당하려면 고급 메커니즘이 필요하다. 서브하는 법을 배우려고 애쓰는 테니스 선수의 사례처럼, 의식은 회사의 CEO와 같다. CEO는 높은 등급의 지시를 내리고 새로운 업무를 할당한다. 이번 장에서 우리는 조직 내의

각 부서가 사용하는 소프트웨어를 CEO가 이해할 필요는 없다는 것을 배웠다. 각 부서의 상세한 업무 일지나 판매 영수증을 볼 필요도 없다. 언제 누구를 불러와야 하는지만 알면 된다.

좀비 서브루틴이 문제없이 잘 굴러가기만 한다면, CEO는 편히 잠들 수 있다. 뭔가 문제가 생겼을 때만(예를 들어, 회사 내 모든 부서의 사업모델이 갑자기 무너져버리는 재앙이 일어났을 때) CEO에게 연락이 온다. 우리 의식이 **언제** 작동하는지 생각해보라. 세상에서 일어나는 사건들이 **우리의 기대나 예상과 어긋날** 때다. 모든 것이 좀비 시스템의 필요와 솜씨에 따라 진행될 때는 우리 의식이 바로 눈앞에서 벌어지는 일을 대부분 인식하지 못한다. 그러나 좀비 시스템이 갑자기 과제를 감당하지 못하게 되면, 의식이 문제를 인식한다. CEO가 서둘러 달려와서 빠른 해결책을 모색하고, 이 문제를 가장 잘 해결할 사람을 찾으려고 모두에게 전화를 돌린다.

과학자 제프 호킨스가 이런 상황을 보여주는 훌륭한 사례를 제공한다. 어느 날 집에 돌아온 그는 자신이 손을 뻗어 문고리를 잡고 돌린 것을 의식이 전혀 알아차리지 못했음을 깨달았다. 그 행동은 완전히 로봇 같은 행동, 그가 전혀 의식하지 못한 행동이었다. 그 행동과 관련된 모든 것(문고리의 촉감과 위치, 문의 크기와 무게 등)이 이미 그의 뇌에 있는 무의식 회로에 각인되어 있었기 때문이다. 그가 이 행동을 할 것이라고 예상되던 상황이었으므로, 의식이 나설 필요가 없었다. 그러나 만약 누군가가 몰래 그의 집으로 다가와서 드릴로 문고리를 뜯어내 오른쪽으로 7센티미터쯤 떨어진 곳에 옮겨 달았다면, 그는 그 사실을 즉시 알아차렸을 것이다. 좀비 시스템이 이끄는 대로 어떤 경계심이나 걱정 없이 곧바로 집 안으로 들어가지 않고, 예상이 깨진 것을 순식간에 알아차린 의식이 앞으로 나설 것이다. CEO가 잠에서 깨어 경보를 울리고, 상황 파악과 후속 조치를 위해 힘쓸 것이다.

주위에서 일어나는 일들을 대부분 의식하고 있다고 생각하는 사람이라면, 다시 생각해보기 바란다. 새로운 직장을 향해 차를 몰고 처음 출근하는 날, 사람들은 도착할 때까지 보이는 모든 것에 주의를 기울인다. 그래서 출근에 시간이 오래 걸리는 것처럼 느껴진다. 그러나 그 길을 많이 오가고 나면, 의식적으로 이런저런 생각을 할 필요 없이 그냥 직장까지 갈 수 있다. 그래서 마음대로 다른 생각을 해도 되기 때문에, 마치 집에서 나와 눈을 한 번 깜짝했을 뿐인데 직장에 도착한 것처럼 느껴진다. 좀비 시스템이 여느 때처럼 전문적인 솜씨로 알아서 일을 잘하고 있다는 뜻이다. 그러다 어느 날 도로에서 다람쥐 한 마리를 보거나, 정지 신호를 미처 보지 못하거나, 갓길에서 뒤집어진 차량을 보았을 때 비로소 주위의 일들을 의식하게 된다.

지금까지 설명한 일들은 우리가 3장에서 알게 된 사실, 즉 새로운 비디오게임을 처음 할 때 뇌가 활발하게 활동한다는 사실과 일치한다. 이럴 때 뇌는 에너지를 미친 듯이 소비한다. 그러나 게임 실력이 점점 좋아지면, 뇌 활동이 줄어든다. 에너지 효율이 높아진다는 뜻이다. 과제를 수행 중인 누군가의 뇌에서 활동이 거의 관찰되지 않는다면, 그것은 반드시 그 사람이 노력하지 않는다는 뜻만은 아니다. 그보다는 그 사람이 과거에 열심히 노력해서 해당 프로그램을 뇌 회로에 각인시켰다는 뜻일 가능성이 더 높다. 의식은 학습의 첫 단계에 불려 나왔다가, 학습 내용이 시스템에 깊숙이 자리 잡으면 게임에서 배제된다. 간단한 비디오게임을 하는 것이 자동차 운전, 말하기, 신발끈 묶기를 위한 복잡한 손가락 동작처럼 무의식적인 절차가 된다. 이것이 숨은 서브루틴이다. 이 서브루틴을 작성하는 데 사용된, 해석할 수 없는 프로그래밍 언어는 단백질과 신경 화학물질로 이루어져 있다. 이 서브루틴은 다시 불려 나올 때까지 (어떤 때는 무려 수십 년씩이나) 숨어서 잠복하고 있다.

진화의 관점에서 보면, 의식의 존재 이유는 다음과 같을 것으로 짐작된다. 좀비 시스템이 거대한 집단을 이루고 있는 동물은 효율적으로 에너지를 사용하지만 **인지적으로는 유연성이 없다**는 것. 간단한 과제를 수행하는 데에는 경제적인 프로그램을 이용할 수 있지만, 한 프로그램에서 다른 프로그램으로 신속하게 옮겨가거나 뜻밖의 새로운 과제에서 전문가가 되겠다는 목표를 신속히 설정하지는 못한다. 대부분의 동물은 특정한 작업들을 아주 잘 수행한다(예를 들어, 솔방울 안에서 씨앗을 파내는 일). 그러나 새로운 소프트웨어를 역동적으로 개발해내는 유연성을 갖춘 생물은 소수(예를 들어, 인간)에 불과하다.

유연성이라는 말이 좋게 들리겠지만, 공짜로 얻을 수 있는 것은 아니다. 유연성의 대가는 바로 장기간의 육아 부담이다. 유연한 성인이 되려면, 무력한 아기로 몇 년을 보내야 한다. 인간 어머니는 보통 아기를 한 번에 한 명만 낳아, 동물계에서는 달리 찾아볼 수 없는 (그리고 비실용적인) 기간 동안 보살핀다. 반면 아주 간단한 서브루틴 몇 개(예를 들어, '먹이처럼 보이는 것을 먹고 커다란 물체가 보이면 피하라')만으로 살아가는 동물은 인간과 다른 육아 전략을 채택한다. '알을 많이 낳고 그냥 잘 되기를 바라자'는 전략이 대부분이다. 새로운 프로그램을 만들 능력이 없으므로, 그들이 외울 수 있는 주문은 '머리로 적을 능가할 수 없다면, 숫자로 이기자'뿐이다.

그렇다면 동물에게는 의식이 있을까? 현재의 과학으로는 이 질문에 의미 있는 답을 내놓을 수 있는 방법이 없다. 하지만 나는 직관적인 답변 두 가지를 제시하고자 한다. 첫째, 의식은 '전부 아니면 전무全無'가 아니라, 동물마다 다른 수준으로 작동할 가능성이 높다. 둘째, 동물의 **의식 수준**은 그 동물의 지적인 유연성에 필적할 것이다. 서브루틴이 많은 동물일수록, 조직을 이끌 CEO가 필요할 가능성이 높다. CEO는 서브루틴의 연합을 유지하며, 좀비들을 감독한다. 달리 표현하자면, 작은 기업에는 연봉이 300만 달러인 CEO가 필요하지 않지만 대기업에는 필요한 것과 같다. 이 둘 사이의 유일한 차이점은 CEO가 계속 주의를 기울이면서 작업을 할당하고 목표를 설정해주어야 하는 직원들의 숫자다.*

재갈매기 둥지에 빨간 알을 하나 가져다 놓으면, 재갈매기는 미쳐 날뛴다. 빨간색이 공격성을 자극하는 반면, 알 모양은 알을 품는 행동을 자극하기 때문이다. 따라서 재갈매기는 알을 공격하면서 동시에 품으려고 한다.[45] 두 프로그램이 동시에 돌아가면서, 비생산적인 결과

---

* 유연하게 할당할 수 있는 외계인 시스템이 많을 때의 이점이 더 있을 수 있다. 예를 들어, 포식자들이 우리 행동을 쉽사리 예측할 수 없게 될 수 있다는 점. 하나뿐인 서브루틴을 항상 돌리고 있는 동물을 노릴 때, 포식자는 정확한 사냥법을 금방 알게 될 것이다(아프리카의 강을 1년 중 똑같은 시기에 똑같은 방식으로 헤엄쳐 건너는 누 무리를 악어가 지켜보는 광경을 생각하면 된다). 외계인 시스템이 복잡하게 모여 있는 동물은 유연성을 발휘할 수 있을 뿐만 아니라, 상대가 예측할 수 없는 행동을 하는 능력도 비교적 뛰어나다.

가 나오는 것이다. 빨간색 알이 재갈매기의 뇌 안에서 서로 경쟁하는 영지처럼 자리 잡은 독립적인 프로그램들을 작동시킨다. 그러나 재갈매기는 이 두 프로그램의 라이벌 관계를 중재해서 순조로운 협동 관계로 바꿔 놓을 능력이 없다. 비슷한 맥락에서 큰가시고기 암컷이 수컷의 영역을 침범하면, 수컷은 공격 행동과 구애 행동을 동시에 나타낸다. 암컷의 마음을 얻기는 힘든 방법이다. 가엾은 수컷은 단순한 입력신호(침입자다! 암컷이다!)로 작동되는 좀비 프로그램 덩어리에 지나지 않는 것 같다. 이 서브루틴들 사이를 중재할 방법도 전혀 알지 못한다. 이것을 보면, 재갈매기와 큰가시고기에게 딱히 의식이 있는 것 같지는 않다.

나는 상충하는 좀비 시스템들을 성공적으로 중재하는 능력이 의식의 존재를 알려주는 유용한 지표라고 본다. 입력-출력 서브루틴이 어지럽게 엉켜 있는 것처럼 보이는 동물일수록, 의식이 있다는 증거가 적다. 여러 프로그램을 조정하고, 만족을 뒤로 미루고, 새로운 프로그램을 배우는 능력이 뛰어날수록, 의식이 있을 가능성이 높다. 만약 나의 이러한 짐작이 옳다면, 장차 일련의 테스트를 통해 동물의 의식 수준을 대략적으로 측정할 수 있을지 모른다. 이번 장의 앞부분에서 살펴본, 당황한 쥐를 다시 생각해보자. 먹이를 향해 달려가고 싶다는 충동과 전기충격에서 도망치고 싶다는 충동 사이에서 발이 묶인 쥐는 더 이상 나아가지 못하고 서성거리기만 한다. 이렇게 결정을 내릴 수 없는 순간의 기분을 우리도 잘 알고 있지만, 프로그램들 사이를 중재하는 능력 덕분에 이런 곤경에서 빠져나와 결정을 내릴 수 있다. 우리는 자신을 구워삶거나 비난해서 둘 중 한쪽으로 향하게 만드는 방법을 금방 찾아낸다. 우리 CEO는 가엾은 쥐의 발목을 완전히 붙들수 있는 단순한 교착상태에서 우리를 탈출시킬 수 있을 만큼 능력이있다. 우리 뉴런들이 수행하는 전체 기능에서 아주 작은 역할을 할뿐인 의식이 바로 이 때문에 진정으로 빛을 발하는 듯하다.

비밀이 비밀일 수 있는 이유

이런 사실들 덕분에 우리가 우리 뇌를 새로운 시선으로 바라보게된다는 말, 즉 라이벌들로 이루어진 팀이라는 가설 덕분에 우리가 전통적인 컴퓨터 프로그램이나 인공지능 관점을 택했다면 설명할 수 없었을 수수께끼들을 다룰 수 있게 되었다는 말을 다시 생각해보자.

비밀이라는 개념을 생각해보라. 비밀에 대해 알려진 사실 중 가장 중요한 것은, 비밀을 지키는 것이 뇌에는 건강하지 못한 행동이라는 점이다.[46] 심리학자 제임스 펜베이커의 연구팀은 강간과 근친관계피해자들이 수치심과 죄책감 때문에 그 일을 비밀에 부치고자 할 때어떤 일이 벌어지는지 연구했다. 몇 년에 걸친 연구 끝에 펜베이커는다음과 같은 결론을 내렸다. "다른 사람과 그 일을 의논하지 않거나누구에게도 털어놓지 않는 행동이 그 일 자체를 경험한 것보다 더 많은 피해를 입힐 수 있다."[47] 그의 연구팀은 피험자가 깊숙이 간직하던비밀을 고백하거나 글로 썼을 때, 그들의 건강이 나아져서 병원을 찾는 횟수가 줄어들고, 스트레스 호르몬 수치도 눈에 띄게 줄어드는 것을 발견했다.[48]

이 연구 결과는 명백했다. 그러나 몇 년 전 나는 뇌과학의 관점에서 이것을 어떻게 이해해야 할지 자문하기 시작했다. 그렇게 해서, 과학 문헌에서 다룬 적이 없는 의문에 도달했다. 신경생물학적으로 비밀이란 무엇인가? 수많은 뉴런이 서로 연결되어 있는 인공 신경망을 만든다고 상상해보자. 거기서 비밀은 어떤 형태일까? 일부 부품들이 서로 연결되어 있는 토스터기가 비밀을 품을 수 있을까? 파킨슨병, 색깔 지각, 온도 감각을 이해할 수 있는 유용한 과학적 틀은 존재하지만, 뇌가 비밀을 품는 것의 의미를 이해할 수 있는 틀은 없다.

라이벌들로 이루어진 팀이라는 가설 안에서는 비밀이라는 개념을 쉽게 이해할 수 있다. 비밀은 뇌에서 정당들이 서로 경쟁하며 투쟁한 결과다. 뇌의 한 부분은 어떤 사실을 밝히고 싶어하지만, 다른 부분은 밝히지 않으려 한다. 이렇게 엇갈리는 투표 결과가 나온 것이 바로 비밀이다. 어느 정당도 굳이 밝힐 생각이 없는 사실은 그저 재미없는 사실일 뿐이다. 양당이 모두 밝히고 싶어하는 사실은 좋은 이야기다. 라이벌 관계라는 틀이 없다면, 우리는 비밀이라는 개념을 이해할 수 없을 것이다.* 비밀은 라이벌 관계의 결과물이라서 의식에 감지된다. 늘 하던 일이 아니기 때문에, CEO를 불러와 처리하게 하는 것이다.

비밀을 누설하지 않는 중요한 이유는 장기적인 결과에 대한 걱정이다. 비밀 누설로 인해 친구가 나를 나쁘게 생각할 수도 있고, 연인

---

* 기질적으로 비밀을 지키지 못하는 사람들이 있다. 그들을 통해 내면의 싸움과 결정이 기울어지는 방향에 대해 뭔가를 알 수 있을지도 모른다. 훌륭한 스파이와 비밀 요원은 싸움의 결과가 항상 비밀을 말할 때의 짜릿함보다 장기적인 의사결정 쪽으로 기울어지는 사람들이다.

이 마음의 상처를 입을 수도 있고, 동네에서 쫓겨날 수도 있다. 사람들이 실제로 이런 걱정을 한다는 증거는 바로 생면부지의 사람에게는 비밀을 털어놓을 가능성이 높다는 점이다. 모르는 사람 앞에서는 아무런 대가 없이 뉴런들 사이의 갈등이 사라져버릴 수 있다. 그래서 비행기에서 만난 낯선 사람이 자신의 가정불화에 대해 시시콜콜 아주 솔직하게 털어놓기도 하고, 세계 최고의 종교 중 하나인 가톨릭에서 고해소가 여전히 중요한 자리를 차지하고 있기도 하다. 기도의 매력도 비슷한 맥락에서 설명할 수 있다. 특히 신자의 말에 전적으로 귀를 기울이며 무한한 사랑을 보여주는, 몹시 친밀한 신들을 지닌 종교에서 기도의 매력이 크다.

낯선 사람에게 비밀을 말하고 싶다는 이 오랜 욕구의 변형은 온라인 익명 게시판의 형태를 띠고 있다. 여기서 사람들은 익명으로 속내를 털어놓는다. 몇 가지 예를 들면 다음과 같다. "내 외동딸이 사산되었을 때, 나는 아기를 납치할 생각을 했을 뿐만 아니라 머릿속으로 계획까지 짰다. 심지어 완벽한 아기를 고르려고 갓난아기와 함께 있는 엄마들을 나도 모르게 지켜보곤 했다." "당신 아들이 자폐아라고 거의 확신하는데, 그걸 당신에게 어떻게 말해야 할지 모르겠다." "아빠가 왜 내가 아니라 언니를 추행했는지 가끔 궁금하다. 내가 부족했나?"

여러분도 틀림없이 알아차렸겠지만, 비밀을 털어놓는 것은 보통 순전히 비밀을 털어놓기 위한 행위이지 조언을 구하는 행위가 아니다. 듣는 사람이 상대의 비밀을 듣다가 알아차린 어떤 문제에 대해 뻔한 해결책을 찾아내서 실제로 말해주는 실수를 저지른다면, 상대는 좌절감을 느낄 것이다. 정말로 비밀을 말하고 싶었을 뿐이기 때문이다. 비밀을 말하는 행위가 그 자체로서 해결책이 될 수 있다. 그러나 비밀을 듣는 상대가 왜 꼭 인간이어야 하는지, 아니면 인간과 비슷한 신이어야 하는지는 아직 확실치 않다. 벽, 도마뱀, 염소 등을 상대로 비밀을 말해봤자 만족감은 훨씬 덜하다.

C3PO는 어디에

어렸을 때 나는 지금 이 시기쯤 되면 로봇이 음식도 직접 가져다주고, 빨래도 해주고, 우리와 대화도 하는 세상이 되어 있을 거라고 생각했다. 하지만 인공지능 분야에서 뭔가가 잘못되는 바람에, 지금 우리 집에 있는 로봇이라고는 혼자 방향을 찾아갈 수 있지만 살짝 지능이 떨어지는 로봇청소기뿐이다.

인공지능 연구가 왜 발목을 붙잡혔을까? 답은 분명하다. 지능 그 자체가 엄청나게 어려운 문제라는 사실이 드러났다는 것. 자연은 수십억 년 동안 몇조 번이나 실험을 할 수 있는 기회가 있었다. 반면 인간이 이 문제를 만지작거리기 시작한 지는 겨우 수십 년밖에 되지 않았다. 그것도 대부분의 기간 동안 아무것도 없는 곳에서 지능을 만들어내는 연구만 하다가, 최근에야 연구의 방향이 바뀌었다. 생각하는 로봇을 만드는 연구에서 의미 있는 진전을 이루려면, 자연이 찾아낸 비결들을 해독해낼 필요가 있음을 이제는 우리도 분명히 알고 있다.

나는 라이벌들로 이루어진 팀이라는 가설이 인공지능 연구의 발목을 풀어주는 데 중요한 역할을 할 것이라고 본다. 과거의 연구는 분업이라는 유용한 걸음을 내디뎠지만, 그 결과로 만들어진 프로그램들은 의견 차이가 없어서 무능하다. 생각할 줄 아는 로봇을 만들고 싶다면, 단순히 각각의 문제를 영리하게 해결하는 하위 에이전트를 고안할 것이 아니라 서로 겹치는 해결책을 지닌 하위 에이전트를 끊임없이 만들어내서 서로 경쟁시켜야 한다. 각 파벌이 서로 겹치는 기능을 갖고 있으면, 뜻밖의 시각으로 문제를 영리하게 풀어낼 수 있을뿐만 아니라 퇴화도 방지할 수 있다(인지 예비능을 생각해보라).

인간 프로그래머는 문제를 해결할 **최선**의 방법이 있을 것이라는 가정하에 문제에 접근한다. 또는 로봇이 문제를 해결할 때 **반드시** 따라야 하는 방법이 있을 것이라고 가정하기도 한다. 그러나 우리가 생물학에서 얻을 수 있는 중요한 교훈은, 서로 조금씩 겹치기는 하지만 다른 방법으로 문제를 공략하는 존재들을 한 팀으로 길러내는 방법이 더 낫다는 점이다. 라이벌로 구성된 한 팀이라는 가설은 "문제를 해결하는 가장 영리한 방법이 무엇인가?"라는 질문을 버리고 대신 "이 문제를 해결하는 방법들이 다수 존재하는가? 그리고 그들 사이에 서로 겹치는 부분이 있는가?"라는 질문을 택하는 것이 최선임을 암시한다.

팀을 길러내는 최선의 방법은 십중팔구 진화를 흉내 낸 접근법일 것이다. 작은 프로그램들을 무작위적으로 만들어서, 그들이 작은 변이를 지닌 자손을 만들어내게 하는 것이다. 이 전략을 사용하면, 아무것도 없는 곳에서 완벽한 해결책 하나를 생각해내려고 애쓰기보다 끊임없이 해결책을 찾아내는 것이 가능해진다. 생물학자 레슬리 오겔의 두 번째 법칙은 "진화가 사람보다 더 똑똑하다"고 말한다. 만약 내가 생물학의 법칙을 만든다면 다음과 같을 것이다. "해결책들을 진화시켜라. 좋은 해결책을 발견하더라도 **멈추지 마라.**"

기술은 지금까지 민주적인 구조, 즉 라이벌들로 이루어진 팀이라는 가설을 이용하지 않았다. 컴퓨터는 전문화된 부품 수천 개로 만들어졌지만, 그 부품들이 협동하거나 언쟁을 벌이지는 않는다. 나는 갈등을 기반으로 한 민주적인 조직(라이벌들로 이루어진 팀 구조라고 요약할 수 있다)이 생물학에서 영감을 얻은 기계의 풍요로운 새 시대를 열 것이라고 생각한다.[49]

* * *

이 장의 중요한 교훈은 우리가 각종 부품과 하위 시스템의 의회로 이루어져 있다는 것이다. 국지적인 전문가 시스템의 집단 외에도, 서로 겹치는 기능이 있으며 끊임없이 재창조되는 메커니즘 집단, 경쟁하는 파벌들의 집단이 우리를 구성하고 있다. 의식은 뇌 안에서 하위 시스템들이 설명할 수 없는 일을 벌일 때 그것을 설명하기 위해 이야기를 날조한다. 우리가 하는 모든 행동이 회로에 각인된 시스템, 자기가 가장 잘하는 일을 하는 그런 시스템에 의해 조종되고 우리는 자신의 선택에 이야기를 덧씌운다고 생각하면 조금 혼란스러울 수 있다.

정신 사회의 구성원들이 매번 똑같은 방식으로 투표하지는 않는다는 점을 명심해야 한다. 의식에 관한 논의에서 이 점이 빠질 때가 많은데, 사람들은 보통 매일, 매 순간 자신이 똑같다고 생각하기 때문이다. 그러나 글이 잘 읽힐 때가 있는가 하면, 자꾸 다른 생각이 날 때도 있다. 필요한 말이 딱딱 생각날 때가 있는기 하면, 혀가 꼬일 때도 있다. 고루하게 구는 날이 있는가 하면, 일단 행동부터 하게 되는 날도 있다. 그렇다면 진짜 나는 누구인가? 프랑스의 수필가 미셸 드 몽테뉴는 다음과 같이 말했다. "우리와 다른 사람 사이의 차이만큼, 우리와 우리 자신 사이의 차이도 크다."

권력을 쥔 정당을 보면 그 나라를 가장 쉽게 파악할 수 있다. 그러나 거리와 가정에서 사람들이 품고 있는 정치적 의견 또한 그 나라를 규정하는 요소다. 한 나라를 포괄적으로 이해하려면, 권력을 쥐지는 못했지만 때가 되면 권좌에 오를 수 있는 정당도 살펴봐야 한다. 같은 맥락에서, 비록 우리 의식은 머릿속 모든 정당의 부분집합만 알고 있지만, 우리는 다중으로 구성되어 있다.

술에 취해 독설을 퍼부은 멜 깁슨의 사례로 다시 돌아가서, 사람의 '진정한' 모습이라는 것이 과연 존재하는지 질문을 던져볼 수 있다. 내면 시스템들이 벌이는 싸움의 결과가 행동이라는 것을 앞에서 보았다. 분명히 말하지만, 내가 깁슨의 형편없는 행동을 옹호하는 것은 아니다. 라이벌들로 이루어진 뇌가 인종차별주의적 감정과 그렇지 않은 감정을 동시에 품는 것이 자연스러울 수 있다고 말하고 싶을 뿐이다. 술은 자백제가 아니다. 생각이 짧은 파벌 쪽으로 전투의 향방이 기울게 만드는 경향이 있을 뿐이다. 그 파벌도 다른 파벌도 '진정한' 모습이라고 주장할 자격이 없기는 마찬가지다. 우리가 다른 사람에게서 생각이 짧은 모습을 보고 신경을 쓰는 것은, 그 사람이 반사회적 행동이나 위험한 행동을 어느 정도까지 할 수 있는지가 거기에 드러나 있기 때문이다. 사람들의 이런 모습을 보고 걱정하는 것은 확실히 합리적이며, "깁슨은 반유대주의 행동을 할 수 있는 사람"이라고 말하는 것도 틀리지 않다. 즉, 타인의 '가장 위험한' 측면에 대해 합리적으로 말하는 것이 가능하다. 그러나 '진정한' 모습은 살짝 위험할 정도로 잘못된 명칭일 수 있다.

이 점을 염두에 두고, 이제 깁슨의 사과에서 어쩌다 보니 그냥 넘어간 부분을 다시 살펴볼 수 있게 되었다. "종류를 막론하고 반유대주의 발언을 하거나 그런 생각을 하는 사람을 변명하려는 글이 아닙니다. 그런 사람에게는 관용을 베풀지 말아야 합니다." 여기서 잘못된 부분이 보이는가? 그런 **생각**을 하는 사람? 누구도 반유대주의적인 말을 생각하지 않는다면 좋겠지만, 때로 외계인 시스템을 감염시키는 외국인 혐오증이라는 병을 우리가 제어할 수 있을 것 같지 않다. 우리가 '생각'이라고 부르는 것은 대부분 인지적 제어라는 수면보다 한참 아래에서 이루어진다. 고약한 행동을 한 멜 깁슨을 무죄로 만들려는 분석이 아니다. 우리가 지금까지 배운 모든 것에서 제기된 의문을 강조하고 싶을 뿐이다. 의식이 정신이라는 기계에 대해 갖고 있는 제어권이 예전에 우리가 직관적으로 짐작했던 것보다 약하다면, 책임과 관련해서 이것이 어떤 의미를 지니는가? 이제부터 이 의문을 살펴보겠다.

6장
잘못에 대한 책임을 묻는 것이 틀린 질문인 이유

탑 위의 남자가 제기한 의문

1966년 8월 1일, 후텁지근하던 날에 찰스 휘트먼은 오스틴의 텍사스대학교에서 타워 꼭대기로 향하는 엘리베이터에 올랐다.[1] 당시 스물다섯 살이던 그는 총과 탄약이 가득한 트렁크를 끌고 엘리베이터에서 내려 전망대까지 3층을 올라갔다. 우선 라이플 개머리판으로 접수대 직원을 죽인 뒤, 계단으로 올라오는 가족 관광객 일행 둘을 쏘는 것을 시작으로 사람들을 향해 마구 총을 쏘아댔다. 가족 관광객 다음으로 총에 맞은 여성은 임신 중이었다. 다른 사람들이 그녀를 도우려고 달려오자 휘트먼은 그들도 총으로 쏘았다. 거리의 행인도 쏘고, 그들을 구하러 온 구급차 운전기사도 쏘았다.

그 전날 밤 휘트먼은 타자기로 다음과 같은 유서를 작성했다.

요즘은 나 자신이 정말로 이해가 가지 않는다. 나는 평범하게 이성적이고 지적 능력이 있는 젊은 남자일 텐데, 얼마 전부터 이례적이고 비합리적인 수많은 생각의 피해자가 되었다(언제부터 시작된 건지는 기억나지 않는다).

이 총격 소식이 퍼져나가자, 오스틴의 모든 경찰관에게 텍사스대학교 캠퍼스로 가라는 지시가 떨어졌다. 몇 시간 뒤 경찰관 세 명이 순식간에 경찰관 대리 역할을 하게 된 시민 한 명과 함께 계단을 올라가 휘트먼을 죽이는 데 성공했다. 휘트먼을 제외한 사망자는 열세 명, 부상자는 서른세 명이었다.

휘트먼의 무차별 총격 사건이 이튿날 전국의 뉴스 헤드라인을 가득 채웠다. 경찰이 단서를 찾으려고 그의 집을 수색하러 간 이후 상황은 훨씬 더 오싹해졌다. 그날 대학교로 가기 전, 아침 일찍 그가 어머니를 살해하고, 자고 있던 아내까지 칼로 찔러 죽인 것이 밝혀졌기 때문이다. 이렇게 살인을 저지른 뒤, 그는 미리 작성해둔 유서에 손으로 다음과 같은 말을 덧붙였다.

내가 아내 캐시를 오늘 밤 죽이기로 한 것은 많은 생각 끝에 내린 결정이었다……. 나는 그녀를 깊이 사랑하며, 그녀는 남자들이 바라는 훌륭한 아내였다. 내가 이런 짓을 저지른 구체적인 이유를 이성적으로 콕 집어낼 수가 없다…….

이 충격적인 살인 소식과 더불어, 놀라운 일이 하나 더 숨어 있었다. 그렇게 어긋난 행동을 한 그의 일생이 아주 평범했다는 것. 휘트민은 과거 이글 스카우트였으며, 해병으로 복무한 뒤 은행원으로 일했다. 오스틴 스카우트 5부대의 단장으로 자원하기도 했다. 어렸을 때는 스탠퍼드 비넷 IQ 검사에서 IQ가 138로 측정되어 상위 0.1퍼센트에 속했다. 따라서 그가 텍사스대학교 타워에서 무차별 난사로 유혈사태를 야기한 뒤, 모두 그 이유를 알고 싶어했다.

사실 이유를 알고 싶은 건 휘트먼도 마찬가지였다. 유서에서 그는 자신의 뇌에 달라진 부분이 있는지 부검으로 조사해달라고 요청했다. 정말로 달라진 부분이 있는 것 같았기 때문이다. 총격 사건 몇 달 전, 휘트먼은 일기에 다음과 같이 썼다.

한번은 병원에 가서 의사와 두 시간쯤 이야기를 나누며, 엄청나게 폭력적인 충동에 압도당한 것 같다는 두려움을 전달하려고 애썼다. 그러나 한 번의 상담을 끝으로 나는 그 의사를 다시 찾아가지 않았다. 그 이후로 내 정신적 혼란과 혼자 싸우고 있으나, 아무 소용이 없는 것 같다.

휘트먼의 시체가 안치소로 옮겨지고, 곧 부검의가 그의 두개골을 톱으로 잘랐다. 뇌를 두개골에서 꺼내 살펴보니, 지름이 5센트 동전 크기만 한 종양이 발견되었다. 교모세포종이라는 종양이 시상이라는 부위 아래에서 자라나, 시상하부와 충돌하고 편도체를 압박하고 있었다.[2] 편도체는 감정조절, 특히 두려움과 공격성 조절에 관여한다. 1800년대 후반 무렵 학자들은 편도체가 손상되면 감정과 대인관계가 혼란스러워진다는 것을 알고 있었다.[3] 1930년대에 생물학자 하인리히 클뤼버와 폴 부시는 편도체가 손상된 원숭이에게서 두려움이 사라지고, 감정이 무뎌지고, 과잉반응이 나타나는 등 다양한 증상을 볼 수 있음을 증명했다.[4] 편도체가 손상된 원숭이 암컷은 새끼를 자주 방치하거나 신체적으로 학대하는 등 어미로서 부적절한 행동을 보였다.[5] 정상적인 인간의 경우, 위협적인 얼굴을 보거나, 무서운 상황에 놓이거나, 대인관계에서 불안을 경험할 때 편도체의 활동이 증가한다.

자신의 상황에 대한 휘트먼의 직감, 즉 뇌 속의 어떤 요인 때문에 행동이 변하고 있다는 직감은 정확했다.

> 내가 사랑하는 사람들을 두 명 다 잔인하게 죽여버린 것 같다. 나는 그저 빨리 철저하게 해내야겠다는 생각뿐이었다…… 만약 내 생명보험 지급에 문제가 없다면, 부디 내 빚을 갚아주기 바란다…… 남은 돈은 정신건강 재단에 익명으로 기부해달라. 어쩌면 연구를 통해 이런 비극이 또 생기는 것을 막을 수 있을지 모른다.

다른 사람들도 그의 변화를 눈치채고 있었다. 휘트먼의 절친한 친구인 일레인 푸스는 이렇게 말했다. "아주 정상처럼 보일 때도, 그가 자기 안의 뭔가를 통제하려고 애쓰고 있다는 느낌이 들었다." 아마 그 '뭔가'는 그의 뇌 속에서 분노와 공격성을 담당하는 좀비 프로그램 집단이었을 것이다. 냉정하고 이성적인 정당이 화를 잘 내고 폭력적인 정당과 싸우고 있었으나, 종양으로 인한 손상 때문에 공정한 싸움이 이루어질 수 없었다.

휘트먼의 뇌에서 종양이 발견되었다고 해서, 그의 무분별한 살인을 바라보는 우리 관점이 달라지는가? 만약 휘트먼이 그날 죽지 않았다면, 그가 받아야 할 선고에 대한 우리 판단이 종양 때문에 달라졌을까? 그 사건을 '그의 잘못'으로 보는 우리 시각이 종양 때문에 달라질까? 우리도 불운하게 종양이 생기면 그렇게 자기 행동을 통제하지 못하게 될 수도 있지 않나?

하지만 종양이 있는 사람은 왠지 죄가 없는 것 같다거나 그들에게 죄를 물으면 안 된다는 결론은 위험하지 않을까?

뇌에 종양을 품고 그날 탑에 올라갔던 남자 때문에 우리는 잘못의 책임을 가리는 문제의 핵심에 발을 들이게 되었다. 법적인 용어를 빌리자면, 그에게 과실이 있는가? 뇌가 손상되어 자신도 어찌할 수 없는 상황이라면, 그 사람에게 얼마나 잘못을 돌릴 수 있는가? 어차피 우리 모두 생물학의 법칙에서 자유롭지 않은 것 아닌가?

뇌를 바꾸면 사람이 바뀐다:
뜻밖의 아동성애자, 절도범, 도박꾼

휘트먼의 사례는 유일하지 않다. 신경과학과 법의 교차점에서, 뇌손상과 관련된 사건들이 점점 많이 등장하고 있다. 뇌를 조사하는 기술이 좋아지면서, 더 많은 문제를 감지할 수 있게 되었기 때문이다.

마흔 살의 남자 알렉스(가명)를 예로 들어보자. 알렉스의 아내 줄리아는 남편의 성적 취향이 변했음을 알아차렸다. 그를 알게 된 지 20년 만에 처음으로, 그가 아동 포르노에 관심을 보이기 시작한 것이다. 그냥 조금 관심이 있는 정도가 아니라, 압도적이었다. 그는 아동 포르노 웹사이트를 방문하고 잡지를 수집하는 일에 시간과 에너지를 쏟았다. 마사지 업소에서 젊은 여자를 꼬드겨 성매매를 시도하기도 했다. 전에는 한 번도 없던 일이었다. 줄리아는 자신이 알던 남편과는 너무나 다른 사람이라서 경계심이 들었다. 그런데 알렉스가 두통이 점점 심해진다며 투덜댔다. 그래서 그를 데리고 자주 다니던 병원에 갔더니, 의사가 신경과에 가보라고 말했다. 알렉스의 뇌를 스캔한 결과, 안와전두피질에서 커다란 종양이 발견되었다.[6] 이 종양을 수술로 제거한 뒤, 알렉스의 성적 취향은 다시 정상으로 돌아왔다.

　　알렉스의 사례는 심오하고 핵심적인 사실, 즉 생물학적인 여건이 바뀌면 사람의 의사결정, 취향, 욕망도 바뀔 수 있다는 사실을 잘 보여준다. 우리가 당연하게 받아들이는 취향("나는 이성애자/동성애자야." "나는 어린이/어른에게 매력을 느껴." "나는 공격적/비공격적인 사람이야.")이 사실은 신경 기계의 복잡하고 세세한 부분에 달려 있다. 이런 취향이나 충동을 행동으로 옮기는 것이 보통은 개인적인 자유로 여겨지지만, 증거를 조금만 조사해봐도 이런 생각에 어떤 한계가 있는지 드러난다. 곧 다른 사례들을 더 살펴보겠다.

　　알렉스의 사례에서 얻은 교훈은 그 뒤에 발생한 뜻밖의 상황으로 더욱 강화된다. 뇌수술로부터 약 6개월 뒤, 그가 다시 아동성애 성향을 보이기 시작했다. 아내가 그를 다시 병원에 데리고 갔더니, 수술

때 미처 제거하지 못한 종양이 다시 자라고 있음이 발견되었다. 알렉스는 다시 수술대에 올랐고, 종양을 모두 제거한 뒤 그의 행동은 정상으로 되돌아왔다.

알렉스의 갑작스러운 아동성애 행동은 사회화로 형성된 신경 기계 뒤에 비밀스러운 충동과 욕망이 아무도 몰래 숨어 있을 수 있다는 것을 보여준다. 전두엽에 문제가 생기면 사람들은 '금기에서 벗어나' 숨어 있던 불온한 요소를 드러낸다. 알렉스가 '근본적으로' 아동성애자인데 순전히 사회화 덕분에 그 충동에 저항하고 있었다고 말해도 될까? 그럴지도 모르지만, 이런 꼬리표를 붙이기 전에 먼저 생각할 것이 있다. 자신의 전두피질 아래에 숨어 있는 외계인 서브루틴이 발견되는 것을 십중팔구 우리 자신도 원하지 않으리라는 것.

금기에서 벗어난 행동은 전측두엽 치매 환자에게서 흔히 나타난다. 전측두엽 치매는 전두엽과 측두엽이 퇴화하는 비극적인 질병이다. 이 부위의 뇌 조직이 사라진 환자는 숨은 충동을 통제하는 능력을 잃는다. 그들이 사회적인 규정을 어기는 온갖 방법을 한없이 생각해내기 때문에, 주위의 사랑하는 사람들은 좌절을 느낄 뿐이다. 환자들은 가게 주인 앞에서 물건을 훔치고, 공공장소에서 옷을 벗고, 정지 신호에 뛰어가고, 아무 때나 노래하고, 쓰레기통에서 주운 음식을 먹고, 물리적인 공격성을 드러내거나 성추행을 저지른다. 그래서 법정에 설 때가 많은데, 그들의 변호사와 의사, 그리고 당혹스러워하는 성인 자녀들은 그 범죄가 정확히 말해서 환자의 **잘못**이 아님을 판사에게 설명해야 한다. 뇌의 대부분이 퇴화해버린 그들의 상태가 더 악화되는 것을 막아주는 약은 현재로서는 존재하지 않는다. 전측두엽 치매 환자의 57퍼센트가 법적으로 문제가 될 수 있는 행동을 하는 반면, 알츠하이머병 환자 중에는 고작 7퍼센트만이 그런 행동을 한다.[7]

뇌의 변화가 행동의 변화로 이어지는 또 다른 사례로는, 파킨슨병 치료 중에 일어난 일을 꼽을 수 있다. 파킨슨병 환자의 가족들과 보호자들은 2001년 이상한 현상을 발견했다. 프라미펙솔이라는 약을 복용한 환자 중 일부가 도박꾼으로 변해버리는 현상이었다.[8] 그것도 그냥 심심풀이로 하는 수준이 아니라, 병적인 도박이었다. 전에는 도박과 관련된 행동을 한 적이 없는 사람들이 라스베이거스로 날아가곤 했다. 예순여덟 살인 한 남성은 6개월 동안 카지노를 전전하며 20만 달러가 넘는 돈을 잃었다. 인터넷 포커에 빠져, 도저히 갚을 수 없는 액수의 카드빚을 진 사람도 있었다. 많은 환자가 돈을 잃은 사실을 가족에게 숨기려고 안간힘을 썼고, 어떤 환자는 도박 중독을 넘어 강박적인 과식, 음주, 성욕과다 증상을 보이기도 했다.

이것이 다 무슨 일일까? 퇴행성 질병인 파킨슨병 때문에 손이 덜덜 떨리고, 팔다리가 뻣뻣해지고, 얼굴이 무표정해지고, 균형 감각이 점점 나빠지는 참담한 모습을 여러분도 본 적이 있을 것이다. 파킨슨병은 뇌에서 도파민이라는 신경전달물질을 생산하는 세포가 없어지면서 발생하는 병이다. 이 병의 치료를 위해서는 체내 도파민 수치를 높여야 하는데, 보통은 체내에서 생산되는 도파민 양을 늘리는 방법을 쓰지만 때로는 도파민 수용체와 직접 결합하는 약을 사용하기도 한다. 그러나 도파민은 뇌에서 두 가지 역할을 하는 화학물질이다. 운동 기능과 관련된 역할 외에, 보상 시스템의 주요 전달자 역할을 하면서 먹을 것, 마실 것, 짝 등 생존에 유용한 모든 것을 향해 사람을 인도한다. 따라서 도파민 수치에 문제가 생기면, 도박, 과식, 약물중독 등 보상 시스템이 잘못되었을 때의 행동이 나타난다.[9]

현재 의사들은 프라미펙솔과 같은 도파민 약물의 부작용으로 이런 행동 변화가 나타날 가능성이 있다고 보고 있으며, 약병에도 이런 경고가 분명하게 적혀 있다. 환자에게 도박 증세가 나타나면, 가족들과 보호자들은 환자의 신용카드를 확보하고, 온라인 활동과 이동 동선을 세심하게 살펴봐야 한다. 이 약물의 효과를 되돌릴 수 있는 것이 다행이다. 의사가 약의 복용량을 줄이기만 하면 강박적인 도박 증세가 사라진다.

여기서 얻을 수 있는 교훈은 분명하다. 뇌에서 화학물질의 균형이 조금만 바뀌어도 행동이 크게 변할 수 있다는 것. 환자의 행동을 생물학적인 현상과 분리해서 생각할 수는 없다. 사람의 행동이 자유로운 선택의 결과(예를 들어, "난 의지가 강하니까 도박하지 않아")라고 믿고 싶어도, 아동성애에 빠진 알렉스나 절도를 저지르는 전측두엽 치매 환자나 도박하는 파킨슨병 환자 같은 사례를 보면서 그런 믿음을 더 세심하게 돌아보게 될지도 모른다. 어쩌면 사회적으로 적절한 행동을 모두 똑같이 '자유롭게' 선택하지는 못하는 것일 수 있다.

어디로 가는가, 어디에 있었나

모든 성인은 똑같이 건전한 선택을 할 능력이 있다고 믿고 싶어 하는 사람이 많다. 좋은 생각이지만, 틀렸다. 사람의 뇌는 유전자뿐만 아니라 어렸을 때의 환경에 영향을 받아 저마다 크게 달라질 수 있다. 사람이 어른이 되었을 때의 됨됨이에 많은 '병원체'(화학물질과 행동 모두)가 영향을 미칠 수 있기 때문이다. 이런 병원체에는 임신 중인 모체의 약물 사용, 엄마의 스트레스, 출생 시 저체중 등이 포함된다. 아이가 자라는 동안에는 방치, 신체적 학대, 머리 부상 등이 정신적 발달에 문제를 야기할 수 있다. 아이가 어른이 된 뒤에는, 약물 사용과 다양한 독성물질 노출로 뇌가 손상되어 지능, 공격성, 의사결정 능력이 변할 수 있다.[10] 납성분이 들어간 페인트를 없애려는 대규모 공중보건 운동은 아주 소량의 납도 뇌손상을 일으켜 아이의 지능을 떨어뜨리고 경우에 따라서는 충동적인 성격과 공격성이 강화될 수도 있다는 사실을 사람들이 깨달으면서 시작되었다. 자라서 어떤 사람이 될지는 어디서 자랐는가에 따라 달라진다. 따라서 잘못의 책임을 생각할 때 가장 먼저 고려해야 할 점은 사람들이 어디서 어떻게 자랄지 스스로 결정하지 않는다는 점이다.

앞으로 보게 되겠지만, 이런 깨달음이 범죄자의 죄를 없애주는 것은 아니다. 그러나 논의를 시작하기 전에 사람마다 출발점이 크게 다르다는 사실을 분명하게 이해하는 것이 중요하다. 자신이 범죄자의 입장이 되었다고 상상하면서 "음, 나라면 그런 짓을 안 했을 거야"라는 결론을 내린다면 문제가 있다. 어머니 배 속에 있을 때 코카인, 납, 신체적 학대 등에 노출된 사람과 그렇지 않은 사람을 직접 비교할 수는 없기 때문이다. 나와 범죄자는 다른 뇌를 갖고 있기 때문에, 정확히 서로의 입장이 될 수 없다. 범죄자의 삶을 상상해보고 싶어도 잘되지 않을 것이다.

사람이 자라서 어떤 어른이 될지는 어린 시절보다 훨씬 이전부터 결정되기 시작한다. 아이가 처음 잉태되었을 때부터. 행동에 유전자는 별로 중요하지 않다고 생각하는 사람이라면, 다음의 놀라운 사실을 고려하기 바란다. 어느 특정한 유전자를 지닌 사람이 폭력적인 범죄를 저지를 확률은 그렇지 않은 사람에 비해 882퍼센트나 높다. 아래 표는 미국 법무부 통계인데, 내가 이 특정한 유전자를 지닌 사람이 저지른 범죄와 그렇지 않은 사람이 저지른 범죄로 나눠서 표시했다.

미국의 연평균 폭력 범죄 발생 건수

범죄	유전자 보유	유전자 비보유
특수폭행	3,419,000	435,000
살인	14,196	1,468
무장강도	2,051,000	157,000
성폭력	442,000	10,000

다시 말해서, 이 유전자를 지닌 사람은 특수폭행을 저지를 가능성이 여덟 배, 살인을 저지를 가능성이 열 배, 무장강도가 될 가능성이 열세 배, 성폭력을 저지를 가능성이 마흔네 배 높다는 뜻이다.

인류 중 약 절반이 이 유전자를 갖고 있다. 이 유전자가 없는 나머지 절반에 비해, 그들이 훨씬 더 위험한 집단이라고 할 수 있다. 여기에는 논쟁의 여지조차 없다. 교도소 재소자 중 압도적인 다수와 사형수 중 98.4퍼센트가 이 유전자를 갖고 있다. 이 유전자 보유자들은 처음부터 아주 강력한 기질을 갖고 있는 듯하다. 통계만 봐도 충동과 행동이라는 측면에서 모든 사람이 처음에 똑같은 상태로 태어난다고 가정할 수는 없다.

이 유전자에 대해 더 자세히 설명하기 전에, 먼저 우리가 이 책에서 내내 주장하던 것, 즉 우리 행동이라는 배를 우리 자신이 적어도 우리가 생각하는 수준만큼 조종하고 있지는 않다는 것과 이 문제를 연결하고 싶다. **사람의 됨됨이**는 의식이 접근할 수 있는 수면보다 훨씬 아래에 존재하며, 세세한 부분은 우리가 태어나기 전까지 거슬러 올라간다. 정자와 난자가 만나 우리에게 특정한 속성을 부여하던 순간을 말한다. **우리가 도달할 수 있는 됨됨이**는 분자 수준의 청사진(눈으로 볼 수 없을 만큼 작은 핵산 띠에 새겨진 일련의 암호들)에서 시작된다. 우리는 스스로 접근할 수 없는 현미경적인 역사의 소산이다.

그건 그렇고, 앞에서 줄곧 말한 위험한 유전자에 대해서는 여러분도 십중팔구 들어본 적이 있을 것이다. 간단히 Y 염색체라고 불리는 것이다. 이 염색체를 지닌 사람을 우리는 남성이라고 부른다.

* * *

천성이냐 교육이냐를 따질 때 중요한 것은 **둘 중 어느 것도 우리 선택이 아니**라는 점이다. 우리는 유전자 청사진으로 구성되며, 어떤 환경에 태어날지 스스로 선택하지 못한다. 유전자와 환경이 서로 복잡한 상호작용을 하기 때문에, 우리 사회의 구성원들은 저마다 다른 시각, 다른 성격, 다양한 의사결정 능력을 지니고 있다. 이것들은 시민이 자유의지로 **선택**한 것이 아니라, 그냥 우리에게 주어진 카드다.

뇌의 형성과 구조에 영향을 미치는 요인들을 우리가 스스로 선택할 수 없으므로, 자유의지와 개인적 책임이라는 개념에도 물음표가 붙기 시작한다. 알렉스에게 뇌종양이 생긴 것은 그의 잘못이 아닌데도, 그가 잘못된 **선택**을 했다는 말에 의미가 있는가? 전측두엽 치매 환자나 파킨슨병 환자가 나쁜 짓을 저지르면 **처벌**받아야 한다는 말이 정당한가?

우리가 점점 불편한 방향, 즉 범죄자에게서 잘못을 벗겨주는 방향으로 나아가는 것처럼 보이더라도 계속 읽어주기 바란다. 이 새로운 주장의 논리를 내가 하나하나 보여주겠다. 최후의 결론은, 증거를 바탕으로 범죄자를 지금처럼 격리하는 시스템이 계속 작동하겠지만 처벌의 이유와 재활 기회가 달라지리라는 것이다. 현대적인 뇌과학이 분명하게 자리를 잡으면, 그 지식을 배제하고 사법 시스템이 계속 기능할 수 있을 것이라고 보기 어렵다.

자유의지의 문제, 그리고 그 문제의 답이 중요하지 않은 이유

**"사람은 창조의 걸작이다. 그 어떤 결정론으로도 자신이 자유로운 존재로
행동한다는 인간의 믿음을 막을 수 없다는 점 때문만이라 해도."**
_게오르크 C. 리히텐베르크, 《금언집》

1994년 8월 20일 하와이주 호놀룰루에서 서커스단 소속인 암컷

코끼리 타이크가 수백 명의 군중 앞에서 공연을 하고 있었다. 그런데 도중에 코끼리의 뇌 회로 안에 존재하는 모종의 이유로 갑자기 제정신을 잃고, 조련사인 댈러스 벡위스를 엄니로 찌르고 또 다른 조련사 앨런 벡위스를 짓밟았다. 겁에 질린 군중 앞에서 타이크는 공연장 벽을 뚫고 뛰어나가 스티브 히라노라는 홍보 전문가를 공격했다. 서커스 관객들의 비디오카메라에 이 유혈사태가 처음부터 끝까지 기록되었다. 타이크는 카카코 지역의 거리들을 성큼성큼 뛰어다녔고, 하와이 경찰관들이 30분 동안 그 뒤를 쫓으며 총 여든여섯 발의 총알을 발사했다. 타이크는 결국 거듭된 총격을 이기지 못하고 쓰러져 숨을 거뒀다.

이렇게 코끼리가 공격성을 보이는 일은 드물지 않지만, 그들의 이야기에서 가장 기괴한 부분은 결말이다. 1903년 톱시라는 코끼리가 코니아일랜드에서 조련사 세 명을 죽인 뒤, 토머스 에디슨의 신기술을 이용한 전기 충격으로 죽임을 당했다. 1916년에는 스팍스 월드 페이머스 쇼 소속의 코끼리 메리가 테네시주에서 공연 도중 군중 앞에서 조련사를 죽였다. 이 서커스단의 소유주는 피에 굶주린 주민들의 요구에 따라 무개화차에서 거대한 올가미를 이용해 메리에게 교수형을 집행하게 했다. 역사상 유일하게 알려져 있는 코끼리 교수형이다.

갑자기 상태가 이상해진 서커스 코끼리들과 관련해서, 우리는 누구 탓인지 물어볼 생각을 아예 하지 않는다. 코끼리를 전문적으로 변호하는 변호사도 없고, 질질 끄는 재판도 없고, 생물학적인 이유를 참작해달라는 변론도 없다. 우리는 그저 공공의 안전을 위해 가장 간단한 방법으로 코끼리를 처리할 뿐이다. 타이크, 톱시, 메리는 그냥 동물로만 여겨진다. 코끼리 나름의 좀비 시스템들이 엄청나게 모여 있는 넝어리에 지나지 않는다.

반면 사법 시스템이 인간을 다룰 때는 우리에게 정말로 자유의지가 있다는 가정을 기반으로 삼는다. 자유로운 존재라는 인식이 판단의 기반이 되는 것이다. 그러나 우리 신경회로가 근본적으로 코끼리의 신경회로와 같은 알고리즘으로 움직인다는 점을 감안할 때, 인간과 동물을 이렇게 구분하는 것이 말이 되는가? 해부학적으로 우리 뇌는 모두 똑같은 부품들로, 즉 피질, 시상하부, 망상체, 뇌궁, 격막핵 등으로 구성되어 있다. 신체 설계도와 생태적 환경의 차이로 인해 연결 패턴이 조금 달라지기는 하지만, 그 외에는 우리 뇌의 청사진과 코끼리 뇌의 청사진이 똑같다. 진화의 관점에서 보면, 포유류 동물들의 뇌는 서로 아주 미세하게 다를 뿐이다. 그렇다면 선택의 자유는 인간의 신경회로 어디에 슬쩍 자리 잡고 있을까?

* * *

사법 시스템의 관점에서 인간은 **실질적인 추론자**다. 행동을 결정할 때 우리는 의식적으로 숙고한다. 이렇게 스스로 결정을 내리기 때문에, 사법 시스템은 범죄 행동뿐만 아니라 죄를 저지르려는 마음까지 드러나야 한다고 요구한다.[11] 신체를 통제하는 정신을 방해하는 것이 전혀 없다면, 행동을 저지른 사람이 그 행동에 온전히 책임을 져야 한다. 이렇게 인간을 실질적인 추론자로 보는 견해는 직관적이지만, 또한 깊은 문제를 안고 있다(이 책의 독자들은 이제 이 점을 분명히 알고 있을 것이다). 생물학적인 법칙과 이 직관적인 사법 시스템이 서로 일치하지 않기 때문이다. 우리가 지금의 이 모습이 되는 데에는 방대하고 복잡한 생물학적 네트워크가 영향을 미쳤다. 우리는 백지상태로 태어나지 않는다. 마음대로 세상을 받아들여 자유로이 결정을 내릴 수 있는 상태가 아니다. 사실 유전자, 신경회로와 대비되는 개념으로서 의식이 내릴 수 있는 결정이 얼마나 되는지도 분명치 않다.

인간에게 애당초 결정권이 있었는지조차 분명히 말하기 어려운 상황이라면, 갖가지 행동에 대해 인간의 책임을 어떻게 물어야 할까?

아니면 지금까지 설명한 모든 상황에도 불구하고 인간이 자신의 행동에 대한 결정권을 쥐고 있는 걸까? 기계적으로 움직이는 회로들이 우리를 구성하고 있는데, 그런 생물학적 법칙에서 벗어나 우리에게 방향을 지시해주고, 올바른 일이 무엇인지 끊임없이 속삭이는 내면의 작은 목소리가 존재하는가? 그것이 이른바 자유의지가 아닌가?

* * *

인간의 행동에 자유의지가 존재하는지 여부는 오래전부터 열띤 논쟁의 주제였다. 자유의지가 있다고 주장하는 사람들은 대부분 주관적인 경험(바로 지금 손가락을 들어올리겠다는 결정을 내가 내린 것 같아)을 기반으로 삼는데, 이런 경험이 때로 오해를 불러일으킬 수 있음을 곧 살펴보겠다. 우리가 자유의지로 결정을 내리는 것처럼 보일지 몰라도, 실제로 그렇다고 증명해주는 증거는 전혀 없다.

몸을 움직이겠다는 결정을 예로 들어보자. 마치 자유의지가 우리를 이끌어 혀를 내밀거나 얼굴을 찡그리거나 누군가에게 욕을 하게 만드는 것처럼 보인다. 그러니 이런 행동에서 자유의지는 반드시 **필요한** 요소가 아니다. 비자발적인 움직임과 말을 야기하는 투렛 증후군을 지닌 환자에게는 혀를 내밀고, 얼굴을 찡그리고, 누군가에게 욕을 하는 것이 전형적인 행동이다. 모두 환자가 직접 **선택**한 행동이 아니다. 투렛 증후군에서 흔히 나타나는 증상 중 강박적 외설증은 욕설이나 인종적인 멸칭 등 사회적으로 용납되지 않는 말을 갑자기 불쑥 내뱉는 유감스러운 행동을 가리키는 말이다. 평소 같으면 결코 하고 싶지 않은 말을 하게 될 때가 대부분이니 투렛 증후군 환자에게는 불행한 일이다. 환자는 어떤 사람이나 사물을 보고 금지된 말을 외친다. 예를 들어 비만한 사람을 보고 자기도 모르게 "뚱보!"라고 외치는 식이다. 머릿속에 떠오른 금지된 생각이 그 말을 외쳐야 한다는 강박이 된다.

투렛 증후군 환자의 비자발적인 움직임과 부적절한 말은 이른바 자유의지의 소산이 아니다. 여기서 우리는 곧바로 두 가지 교훈을 얻을 수 있다. 첫째, 자유의지 없이도 복잡한 행동이 가능하다. 우리 자신이나 다른 사람에게서 목격한 복잡한 행동의 배후에 반드시 자유의지가 있을 것이라고 확신하면 안 된다는 뜻이다. 둘째, 투렛 증후군 환자에게는 그 행동이나 말을 하지 않는 것이 불가능하다. 뇌의 다른 부분이 결정한 일을 자유의지로 덮어쓰거나 통제할 수 없다는 뜻이다. **자유롭게 하지 않는** 것이 불가능하다. 어떤 행동을 하든 하지 않는 '자유'가 없다는 점이 공통점이다. 투렛 증후군은 좀비 시스템이 결정권자임을 보여주는 사례이기 때문에, 환자에게 책임이 없다는 데에 모두가 동의한다.

이런 자유의 부재 현상이 투렛 증후군에서만 나타나는 것은 아니다. 이른바 심인성 장애에서도 그런 현상을 볼 수 있다. 손, 팔, 다리, 얼굴이 분명히 자발적으로 움직이는 것처럼 보이지만 사실은 자발적이지 않은 것이 심인성 장애인데, 환자에게 왜 손가락을 움직이고 있느냐고 물어보면 환자는 자신이 손을 마음대로 통제할 수 없다고 대답할 것이다. 손을 움직이지 않는 것이 불가능하다고. 앞 장에서 살펴보았듯이, 뇌가 분리된 환자들도 외계인 손 증후군을 나타낼 때가 많다. 한 손은 셔츠의 단추를 잠그고 다른 손은 단추를 풀거나, 한 손은 연필을 잡으려 하고 다른 손은 연필을 멀리 밀쳐버리는 식이다. 환자가 아무리 애써도, 외계인 손의 행동을 저지할 방법이 없다. 그 손을 움직이겠다는 결정이 '환자 본인의 것'이 아니기 때문이다.

무의식적인 행동이 의도되지 않은 외침이나 제멋대로 움직이는 손에만 국한되지는 않는다. 놀라울 정도로 복잡한 행동이 나타날 수도 있다. 토론토에 살고 있는 스물세 살의 남성 케네스 팍스의 사례를 살펴보자. 그는 아내와 함께 생후 5개월 된 딸을 키우고 있으며, 처갓집 식구들과 사이가 좋다. 경제적인 문제, 아내와의 문제, 도박 중독으로 시달리던 그는 처갓집 식구들을 만나 의논할 계획을 세웠다. 그를 '착한 거인'이라고 부르는 장모는 사위의 고민을 들어주고 함께 의논하는 것을 고대하고 있었다. 그러나 만나기로 약속한 날 하루 전인 1987년 5월 23일 이른 새벽에 케네스는 잠이 깨지 않은 상태로 침대에서 일어났다. 그리고 그대로 차에 올라 처갓집까지 22.5킬로미터를 달려갔다. 여전히 잠든 상태에서 그는 처갓집에 침입해 장모를 찔러 죽이고 장인을 공격했으나, 장인은 살아남았다. 그러고 나서 그는 직접 차를 몰고 경찰서로 가서 이렇게 말했다. "내가 사람을 죽인 것 같아요……. 내 손이." 그는 자신의 양손에 크게 베인 상처가 있다는 것을 그제야 처음으로 깨달았다. 병원으로 실려 가 수술을 받을 정도로 심각한 힘줄 부상이었다.

그 뒤로 1년 동안 케네스는 놀라울 정도로 일관된 진술을 했다. 그 사건에 대해 아무 기억이 없다는 것. 다른 진술을 이끌어내려는 시도 앞에서도 변함이 없었다. 케네스가 살인을 저지른 것은 틀림없다고 모두가 동의했지만, 범죄의 동기가 없다는 점에도 역시 모두가 동의했다. 변호인들은 이것이 몽유병 살인이라고 주장했다.[12]

1988년 법정에서 정신과의사 로널드 빌링스는 다음과 같은 전문가 증언을 했다.

Q. 사람이 깨어 있을 때 계획을 짠 뒤 모종의 방법을 동원해서 잠들었을 때 실행하는 것이 가능하다는 증거가 있습니까?

A. 아뇨, 전혀 없습니다. 수면 중에 머릿속에서 진행되는 일에 대한 우리 지식 중 가장 놀라운 점은 목적 등과 관련해서 깨어 있을 때의 정신 활동과는 완전히 독자적으로 움직인다는 것입니다. 깨어 있을 때에 비해 수면 중에는 정신을 마음대로 제어할 수 없습니다. 물론 깨어 있을 때 우리는 자발적으로 이런저런 계획을 세웁니다. 우리가 의지라고 부르는 것인데, 저 일이 아니라 이 일을 하겠다고 결정하는 것을 말합니다. 그런데 이런 결정이 몽유병 상태에서 발생한다는 증거는 없습니다…….

Q. 범행 당시 피고가 몽유병 상태였다고 가정하면, 그가 의도를
   발휘할 능력이 있었을까요?

A. 아뇨.

Q. 자신이 하는 행동을 알았을까요?

A. 아뇨, 몰랐을 겁니다.

Q. 자신이 하는 행동의 결과를 이해했을까요?

A. 아뇨, 이해하지 못했을 겁니다. 아마 모든 것이 무의식적인 행
   동이었을 겁니다. 피고가 통제할 수도 없고 미리 계획할 수도
   없는 행동이죠.

몽유병 살인은 법적으로 까다로운 주제다. 대중은 "거짓말이야!"
라고 외치지만, 수면 중에 뇌의 상태가 달라지는 것은 사실이기 때문
이다. 몽유병 또한 검증이 가능한 현상이다. 사건수면이라고 불리는
수면장애가 있을 때에는, 뇌의 방대한 신경망이 수면 상태와 깨어 있
는 상태를 매끄럽게 오가지 못하는 경우가 있다. 두 상태의 중간에 끼
어버린다는 뜻이다. 두 상태 사이를 오가는 데 필요한 신경 조정(신경
전달물질 시스템, 호르몬, 전기활동의 패턴 변화도 여기에 포함된다)이 어마
어마하다는 점을 감안하면, 사건수면이 지금보다 더 흔하게 나타나
지 않는다는 사실이 놀라운 건지도 모르겠다.

정상적인 뇌는 서파수면에서 더 가벼운 단계들을 거쳐 마침내 깨
어난다. 그러나 케네스의 뇌파검사EEG에서는 뇌가 깊은 수면 상태에
서 각성 상태로 곧장 올라오려고 하는 문제가 나타났다. 심지어 이 위
험한 시도가 하룻밤에 10~20번이나 이루어졌다. 정상적인 수면 패턴

에서는 이런 시도가 하룻밤에 한 번도 나타나지 않는다. 케네스가 뇌파검사 결과를 조작했을 가능성은 없으므로, 그가 정말로 몽유병에 시달리고 있었다고 배심원을 설득하는 데 이 결과가 결정적인 역할을 했다. 그의 몽유병은 그로 하여금 비자발적인 행동을 하게 만들 만큼 심각했다. 1988년 5월 25일 케네스 팍스 사건의 배심원단은 그에게 장모 살인 혐의와 장인 살인미수 혐의에 대해 무죄 평결을 내렸다.[13]

투렛 증후군, 심인성 장애 환자, 뇌가 분리된 환자의 경우와 마찬가지로, 케네스의 사례 또한 자유의지 없이 고등한 행동이 가능하다는 것을 보여준다. 심장박동, 호흡, 눈 깜박임, 침 삼키기뿐만 아니라 정신 활동도 자동조종으로 이루어질 수 있다.

핵심적인 의문은 우리가 하는 모든 행동이 근본적으로 자동조종인가, 아니면 생물학의 원칙에서 벗어난 '자유로운' 선택이 조금이라도 존재하는가이다. 이 문제는 항상 철학자와 과학자에게 모두 난제였다. 우리가 아는 한 뇌에서 일어나는 모든 활동은 뇌 안의 엄청나게 복잡한 네트워크 속 다른 활동의 조종을 받는다. 좋든 나쁘든 신경활동 외의 다른 일이 일어날 여지는 없는 듯하다. 다른 방향에서 한번 살펴보자. 만약 자유의지가 몸의 행동에 조금이라도 영향을 미치려면, 뇌에서 항상 벌어지는 활동에도 영향을 미쳐야 한다. 이를 위해서는 자유의지가 적어도 일부 뉴런과 물리적으로 연결될 필요가 있다. 그러나 우리는 뇌에서 신경망에 속한 다른 부분의 조종을 받지 않는 지점을 전혀 찾아내지 못했다. 오히려 뇌의 모든 부분은 다른 부분과 조밀하게 연결되어 조종당한다. 그렇다면 뇌의 어떤 부분도 독립적이지 않으며, 따라서 '자유롭지' 못하다고 짐작할 수 있다.

현재 우리가 지닌 과학지식으로는 자유의지가 슬그머니 자리를 잡을 수 있는 물리적인 틈새를 뇌에서 찾을 수 없다. 다른 부위와 인과관계를 맺지 않은 부분이 전혀 없는 듯 보이기 때문이다. 나는 지금 우리가 알고 있는 사실들을 바탕으로 설명하고 있다. 1000년 뒤에는 우리 지식이 틀림없이 조잡해 보이겠지만, 지금은 물리적 실체가 없는 존재(자유의지)와 물리적인 존재(뇌의 여러 부위들)의 상호작용이라는 문제 주위에 명확한 길이 보이지 않는다.

그러나 생물학적인 법칙에도 불구하고, 우리가 여전히 자유의지를 갖고 있다는 강렬한 직감이 든다고 가정하자. 신경과학으로 자유의지가 정말로 있는지 직접 시험할 방법이 있는가?

1960년대에 벤저민 리벳이라는 과학자가 피험자의 머리에 전극을 붙이고, 아주 간단한 과제를 제시했다. 마음이 내킬 때 손가락을 들라는 과제였다. 또한 피험자들은 선명한 타이머를 지켜보다가, 손가락을 움직이고 싶다는 '충동이 느껴지는' 순간을 정확히 기록해야 했다.

리벳은 사람들이 실제로 손가락을 움직이기 약 0.25초 전에 충동을 인식한다는 사실을 발견했다. 하지만 이건 그리 놀라운 사실이 아니었다. 리벳은 피험자들의 뇌파 기록에서 더욱 놀라운 사실을 찾아냈다. 그들이 손가락을 움직이고 싶다는 충동을 느끼기 **전**에 뇌 활동이 증가하기 시작한다는 사실. 심지어 시간 차이가 짧지도 않았다. 무려 1초가 넘었다(그래프 참조). 사람이 충동을 의식하기 훨씬 전에 뇌의 일부가 결정을 내리고 있었다는 뜻이다.[14] 의식을 다시 신문에 비

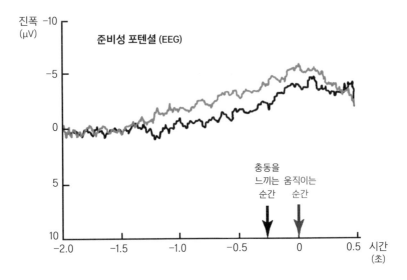

진폭 −10
(μV)

준비성 포텐셜 (EEG)

−5

0

5

충동을   움직이는
느끼는   순간
순간

10
−2.0   −1.5   −1.0   −0.5   0   0.5   시간
(초)

"충동에 사로잡히면 손가락을 움직이시오." 자발적인 움직임이 실현되기 훨씬 전에 신경활동이 구축되는 것을 측정할 수 있다. 피험자가 손가락을 움직이는 순간(검은 선)보다 충동을 느끼는 순간(회색 선)을 판단할 때 '준비성 포텐셜'이 더 크다. Eagleman, *Science*, 2004; Sirigu 외, *Nature Neuroscience*, 2004의 자료를 편집한 것.

유하면, 우리가 방금 손가락을 들어올리자는 굉장한 생각을 해냈다는 소식을 받기 전에 뇌가 막후에서 열심히 움직이고(신경연합 결성, 행동 계획, 여러 계획을 놓고 투표) 있는 것 같다.

리벳의 실험 결과에 사람들은 동요했다.[15] 명령체계에서 의식이 가장 마지막으로 정보를 받아본다는 말이 사실인가? 리벳의 실험이 자유의지를 관에 넣고 못을 박아버렸나? 리벳 자신도 이 가능성 때문에 안절부절못하다가 결국 우리가 **거부권**이라는 형태로 자유를 유지할 가능성을 제시했다. 손가락을 움직이고 싶은 충동을 느낀다는 사실 자체를 통제할 수는 없어도, 그 행동을 멈출 수 있는 아주 짧은 시간적 여유는 유지할 수 있지 않을까? 이것이 자유의지의 구원이 될까? 잘 알 수 없다. 거부권이 자유로운 선택의 결과처럼 보일지라도, 그것이 의식이 볼 수 없는 막후에서 구축된 신경활동의 결과가 아니라는 증거가 없기 때문이다.

사람들은 자유의지라는 개념을 살리기 위해 여러 주장을 내놓았다. 예를 들어, 고전 물리학의 우주는 엄격히 결정론적(모든 것이 바로 직전의 것에서 예측할 수 있는 방식으로 이어진다)인 반면, 원자 수준을 다루는 양자물리학은 예측 불가능성과 불확정성을 우주의 선천적인 일부로 도입한다. 양자물리학의 아버지들은 이 새로운 학문이 자유의지를 구할 수 있을지 생각해보았다. 하지만 안타깝게도 구하지 못했다. 확률로 움직이며 예측할 수 없는 시스템은 어느 모로 보나 결정론적인 시스템과 마찬가지로 만족스럽지 못하다. 선택권이 없다는 점에서 두 시스템이 같기 때문이다. 결정을 내리는 수단이 동전 던지기든 당구공이든 우리가 원하는 자유와는 같지 않다.

자유의지를 구원하려고 시도한 다른 사상가들은 혼돈이론으로 주의를 돌려, 뇌가 워낙 복잡하기 때문에 뇌의 다음 움직임을 파악할 길이 사실상 없다는 점을 지적했다. 확실히 맞는 말이지만, 자유의지 문제와 관련해서 의미 있는 말은 아니다. 혼돈이론이 연구하는 시스템 역시 한 단계가 필연적으로 다음 단계로 이어진다는 점에서 결정론적이기 때문이다. 혼돈 시스템이 어디로 나아갈지 예측하기는 몹시 어렵지만, 각각의 단계는 이전 단계와 인과관계로 연결되어 있다. 예측이 불가능한 시스템과 자유로운 시스템의 차이를 분명히 알아두는 것이 중요하다. 탁구공 피라미드가 무너질 때, 그 시스템의 복잡성 때문에 공의 궤적과 최종 위치를 일일이 예측하기가 불가능하다. 그래도 각각의 공은 운동의 결정론적인 규칙을 따른다. 공들이 어디에 떨어질지 우리가 알 수 없다는 이유만으로, 공 집단이 '자유롭다'고 말할 수는 없다.

그러니 자유의지에 대한 우리의 모든 희망과 직감에도 불구하고, 현재로서는 자유의지의 존재를 확실하게 설득해주는 주장이 없다.

* * *

자유의지의 문제는 유죄 여부를 다룰 때 상당히 중요하다. 바로 얼마 전에 범죄를 저지른 범죄자가 법정에 섰을 때, 사법 시스템은 그에게 정말로 **책임이 있는지** 밝혀내려고 한다. 그가 범죄행위에 대해 근본적으로 책임이 있는지 여부에 따라 우리가 내리는 처벌이 달라지기 때문이다. 아이가 벽에 크레용으로 낙서를 하면 부모가 아이를 벌할 수 있다. 하지만 만약 아이가 몽유병 상태에서 그런 행동을 했다면 부모는 아이를 벌하지 않을 것이다. 왜? 두 경우 모두 아이는 똑같은 뇌를 갖고 있는 똑같은 아이가 아닌가? 차이를 결정하는 것은 자유의지에 대한 부모의 직감이다. 첫 번째 경우에는 아이에게 자유의지가 있었고, 두 번째 경우에는 없었다는 직감. 첫 번째 경우에 아이는 자신의 선택으로 말썽을 피웠지만, 두 번째 경우에 아이는 의식이 없는 자동인형이었다. 그래서 부모는 첫 번째 경우에만 아이에게 잘못을 묻고, 두 번째 경우에는 그렇게 하지 않는다.

사법 시스템도 같은 직감을 갖고 있다. 행동에 대한 책임이 의지력과 나란히 뻗어 있다는 것. 만약 케네스 팍스가 장모를 죽일 때 깨어 있었다면, 교수형을 당할 것이다. 잠든 상태였다면 무죄다. 우리가 누군가의 얼굴을 때렸을 때, 법은 그것이 공격적인 행동인지 아니면 편무도병의 결과인지를 가리려고 한다. 편무도병은 팔다리가 느닷없이 마구 움직이는 병이다. 우리가 트럭으로 길가의 과일 노점을 들이받았을 때, 법은 우리가 미친 사람처럼 운전한 탓인지 아니면 갑자기 심장발작을 일으킨 탓인지를 가리려고 한다. 이런 판단의 중심이 되는 것이 바로 우리에게 자유의지가 있다는 가정이다.

정말로 자유의지가 있는가? 아니면 없는가? 과학은 아직 자유의지가 있다고 판명할 방법을 찾아내지 못했는데도, 직감은 선뜻 자유의지가 없다고 말하지 못한다. 수백 년에 걸친 논쟁에도 불구하고 자유의지는 여전히 답을 알 수 없는 중요한 과학적 문제로 남아 있다.

나는 자유의지 문제에 대한 답은 중요하지 않다고 말하고자 한다. 적어도 사회정책이 목적이라면 그렇다. 그 이유는 다음과 같다. 사법 시스템에는 자동증이라는 변론 방식이 있다. 사람이 자동적으로 어떤 행동을 했을 때 사용하는 변론이다. 예를 들어, 운전자가 간질 발작 때문에 군중 속으로 차를 몰게 된 경우가 여기에 해당한다. 변호사는 피고의 행동이 생물학적인 원인으로 일어난 것이라 피고가 통제할 수 없었다는 취지로 자동증 변론을 내세운다. 즉 범죄를 저지르기는 했으나, 범죄자에게 선택권이 없었다는 뜻이다.

아니지, 잠깐만. 우리가 조금 전까지 알게 된 사실에 따르면, 생물학적 원칙이 뇌에서 벌어지는 대부분의 일(모든 일이라고 주장할 사람도 있을 것이다)에 해당하지 않는가? 유전자, 유년시절의 경험, 환경 속의 독소, 호르몬, 신경전달물질, 신경회로 등의 힘을 감안하면, 우리가 확실하게 통제하지 못하는 결정이 충분히 많다. 자유의지가 존재할지는 몰라도, 운신의 폭이 지극히 좁다고 말할 수 있다. 그래서 나는 **충분한 자동증 원칙**이라는 것을 제안하려고 한다. 만약 자유의지가 존재하더라도 거대한 자동화 기계인 뇌의 꼭대기에 올라탄 아주 작은 요소에 불과하다는 것을 이해하면, 이 원칙이 자연스럽게 생겨난다. 이 요소가 워낙 작아서, 잘못된 의사결정을 당뇨병이나 폐병 같은 물리적인 일들과 똑같이 취급해도 될 정도다.[16] 이 원칙에 따르면, 자유의지 문제에 대한 답은 전혀 중요하지 않다. 자유의지의 존재가 앞으로 100년 뒤에 결정적으로 증명된다 해도, 인간의 행동이 의지의 보이지 않는 손과 거의 상관없이 이루어진다는 사실은 바뀌지 않을 것이다.

찰스 휘트먼, 갑자기 아동성애자가 된 알렉스, 전측두엽 치매로 절도범이 된 사람, 도박꾼이 된 파킨슨병 환자, 케네스 팍스의 공통점은, 그들의 생물학적인 상황과 행동을 분리해서 볼 수 없다는 것이다. 자유의지는 우리가 직관적으로 생각하는 것만큼 간단하지 않다. 자유의지에 대해 우리가 혼란을 느낀다는 사실은 누군가를 처벌할 때 자유의지를 의미 있는 근거로 사용할 수 없음을 시사한다.

영국의 상급 법관의원(영국에 대법원이 생기기 전, 고등 법관으로서 상원의원에 임명된 사람—옮긴이)인 빙엄 경은 이 문제와 관련해서 다음과 같이 말했다.

과거에 법은…… 다소 투박한 일련의 가정, 즉 정신적인 능력에 이상이 없는 성인은 자신의 행동을 자유로이 선택한다, 자신에게 가장 이롭다고 생각하는 방식으로 합리적으로 행동한다, 자신의 행동이 초래할 결과에 대해 해당 위치의 이성적인 사람이라면 일반적으로 발휘할 수 있다고 생각되는 예측 능력을 갖고 있다, 대체로 그들의 말을 액면 그대로 받아들이면 된다는 가정을 바탕으로 사건을 바라보는 경향이 있었다. 일반적인 사건에서 이런 가정의 장단점이 무엇이든, 인간의 행동에 대해 한결같이 정확한 지침을 제공해주지 못하는 것은 분명하다.[17]

논쟁의 핵심으로 나아가기 전에, 생물학적인 상황을 강조하다 보면 범죄가 범죄자들의 잘못이 아니라는 이유로 범죄자를 자유로이 풀어주게 될 것이라는 걱정부터 해결하자. 범죄자들을 계속 처벌할 수 있을까? 그렇다. 모든 범죄자에게 처벌을 면제해주는 것은 지식 추구의 미래도 아니고 목표도 아니다. **상황 설명과 무죄 증명은 같지 않다.** 나쁜 사람이 자유로이 돌아다닐 수 없게 만드는 것은 언제나 필요한 일이다. 우리는 처벌을 그만두는 것이 아니라, 처벌 방식을 더 다듬을 것이다. 이제부터 그 점을 살펴보겠다.

책임 묻기에서 생물학적 설명으로

뇌와 행동에 대한 연구는 현재 한창 개념적인 변화를 겪는 중이다. 역사적으로 의사와 법률가는 신경학적 장애('뇌의 문제')와 정신과적 장애('마음의 문제')를 직감적으로 구분하는 데 동의했다.[18] 한 세기 전만 해도, 정신병 환자를 결핍, 애원, 고문 등의 방법으로 '강하게 만들어야 한다'는 인식이 지배적이었다. 이런 인식은 다른 장애에도 적용되었다. 예를 들어, 몇백 년 전에는 간질발작이 악마에 빙의된 현상으로 여겨졌기 때문에 간질환자는 혐오의 대상이었다. 환자가 전에 했던 행동에 대한 직접적인 응보인지도 모른다는 인식도 있었다.[19] 이런 인식이 성공적인 결과로 이어지지 못한 것은 놀랄 일이 아니다. 정신과적 장애가 비교적 섬세한 뇌 병변의 산물인 경우가 많기는 해도, 궁극적으로는 뇌의 생물학적인 세부사항이 기반이 된다. 임상의들은 이 점을 인정하고 용어를 바꿔서 이제는 정신적 장애를 기질성 장애라는 이름으로 분류하고 있다. 이 용어는 정신적 문제에 순전히 '심적' 기반만 있는 것이 아니라 신체적(기질적) 기반도 있음을 시사한다. '심적' 원인이라면 뇌와는 아무런 관계가 없다는 뜻인데, 요즘은 이 개념이 거의 말이 되지 않는다.

책임 묻기에서 생물학적인 설명으로 태도가 바뀐 원인이 무엇일까? 가장 큰 힘을 발휘한 것은 아마도 약물 치료의 효과일 것이다. 환자를 아무리 구타해도 우울증을 쫓아버릴 수 없지만, 플루옥세틴이라는 작은 알약 하나가 효과를 발휘할 때가 많다. 조현병 증상을 구마 의식으로는 극복할 수 없지만, 리스페리돈이라는 약으로는 조절할 수 있다. 조증은 대화나 사회적 배척이 아니라 리튬에 반응한다. 대부분 지난 60년 동안 이루어진 이런 성공은 여러 장애를 뇌의 문제와 말로 설명할 수 없는 심리적 영역의 문제로 구분하는 것이 말이 되지 않는다는 점을 강조해주었다. 그래서 사람들은 부러진 다리를 치료

할 때와 똑같은 방식으로 정신적 문제에 접근하게 되었다. 신경과학자 로버트 새폴스키는 일련의 질문을 통해 이런 개념 변화를 생각해 보라고 우리에게 권유한다.

> 사랑하는 사람이 심한 우울증에 빠져 정상적으로 기능하지 못할 때, 그것은 이를테면 당뇨병의 생화학적 기전만큼 '실재하는' 생화학적 기전을 지닌 질병인가 아니면 그저 그 사람이 자제력이 없는 탓인가? 아이의 학교 성적이 형편없는 것은 아이의 머리 회전이 느리고 의욕이 없기 때문인가 아니면 신경생물학적인 학습장애가 있기 때문인가? 친구의 약물 남용이 점점 심해지는 것은 단순히 그 친구에게 자제력이 부족하기 때문인가 아니면 보상 시스템에 신경화학적인 문제가 생겼기 때문인가?[20]

뇌 회로에 대한 지식이 늘어갈수록, 우리의 답은 환자의 자제력과 의욕 부족을 탓하는 쪽에서 멀어져 생물학적인 세부사항 쪽으로 옮겨간다. 여기에는 뇌가 분리된 환자, 전측두엽 치매 환자, 파킨슨병 때문에 도박꾼이 된 환자의 사례에서 본 것처럼 쉽게 교란될 수 있으며 의식적으로는 접근할 수 없는 서브루틴이 우리의 인식과 행동을 조절한다는 현대적인 지식이 반영되어 있다. 그러나 겉으로 드러나지 않은 중요한 점이 하나 있다. 우리가 환자에게 책임을 묻지 않게 되었다는 것이 곧 생물학적인 상황을 모두 이해하게 되었다는 뜻은 아니라는 점.

뇌와 행동 사이에 강력한 관계가 있다는 사실은 알게 되었어도,

뇌를 촬영하는 기술은 여전히 초보적인 수준이라서 특히 개인별로 유무죄를 평가하는 일에 의미 있는 영향을 미칠 수 없다. 고도로 처리된 혈류 신호가 촬영에 이용되는데, 수십 세제곱밀리미터 크기의 뇌 조직을 볼 수 있다. 뇌 조직 1세제곱밀리미터에는 약 1억 개의 시냅스가 있다. 따라서 현대의 뇌 촬영 기술은 우주왕복선에 타고 있는 우주비행사에게 창문을 내다보며 미국의 상황을 판단해보라고 하는 것과 같은 수준이다. 우주비행사가 대규모 산림 화재나 화산에서 뻗어 나온 불기둥을 발견할 수는 있을 것이다. 그러나 주식시장 붕괴로 우울증과 자살이 만연하게 되었는지, 인종적 긴장으로 폭동이 발생했는지, 인플루엔자가 퍼졌는지를 감지할 수는 없다. 그렇게 세세한 부분을 살필 수 있는 도구가 없기 때문이다. 현대 신경과학자 역시 뇌의 건강상태에 대해 상세한 판정을 내릴 수 있는 도구가 없다. 신경회로의 세세한 부분에 대해서도, 광대한 바다 같은 뇌에서 밀리초 단위로 오가는 전기신호와 화학신호를 관장하는 알고리즘에 대해서도 뭐라고 말할 수 없다.

예를 들어, 심리학자 앤절라 스카파와 에이드리언 레인은 유죄판결을 받은 살인자 집단과 통제집단의 뇌 활동에 측정 가능한 차이가 존재한다는 사실을 발견했다. 그러나 그 차이가 미세해서 집단 측정에서만 포착되었다. 따라서 개인별 진단에는 기본적으로 아무런 소용이 없다. 사이코패스에 대한 뇌 촬영 연구도 마찬가지다. 인구 집단 차원에서는 뇌의 해부학적인 차이를 측정할 수 있지만, 개인별 진단에는 아직 적용할 수 없다.[21]

그래서 우리가 기묘한 상황에 처하게 된다.

구분선: 잘못에 대한 책임을 묻는 것이 틀린 질문인 이유

전 세계 법정에서 흔히 펼쳐지는 광경을 생각해보자. 범죄를 저지른 남자가 있다. 그에게서는 뚜렷한 신경학적 문제가 감지되지 않기 때문에, 그는 징역형이나 사형을 선고받는다. 그러나 신경생물학적인 차원에서 그에게 조금 다른 점이 있다. 유전자 변이, 감지할 수 없을 만큼 미약한 뇌중풍 발작이나 종양으로 인한 뇌손상, 신경전달물질 수치의 불균형, 호르몬 불균형 등 많은 것을 기저 원인으로 꼽을 수 있다. 현재 기술로는 대부분 감지할 수 없는 문제들일 것이다. 그러나 그런 문제들로 인해 뇌 기능에 변화가 일어나서 비정상적인 행동으로 이어질 가능성이 있다.

다시 말하지만, 생물학적인 관점이 곧 범죄자의 무죄 증명을 뜻하지는 않는다. 그의 행동을 뇌 구조와 분리할 수 없다는 주장을 강조해줄 뿐이다. 찰스 휘트먼이나 케네스 팍스의 사례에서 살펴본 것과 같다. 우리는 종양 때문에 갑자기 아동성애자가 된 사람을 비난하지 않는다. 전측두엽 치매로 전두피질이 퇴화해서 절도범이 된 사람도 비난하지 않는다.[22] 뇌에 측정 가능한 문제가 있다면, 범죄자는 관용을 얻는다. 그가 정말로 잘못을 저지른 것이 아니기 때문이다.

그러나 지금의 기술로는 감지할 수 없는 생물학적 문제를 지닌 사람은 비난의 대상이 된다. 이것이 우리가 제시한 핵심적인 주장으로 이어진다. **잘못에 대한 책임을 묻는 것은 틀린 질문이라는 것.**

죄의 스펙트럼을 상상해보자. 한쪽 끝에는 아동성애자가 된 알렉스나 전측두엽 치매로 어린 학생들에게 신체를 노출한 환자가 있다.

판사와 배심원이 보기에, 이 사람들은 운명의 장난으로 뇌가 손상되었을 뿐 이런 상황을 스스로 선택하지 않았다.

잘못에 책임이 있는 쪽에는 평범한 범죄자가 있다. 뇌 연구가 거의 이뤄지지 않은 사람인데, 어차피 현재 기술로는 알아낼 수 있는 것이 거의 없을 가능성이 있다. 압도적인 대다수 범죄자가 이쪽에 속한다. 눈에 띄는 생물학적인 문제가 없기 때문이다. 그들은 자유로운 선택에 따라 행동한 사람으로 간주된다.

이 스펙트럼의 중간쯤에 크리스 벤와 같은 사람을 놓을 수 있다. 프로레슬링선수인 그는 주치의와 공모해서 호르몬 대체요법을 가장해 대량의 테스토스테론을 제공받았다. 2007년 6월 말, 스테로이드 분노라고 불리는 분노 발작 상태에서 집으로 돌아온 벤와는 아들과 아내를 죽인 뒤, 자신이 사용하던 헬스 기계에 목을 매고 자살했다. 감정상태를 제어하는 호르몬이라는 생물학적 요인이 작용한 것은 사실이지만, 애당초 그 호르몬을 복용하기로 결정한 사람이 그 자신이기 때문에 더 많은 비난을 받아야 할 것 같다. 약물 중독자는 일반적으로 스펙트럼의 중간쯤에 있는 것으로 여겨진다. 중독이 생물학적인 문제이고 약물이 뇌의 회로를 바꿔놓는다는 사실도 알려져 있지만, 중독자가 처음 마약에 손을 대는 행위는 그의 책임으로 해석될 때가 많다.

이 스펙트럼에는 배심원들이 유무죄를 가릴 때 흔히 보여주는 직관적인 생각이 포착되어 있다. 그러나 여기에는 심오한 문제가 하나 있다. 기술이 앞으로 계속 발전하면서 뇌 활동을 측정하는 우리 솜씨가 좋아지면, 구분선이 점점 오른쪽으로 옮겨갈 것이라는 점. 지금은 불투명한 문제들이 새로운 기술 덕분에 조사 대상이 될 것이고, 언젠가는 특정한 유형의 나쁜 행동에 생물학적 원인이 있음을 우리가 알게 될지도 모른다. 과거 조현병, 간질, 우울증, 조증이 그런 길을 걸었다. 현재 우리가 감지할 수 있는 것은 커다란 뇌종양뿐이지만, 앞으로 100년 뒤에는 상상조차 할 수 없을 만큼 작은 신경회로에서 행동문제와 상관관계가 있는 패턴을 감지할 수 있게 될 것이다. 그러면 사람들이 기질적으로 특정한 행동을 하게 되는 이유를 신경과학이 지금보다 잘 설명해줄 것이다. 현미경으로만 보이는 뇌의 세세한 특징이 특정한 행동을 이끌어내는 과정을 알아내는 우리 솜씨가 좋아질수록, 더 많은 변호사가 생물학적인 경감 사유를 내세울 것이며 더 많은 배심원이 피고인에게 책임을 물을 수 없다는 쪽의 손을 들어줄 것이다.

현재의 기술적인 한계가 유무죄를 가린다는 것은 말이 되지 않는다. 사법 시스템이 지금은 유죄라고 판결한 사람에 대해 10년 뒤에는 무죄라고 판결한다면, 유죄라는 말이 분명한 의미를 지닐 수 없다.

* * *

　문제의 핵심은 "어디까지가 생물학적인 요인이고 어디까지가 그의 책임인가?"라고 묻는 것이 이제는 무의미하다는 것이다. 이 질문이 무의미해진 것은, 두 가지가 똑같다는 것을 이제 우리가 알고 있기 때문이다. 생물학적 요인과 자발적인 결정을 의미 있게 구분할 수는 없다. 이 둘은 불가분의 관계다.

　신경과학자 울프 싱어는 다음과 같은 주장을 내놓았다. 범죄자의 뇌에서 잘못된 부분을 측정할 수 없을 때조차, 반드시 뭔가가 잘못되었다고 가정해도 무리가 없다.[23] 범죄자의 행동이 뇌의 이상상태를 알리는 충분한 증거이기 때문이다. 설사 우리가 그 증거를 자세히 모르더라도 상관없다(어쩌면 영원히 모를 수도 있다).[24] 싱어는 이렇게 말했다. "우리가 모든 원인을 찾아낼 수도 없고 십중팔구 앞으로도 영원히 찾아내지 못할 테니, 누구든 비정상적인 행동을 할 때는 신경생물학적인 이유가 있다고 인정해야 한다." 대부분의 경우 우리가 범죄자에게서 비정상적인 부분을 측정할 수 없다는 점을 명심해야 한다. 콜로라도주 콜럼바인 고등학교 총격범 에릭 해리스와 딜런 클레볼드, 버지니아 테크 총격범 조승희를 생각해보라. 그들의 뇌에 문제가 있었던가? 우리는 영원히 모를 것이다. 대부분의 총격범과 마찬가지로 그들 역시 현장에서 사살되었기 때문이다. 그러나 그들의 뇌에 뭔가 비정상적인 부분이 있었을 것이라고 가정해도 무리가 없다. 그들은 희귀한 행동을 했다. 대부분의 학생은 그런 행동을 하지 않는다.

　내 주장에서 변하지 않는 기본선은, 범죄자를 항상 다른 행동을 할 능력이 없는 사람으로 취급해야 한다는 것이다. 범죄 행동 자체를 뇌의 이상상태를 알리는 증거로 받아들여야 한다. 현재 기술로 문제를 정확히 집어낼 수 있는지 여부와는 상관없다. 그렇다면 신경과학 전문가 증인에게 부담을 지우지 말아야 한다. 그들의 증언은 문제가 정말로 존재하는지를 가려주는 것이 아니라, 우리가 현재 문제를 파악해서 측정할 수 있는지를 알려줄 뿐이다.

따라서 유죄 여부를 묻는 것은 **잘못된 질문**처럼 보인다.

올바른 질문은 다음과 같다. **앞으로** 기소된 범죄자들을 어떻게 할 것인가?

법정에서 범죄자의 뇌가 거쳐온 과거를 제시하는 것은 때로 매우 복잡한 일이 될 수 있다. 궁극적으로 우리가 알고 싶어하는 것은 그 사람이 미래에 어떻게 행동할 가능성이 높은가 하는 점뿐이기 때문이다.

미래지향적이고 뇌와 조화를 이루는 사법 시스템

지금은 개인의 의지와 책임을 기반으로 처벌을 결정하지만, 이 책에서 지금까지 진행한 논의는 대안을 제시한다. 사회에는 처벌 충동이 아주 깊숙이 각인되어 있으나, 미래지향적인 사법 시스템은 지금부터 사회에 가장 잘 기여할 수 있는 법을 더 고민할 것이다. 사회적 계약을 깬 사람들을 가둘 필요는 있다. 그러나 지금의 논의에서는 미래가 과거보다 더 중요하다.[25] 반드시 복수를 원하는 욕망을 기반으로 처벌을 결정할 필요는 없다. 재범의 위험에 맞춰 징역 기간을 조정할 수 있다. 생물학적인 시각으로 범죄자의 행동을 더 깊숙이 들여다본다면, 범죄의 상습성, 즉 밖에 나가서 더 많은 범죄를 저지를 가능성을 더 잘 이해할 수 있을 것이다. 이것이 증거를 기반으로 한 합리적인 선고의 기반이 된다. 재범 가능성이 높은 사람은 사회에서 오랫동안 격리할 필요가 있지만, 정상참작이 가능한 다양한 상황 때문에 재범 가능성이 낮은 사람도 있다.

재범 가능성이 높은 사람을 어떻게 구분할 수 있을까? 사실 재판정에서 범죄의 기저에 있는 문제들이 항상 명확하게 드러나는 것은 아니다. 좀 더 과학적인 접근법을 이용하는 것이 더 나은 전략이다.

성범죄자 선고와 관련해서 그동안 중요한 변화가 일어난 것을 생각해보라. 몇 년 전 학자들은 실제 성범죄자를 석방했을 때 다시 범죄를 저지를 가능성이 얼마나 되는지를 정신과의사와 가석방위원회 위원에게 물어보기 시작했다. 정신과의사와 위원은 문제의 성범죄자뿐만 아니라 그들 이전에도 이미 수백 명의 범죄자를 상대한 경험이 있었다. 따라서 누가 미래를 향해 나아가고 누가 감옥으로 되돌아올지를 예측하는 것은 어려운 일이 아니었다.

아니, 정말로 그랬을까? 놀랍게도 그들의 추측은 실제 결과와 거의 상관관계가 없었다. 정신과의사와 가석방위원의 예측 정확성은 동전 던지기 수준이었다. 이 결과에 학자들은 경악했다. 범죄자를 직접 대하는 사람이 잘 다듬어진 직관을 갖고 있을 것이라는 기대가 있었기 때문에 더 놀라웠다.

학자들은 필사적인 심정으로 통계적인 방법을 시도했다. 곧 석방

될 예정인 성범죄자 2만 2500명을 상대로 수십 가지 요인을 측정하는 작업에 나선 것이다. 범죄자가 1년 넘게 연인을 사귄 적이 있는가. 어렸을 때 성적으로 학대당한 적이 있는가. 약물에 중독되었는가. 후회하는 기색이 있는가. 성에 대해 비정상적인 관심을 갖고 있는가. 이 작업을 마친 뒤 학자들은 석방된 성범죄자를 5년 동안 추적관찰하며, 누가 다시 감옥으로 돌아오는지 확인해보았다. 모든 관찰이 끝난 뒤에는 어떤 요인이 재범률을 가장 잘 설명해주는지 계산해서 범죄선고에 사용될 수 있는 통계표를 만들었다. 이 통계에 따라, 재앙을 불러오는 비법을 갖고 있는 것처럼 보이는 범죄자는 남들보다 더 오랫동안 사회와 격리된다. 반면 장차 사회에 위협이 될 가능성이 낮은 범죄자는 비교적 짧은 징역형을 선고받는다. 통계적 방법의 예측 능력을 정신과의사, 가석방위원의 예측 능력과 비교하면 후자가 상대가 되지 않는다. 숫자가 직관을 이긴다. 지금은 전국의 법정에서 징역 기간을 결정할 때 이런 통계가 사용되고 있다.

감옥에서 석방된 사람이 어떤 행동을 할지 정확히 예측하는 것은 영원히 불가능할 것이다. 현실은 복잡하기 때문이다. 그러나 사람들의 관습적인 예상보다는 숫자에 더 많은 예측 능력이 숨어 있다. 유독 위험한 범죄자가 있는데, 외적인 미모나 흉악함과는 상관없이 위험한 사람의 행동에는 공통적인 패턴이 있다. 통계에 기반한 선고에도 결점이 있으나, 관습적인 직관보다는 증거의 손을 들어주고, 사법 시스템이 전형적으로 사용하는 무딘 지침 대신 개별화된 선고를 가능하게 해준다. 뇌과학을 여기에 도입한다면(예를 들어 뇌 촬영 연구) 예측 능력은 더욱더 향상될 것이다. 누가 다시 범죄를 저지를지 학자들이 확신을 갖고 예측하는 일은 영원히 불가능하다. 상황과 기회 등 많은 요인이 관련되어 있기 때문이다. 그래도 비교적 정확한 추측은 가능하다. 뇌과학은 추측의 정확도를 더 높여줄 것이다.[26]

신경생물학에 대한 상세한 지식이 없는 상태에서도 법에는 이미 미래지향적인 생각이 반영되어 있다. 우발적인 치정범죄와 계획적인 살인에 법이 각각 어떤 관용을 베푸는지 생각해보라. 후자에 비해 전자의 재범률이 낮기 때문에 선고에도 이 점이 분명하게 반영된다.

여기서 중요하게 살펴야 하는 점이 하나 있다. 모든 뇌종양 환자가 무차별 난사 사건을 일으키거나 모든 남자가 범죄를 저지르는 것은 아니다. 다음 장에서 살펴보겠지만, 유전자와 환경이 상상조차 할 수 없을 만큼 복잡한 패턴으로 상호작용을 주고받기 때문이다.[27] 따라서 인간의 행동을 예측하기는 영원히 불가능할 것이다. 이 복잡한 상호작용에는 대가가 따른다. 법정에서 판사가 범죄자의 뇌가 거쳐온 과거에 주의를 기울일 수 없다는 점. 태아 시절 뇌의 발달에 문제가 있었는가? 어머니가 임신 중에 코카인을 사용했는가? 아동학대가 있었는가? 태아 시절 테스토스테론 수치가 높았는가? 아이가 나중에 수은에 노출될 경우 폭력적인 기질을 2퍼센트 높여주는 작은 유전자 변화가 있는가? 이 모든 요인을 포함한 수백 가지 요인이 상호작용을 주고받으면서 빚어내는 결과를 판사가 일일이 파헤쳐 범죄자의 유죄 여부를 가려내려 노력해봤자 소용없을 것이다. 따라서 사법 시스템은 미래지향적이 될 수밖에 없다. 이제는 다른 방식에 희망이 없다는 점이 가장 큰 이유다.

　미래지향적이고 뇌와 조화를 이루는 사법 시스템은 개별화된 선고 외에, 감옥을 만능 해결책으로 취급하는 습관을 초월할 수 있게 해줄 것이다. 감옥은 이제 사실상 정신보건센터가 되었다. 그러나 이보다 더 나은 방법이 있다.

　우선 미래지향적인 사법 시스템은 범죄 행동을 일종의 질병으로 보고 생물학적인 지식을 개별화된 **재활**에 활용할 것이다. 지금 우리가 간질, 조현병, 우울증을 의학의 도움을 받아야 하는 질병으로 보는 것과 같다. 이런 질병들은 현재 구분선의 왼편에 편안히 안착해서, 악마 빙의 사례가 아니라 생물학적인 문제로 다뤄지고 있다. 그렇다면 범죄 행동은 어떨까? 의회 의원과 유권자 대다수는 범죄자를 이미 수용 한도를 넘긴 교도소로 보내는 대신 재활시키는 쪽을 선호한다. 그러나 재활 **방법**에 대한 새로운 아이디어가 부족한 것이 문제다.

　물론 집단의식 속에 아직 두려움의 대상으로 남아 있는 전두엽 절제술도 잊을 수 없다. 이 수술(원래 전두엽 백질절제술로 불렸다)을 발명한 에가스 모니스는 범죄자의 전두엽을 메스로 휘저어놓는 것이 범죄자에게 도움이 될 것이라고 생각했다. 전전두엽 피질과의 연결을 끊는 이 간단한 수술을 받으면 성격 변화가 나타날 때가 많고, 때로는 지적장애도 발생한다.

　모니스는 여러 범죄자에게 이 수술을 시험 삼아 시행해본 결과 그들이 차분해지는 것을 보고 만족했다. 사실 수술을 받은 범죄자들의 성격은 아주 단조로워졌다. 모니스의 밑에서 일하던 월터 프리먼은 병원에서 환자들에게 효과적인 치료를 해주지 못하는 것을 보고, 전두엽 절제술이 많은 환자를 치료에서 해방시켜 일상으로 돌려보내 줄 편리한 도구라고 생각했다.

그러나 불행히도 이 수술은 사람에게서 기본적인 신경권을 빼앗았다. 이 문제를 극단적으로 드러낸 작품이 켄 키지의 소설《뻐꾸기 둥지 위로 날아간 새》다. 이 소설에서 정신병원에 입원해 있는 반항적인 성격의 환자 랜들 맥머피는 권위를 들이받은 죄로 처벌당한다. 전두엽 절제술을 받는 불운한 환자 대열에 합류한 것이다. 맥머피는 유쾌한 성격으로 다른 환자들의 삶을 해방시켜주었지만, 전두엽 절제술을 받은 뒤에는 식물 같은 상태가 된다. 그의 유순한 친구 브롬든 '추장'은 다른 사람이 되어버린 그를 보고, 다른 환자들이 지도자의 수치스러운 모습을 보기 전에 베개로 그를 질식시키는 호의를 베푼다. 모니스에게 노벨상을 안겨준 전두엽 절제술은 이제 범죄 행동을 다루는 적절한 방법으로 여겨지지 않는다.[28]

그러나 전두엽 절제술로 범죄를 막을 수 있다면, 하지 말아야 할 이유가 없지 않나? 윤리적 문제의 핵심은 국가가 국민을 얼마나 바꿔놓을 수 있는가이다.* 내 생각에 이것은 현대 뇌과학에서 획기적인 문제 중 하나다. 뇌에 관한 지식이 점점 늘어나는 상황에서, 정부가 뇌에 손을 대는 것을 우리가 어떻게 막을 수 있을까? 이 문제가 전두엽 절제술처럼 엄청난 화제를 일으키는 형태뿐만 아니라, 성범죄 재범자

---

* 참고로 전두엽 절제술의 평판이 나빠진 것은 윤리적 문제보다는 1950년대에 출시된 향정신성 약물 때문이었다. 이 약들 덕분에 더 편리하게 문제를 다룰 수 있었다.

들을 화학적으로 거세해야 하는지에 관한 논쟁처럼 좀 더 포착하기 힘든 형태로도 나타난다는 점을 잊으면 안 된다.

그러나 여기서 우리는 윤리적인 문제 없이 범죄자를 재활시킬 수 있는 새로운 해결책을 제시하려고 한다. 우리는 그 방법을 전전두엽 훈련이라고 부른다.

전전두엽 훈련

사람이 사회로 돌아갈 수 있게 도울 때 윤리적인 목표는 그의 행동이 사회의 요구를 충족시키게 만들되 그를 **최대한 적게** 변화시키는 것이다. 우리 제안의 출발점은 뇌가 라이벌들로 이루어진 팀이며, 여러 신경집단이 뇌에서 경쟁하고 있다는 지식이다. 경쟁이라는 말은 곧 결과가 다른 방향으로 기울어질 수 있다는 뜻이다.

충동조절 능력이 약한 것은 교도소에 수용된 범죄자 대다수의 상징적인 특징이다.[29] 그들은 일반적으로 옳고 그름을 분별할 수 있고, 자신이 심각한 처벌을 받고 있다는 사실도 안다. 그러나 충동을 조절하지 못한다는 점이 그들의 발목을 잡는다. 값비싼 가방을 들고 골목을 혼자 걷는 여자를 보면, 그들은 오로지 그 기회를 이용할 생각밖에 하지 못한다. 미래에 대한 걱정보다 유혹이 앞서는 것이다.

충동을 조절하지 못하는 사람에게 공감하기가 어렵다면, 여러분이 어떤 물건의 유혹을 못 이겨 무릎을 꿇었는지 생각해보면 된다. 군것질? 술? 초콜릿케이크? 텔레비전? 여러분이 충동을 이기지 못하고 결정을 내린 사례를 찾으려고 굳이 한참 생각할 필요도 없다. 우리가 자신에게 무엇이 좋은지 몰라서 그런 결정을 내리는 것이 아니다. 장기적인 사고를 담당한 전전두엽의 신경회로가 유혹 앞에서 승리를 거두지 못하기 때문이다. 이 경우 전전두엽의 손을 들어주는 것은 마치 전쟁과 경제 붕괴가 한창일 때 온건한 정당에 표를 주려고 하는 것과 같다.

따라서 우리가 제시하는 새 재활 전략은 단기적인 회로를 무찌를 수 있게 전두엽을 연습시키는 것이다. 내 동료인 스티븐 라콘트와 펄추는 이 목적을 위해 뇌 촬영으로 받는 실시간 피드백을 이용하고 있다.[30] 초콜릿케이크의 유혹을 잘 이겨내고 싶어하는 사람을 상상해보자. 라콘트와 추는 그 사람의 뇌를 촬영하면서 초콜릿케이크 사진을 보여준다. 그 결과 갈망을 느낄 때 활동하는 뇌 영역을 파악할 수 있다. 그러면 그 영역의 신경망 활동이 컴퓨터 화면에 수직 막대그래프로 표시된다. 그 막대의 높이를 낮추는 것이 피험자의 목표다. 막대그래프는 갈망의 온도를 알려주는 온도계 역할을 한다. 갈망 신경망이 쌩쌩 돌아가고 있다면 막대도 높이 올라가고, 피험자가 갈망을 억제하고 있다면 막대가 낮아진다. 피험자는 막대를 빤히 바라보면서 높이를 낮추려고 애쓴다. 어쩌면 자신이 케이크의 유혹에 저항하기 위해 무엇을 하고 있는지 통찰할 수도 있고, 그 정보에 아예 접근하지 못할 수도 있다. 어쨌든 피험자는 막대가 서서히 줄어들 때까지 정신적으로 다양한 방법을 시도한다. 막대가 줄어들면, 피험자가 충동적인 갈망을 담당하는 신경망의 활동을 무찌르기 위해 전두엽 신경회로를 성공적으로 동원했다는 뜻이다. 장기적인 사고가 단기적인 욕망에 승리를 거둔 것이다. 피험자는 초콜릿 케이크 사진을 계속 바라보면서 막대를 낮추는 연습을 거듭해, 전두엽 신경회로를 강화한다. 이 방법을 사용하면, 조절이 필요한 뇌 영역의 활동을 시각적으로 그려볼 수 있고, 자신이 시도하는 다양한 정신적 방법의 효과도 목격할 수 있다.

라이벌들로 이루어진 민주적인 팀이라는 비유를 다시 가져오자면, 우리가 제시한 방법의 요점은 훌륭한 견제와 균형 시스템을 만드는 것이다. 전전두엽 훈련은 여러 파벌이 행동에 나서기 전에 논쟁을 벌이고 성찰할 수 있는 운동장을 만들어주도록 설계되었다.

사실 사람이 성숙하는 것이 바로 이런 것이다. 십대의 뇌와 성인의 뇌에서 가장 다른 점은 전두엽의 발달이다. 인간의 전전두엽 피질은 이십대 초반에야 비로소 완전히 발달하기 때문에, 십대들은 충동적인 행동을 하곤 한다. 전두엽이 때로 사회화 기관이라고 불리는 것은 가장 다듬어지지 않은 충동을 진압하는 신경회로를 발달시키는 것이 곧 사회화이기 때문이다.

전두엽이 손상되면 그 안에 갇혀 있는 줄도 몰랐던 비사회적인 행동이 드러나는 이유가 바로 이것이다. 전측두엽 치매로 절도를 하거나, 몸을 노출하거나, 노상방뇨를 하거나, 아무 때나 불쑥 노래를 부르는 환자들을 다시 생각해보라. 이런 행동을 유발한 좀비 시스템은 내내 표면 아래에 숨어 있었으나, 정상적으로 기능하는 전두엽이 그들의 존재를 가려주었다. 토요일 밤에 외출해서 술을 잔뜩 마시고 시끄럽게 떠들어대는 사람에게서도 가려져 있다가 다시 나타난 좀비 시스템을 볼 수 있다. 정상적인 전두엽의 억제 기능이 사라져 좀비들이 중앙 무내로 올라온 것이다.

전전두엽 훈련을 마친 뒤에도 초콜릿케이크에 대한 갈망을 느낄수는 있다. 그러나 갈망에 지지 않고 극복하는 법을 알고 있다는 점이 다르다. 충동을 즐기려는 마음이 사라지는 것은 아니다(음, 케이크). 다만 충동을 따를지 거부할지에 대한 통제권을 전두엽에 일부 쥐어줄 뿐이다(난 안 먹을래). 비슷한 맥락에서, 범죄를 저지르지만 않는다면 범죄에 관한 생각은 허용될 수 있다. 아동성애자의 경우에는 어린이에게 끌리는 마음을 통제하지 못할 가능성이 높다. 그가 그 마음을 행동으로 옮기지 않는 것만이 개인의 권리와 생각의 자유를 존중하는 사회에서 우리가 바랄 수 있는 최선일 것이다. 사람들의 생각을 제한할 수는 없다. 사법 시스템이 그런 것을 목표로 삼으려 해도 안 된다. 사회적인 정책으로 바랄 수 있는 것은 충동적인 생각이 행동으로 기울어지지 못하게 막는 것이다.

실시간 피드백에는 첨단기술이 필요하지만, 그렇다고 장기적인 의사결정 능력을 강화한다는 간단한 목표에서 시선을 떼면 안 된다. 장기적인 결과를 걱정하는 신경회로에 더 많은 통제권을 쥐어주는 것이 목표다. 충동을 억제하는 것. 성찰을 장려하는 것. 장기적인 결과를 생각해본 뒤에도 여전히 불법적인 행동을 저지른다면, 우리는 그 결과에 적절한 조치를 취할 것이다. 이 방법은 윤리적이고 자유의지론적인 매력을 지니고 있다. 때로 환자에게 유아적인 정신만 남겨주기도 하는 전두엽 절제술과 달리, 이 방법은 기꺼이 스스로를 돕고자 하는 사람에게 기회를 열어준다. 정부는 수술을 강제하지 않고, 자기

성찰과 사회화를 돕기 위해 손을 내밀어줄 수 있다. 그러면 뇌가 온전히 보존되며(약물이나 수술을 사용하지 않는다), 뇌의 가소성이라는 선천적인 메커니즘을 이용해서 뇌가 스스로를 돕게 도와줄 수 있다. 제품 리콜보다는 재조정에 가까운 방법이다.

자기성찰 능력을 강화한 사람들이 모두 똑같이 건전한 결론에 이르지는 않을 테지만, 최소한 여러 신경 파벌의 토론에 귀를 기울일 기회는 생길 것이다. 또한 애당초 희망사항이던 억지력도 약간 회복될 가능성이 있다. 이것은 장기적인 결과를 생각하고 행동하는 사람에게만 효과를 발휘한다. 충동적인 사람에게는 처벌하겠다는 위협이 무게를 지닐 가능성이 별로 없다.

전전두엽 훈련은 과학적으로 아직 시작 단계지만, 이 방법이 올바른 모델이 될 것이라는 희망을 갖고 있다. 생물학과 윤리학에 탄탄한 근거를 두고 있으며, 사람이 스스로를 도와 장기적으로 더 좋은 결정을 내리게 해주기 때문이다. 모든 과학적인 시도가 그렇듯이, 이 방법도 예측할 수 없는 여러 이유로 실패할 수 있다. 그래도 최소한 우리가 징역형만이 유일하게 실용적인 해결책이라고 생각하기보다 새로운 아이디어를 개발할 수 있는 수준에 도달한 것은 사실이다.

새로운 재활 방법을 실행하는 데 어려운 과제 중 하나는 대중의 마음을 얻는 것이다. (모두는 아니지만) 많은 사람이 인과응보를 원하는 강력한 충동을 갖고 있다. 그들은 재활이 아니라 처벌을 보고 싶어한다.[31] 나도 이 충동을 이해한다. 내게도 이 충동이 있기 때문이다. 가증스러운 범죄 소식을 들을 때마다 나는 너무 화가 나서 자경단처럼 보복을 하고 싶어진다. 그러나 우리에게 충동이 있다는 이유만으로, 그 충동을 행동에 옮기는 것은 최선의 방법이 아니다.

외국인 혐오를 예로 들어보자. 사람이 이런 마음을 갖는 것은 아주 자연스러운 일이다. 생김새와 언어가 자신과 비슷한 사람을 좋아하기 마련이기 때문이다. 비열한 감정이기는 해도, 외부인을 싫어하는 일은 흔하다. 사회정책은 인간 본성의 가장 저열한 측면을 극복하기 위해 가장 계몽된 사상들의 자리를 공고히 굳히려고 애쓴다. 미국이 1968년 시민권법의 8장 형태로 반차별 주택법을 통과시킨 이유도 그것이다. 여기까지 도달하는 데 오랜 시간이 걸렸지만, 어쨌든 도달했다는 사실은 우리 사회가 더 나은 지식을 바탕으로 기준을 향상시킬 수 있는 유연성을 지니고 있음을 보여준다.

자경단 활동도 마찬가지다. 응보를 원하는 충동이 있음을 알면서도 우리는 사회적으로 그 충동에 저항하기로 뜻을 모았다. 범죄의 세세한 사실에 대해 사람들이 때로 헷갈릴 수 있고, 누구나 유죄가 입증될 때까지는 무죄추정의 원칙을 적용받아 마땅하다는 것을 우리가 알기 때문이다. 비슷한 맥락에서, 행동의 생물학적인 기반에 대한 지식이 늘어나면 범죄의 책임에 대한 직관적인 생각보다 더 건설적인 시각을 우선시하는 편이 현명해질 것이다. 우리는 훌륭한 주장들을 배울 능력이 있고, 사법 시스템은 바로 이런 주장들을 가져다가 공들여 쌓아서 변화하는 여론의 힘을 견뎌내야 한다. 뇌에 기반을 둔 사회정책이 지금은 먼 미래의 일 같아 보이겠지만, 어쩌면 그리 먼 미래가 아닐 수도 있다. 그리고 언젠가는 그런 사회정책이 우리의 직관과도 일치하게 될지 모른다.

인간의 평등이라는 신화

　뇌가 행동으로 이어지는 경로를 이해해야 할 이유는 위에서 지적한 것만이 아니다. 어떤 축을 기준으로 인간을 측정하든 우리가 아주 넓은 범위에 분포해 있음을 알게 된다. 기준이 공감능력이든, 지능이든, 수영 실력이든, 공격성이든, 타고난 첼로 재능이나 체스 재능이든 상관없다.[32] 사람은 평등하게 창조되지 않았다. 이 이슈를 그냥 감춰두는 편이 최선인 것처럼 보일 때가 많지만, 사실은 이런 다양성이 진화의 엔진이다. 세대마다 자연은 자신이 만들어낼 수 있는 많은 다양성을 시험해본다. 그 결과 환경에 가장 잘 맞는 개체가 번식할 수 있게 된다. 지난 10억 년 동안 이 과정이 엄청난 성공을 거뒀기 때문에, 인류는 생명 발생 이전의 원시 수프 속에서 자가복제를 하던 분자에서 마치 로켓 우주선을 탄 것처럼 솟아올랐다.

　그러나 이런 다양성이 사법 시스템에는 문제의 원인이 되기도 한다. 모든 사람이 법 앞에서 평등하다는 전제가 사법 시스템의 부분적인 기반을 이루고 있기 때문이다. 인간이 평등하다는 신화는 모든 사람의 의사결정 능력, 충동조절, 결과를 이해하는 능력이 똑같다고 가정한다. 훌륭한 생각이지만, 전혀 사실이 아니다.

　어떤 사람들은 이 신화에 구멍이 숭숭 뚫려 있기는 해도 계속 매달릴 만한 것 같다고 주장한다. 평등이 현실이든 아니든, "특히 감탄할 만한 사회질서, 공정함과 안정이라는 배당금을 내어놓는 반사실적 조건문"[33]을 만들어낸다는 것이다. 틀린 가정일 가능성이 높지만, 그래도 유용하다는 뜻이다.

내 생각은 다르다. 이 책에서 계속 보았듯이, 사람은 모두 똑같은 능력을 갖고 태어나지 않는다. 유전자와 개인사에 따라 뇌가 상당히 다른 모습으로 빚어진다. 사실 법도 이 점을 부분적으로 인정한다. 모든 뇌가 똑같은 척하기에는 부담이 너무 크기 때문이다. 연령만 봐도 그렇다. 의사결정과 충동조절 면에서 청소년과 어른은 다르다. 아이의 뇌와 어른의 뇌가 크게 다르기 때문이다.[34] 따라서 미국 법은 열일곱 살과 열여덟 살 사이에 밝은 선을 그어놓고, 이 점을 서투르게 인정한다. 미국 대법원은 로퍼 대 시먼스 사건에서 열여덟 살 미만의 청소년이 범죄를 저질러도 사형을 선고할 수 없다고 판시했다.[35] 법은 또한 IQ의 중요성도 인정한다. 따라서 대법원은 지적장애가 있는 사람이 사형에 처할 수 있는 범죄를 저질러도 처형할 수 없다는 비슷한 판결을 내렸다.

모든 뇌가 평등하게 창조되지 않았다는 것을 법이 이미 인정하고 있는 셈이다. 문제는 현재의 법이 사용하는 분류법이 조악하다는 점이다. 열여덟 살 범죄자는 죽일 수 있다. 열여덟 살 생일까지 아직 하루가 남았다면, 범죄자는 안전하다. IQ가 70이라면 전기의자에 앉아야 한다. 69라면 감방 매트리스에 편안히 앉아 있으면 된다. (측정할 때마다 상황에 따라 IQ 점수가 달라지기 때문에, 경계선에 근접한 IQ를 지닌 사람은 자신에게 딱 맞는 상황에서 테스트를 할 수 있기를 바라야 할 것이다.)

미성년자나 지적장애인이 아닌 사람들이 모두 서로 평등하다고 생각하는 것처럼 구는 것도 무의미하다. 평등하지 않으니까. 저마다 다른 유전자와 경험을 지닌 사람들의 내면은 외모만큼 다양하다. 신경과학이 발전하면, 조악한 이분법적 카테고리가 아니라 스펙트럼으로 사람을 이해하는 능력도 향상될 것이다. 그러면 우리는 모든 뇌가 똑같은 인센티브에 반응하며 똑같은 처벌을 받아 마땅하다고 믿는 척하는 대신, 개인별 맞춤 선고와 재활을 실행할 수 있게 될 것이다.

교정 가능성을 기반으로 한 선고

법의 개인화는 여러 방향으로 진행될 수 있다. 나는 여기서 그중 하나를 제안하겠다. 벽에 낙서를 한 딸의 이야기를 다시 떠올려보자. 딸이 심술을 부리려고 그런 행동을 한 시나리오가 있고, 몽유병 상태에서 그런 행동을 한 시나리오가 있다. 부모는 딸이 멀쩡히 깨어서 그런 행동을 했을 때만 벌을 주고, 잠든 상태에서 한 행동은 벌하지 않겠다는 직관적인 판단을 내린다. 이유는? 처벌의 목적에 관한 중요한 통찰을 직관이 받아들였기 때문인 것 같다. 여기서 중요한 것은 잘못된 행동의 책임에 대한 직관(잠든 상태에서 한 행동에는 확실히 아이의 책임이 없다)보다 교정 가능성이다. 행동을 **교정할 수 있을** 때에만 벌을 내리는 것이다. 몽유병 상태에서 한 행동은 교정할 수 없으므로, 그런 행동을 처벌하는 것은 잔인하고 무익한 일이다.

나는 언젠가 우리가 신경가소성을 기반으로 처벌을 결정할 수 있게 될 것이라고 짐작하고 있다. 고전적인 조건화(처벌과 보상)에 잘 반응하는 뇌를 지닌 사람이 있는가 하면, (정신이상, 소시오패스 성향, 전두엽 발달부전 등 여러 문제로 인해) 변화에 저항하는 사람도 있다. 가혹한 처벌을 생각해보자. 사회로 돌아오려는 죄수의 의욕을 꺾을 목적이라면, 이 처벌은 적절치 않다. 그 목적에 맞춰 뇌의 가소성이 발휘될 여지가 없기 때문이다. 고전적인 조건화로 행동변화를 일으켜 죄수를 다시 사회로 돌려보낼 희망이 있다면, 처벌이 적절하다. 처벌을 통해 유용하게 변화할 가망이 없고 이미 유죄판결을 받은 범죄자는 반드시 사회에서 격리시켜야 한다.

어떤 철학자들은 행동의 주체가 감당할 수 있는 선택지의 수를 바탕으로 처벌이 결정될 수 있다는 의견을 내놓았다. 예를 들어 파리는 복잡한 선택지를 처리할 능력이 없는 반면, 인간(특히 똑똑한 인간)은 많은 선택지를 감당할 수 있으므로 더 많은 통제권을 쥐고 있다. 그렇다면 선택지의 수에 맞춰 처벌의 수준이 결정되는 시스템이 가능하다. 그러나 이것이 최선의 방법 같지는 않다. 선택지가 별로 없더라도 교정이 가능한 사람이 있을 수 있기 때문이다. 훈련을 받지 않은 강아지를 생각해보자. 소변을 보고 싶을 때 녀석은 문을 앞발로 긁으며 낑낑거리는 행동을 할 생각조차 하지 않는다. 그런 선택지가 있다는 교육을 받지 않았기 때문이다. 그런데도 우리는 녀석의 중추신경계를 교정해서 적절한 행동을 하게 만들려고 강아지를 꾸짖는다. 물건을 훔치는 아이에게도 같은 원칙이 적용될 수 있다. 처음에 아이는 물건에 주인이 있다는 개념과 경제적인 문제를 이해하지 못한다. 부모가 아이를 벌하는 것은 아이에게 선택지가 많다고 생각하기 때문이 아니라 아이를 교정할 수 있다고 생각하기 때문이다. 아이를 위해 아이를 사회화하고 있는 것이다.

내가 이 방법을 제안한 것은 처벌을 신경과학에 맞춰서, 잘못의 책임에 대한 관습적인 직관을 공정한 방법으로 대체하기 위해서다.

지금은 값비싼 방법이지만, 미래에는 신경가소성, 즉 신경회로를 수정할 수 있는 능력을 측정하는 지수가 실험적으로 만들어질지 모른다. 아직 전두엽이 더 발달해야 하는 십대처럼 교정이 가능한 사람에게는 가혹한 처벌(여름 내내 채석장에서 일하기)이 적절할 것이다. 그러나 전두엽이 손상되어 사회화가 불가능한 사람은 국가가 그의 자격을 정지하고 시설에 수용해야 한다. 지적장애인이나 조현병 환자의 경우, 처벌로 응보를 원하는 사람들의 마음을 일부 누그러뜨릴 수 있을지 몰라도 사회 전체의 관점에서는 무의미하다.

* * *

앞의 다섯 장에서 우리는 고삐를 쥔 사람이 우리가 아니라는 사실을 살펴보았다. 자신의 행동, 동기, 신념을 선택하거나 설명할 능력이 사람에게 별로 없고, 헤아릴 수 없이 많은 세대를 거치며 진화와 경험으로 형성된 무의식적인 뇌가 방향타를 쥐고 있음을 알 수 있었다. 이번 장에서는 그 사실이 사회적으로 어떤 결과를 낳는지 살펴보았다. 우리가 뇌에 접근할 수 없다는 점이 사회 차원에서 어떤 의미를 지니는가? 잘못의 책임에 관한 우리의 사고방식을 뇌가 어떻게 조종하는가? 크게 다른 행동을 하는 사람들을 어떻게 해야 하나?

지금은 사법 시스템이 법정에 선 범죄자를 보고 이렇게 자문한다. 이 사람에게 책임이 있는가? 휘트먼이나 알렉스, 투렛 증후군 환자나 몽유병 환자의 경우 사법 시스템의 대답은 '아니오'다. 그러나 눈에 띄는 생물학적 문제가 없는 사람의 경우에는 '예'라는 대답이 나온다. 앞으로 매년 기술이 발전해서 '구분선'의 위치가 확실히 변할 것이라는 점을 감안하면, 이것은 사법 시스템을 운영하는 현명한 방법이 될 수 없다. 언젠가 인간 행동의 모든 측면이 의지의 영역 너머에 있다고 알려지게 될지 단언하기에는 아직 너무 이른 것 같기도 하다. 그러나 과학이 계속 앞으로 나아가면서, 스펙트럼에서 의지가 작용한 행동과 그렇지 않은 행동을 구분하는 선의 위치도 계속 달라질 것이다.

베일러 의대의 신경과학 및 법 이니셔티브 담당자로서 나는 그동안 전 세계를 돌아다니며 이런 주제에 관한 강연을 했다. 내가 싸워야 하는 가장 커다란 적은 사람의 행동과 내적인 차이에 대한 생물학적 지식이 늘어나면 우리가 범죄자를 용서하고 더 이상 사회에서 격리시키지 않게 될 것이라는 잘못된 인식이다. 생물학적으로 행동을 설명할 수 있다고 해서 범죄자의 죄가 없어지지는 않는다. 뇌과학은 사법 시스템을 향상시킬 뿐, 그 기능을 방해하지는 않을 것이다.[36] 사회가 문제없이 돌아가게 하려면, 지나친 공격성, 공감능력 부족, 충동조절 능력 부족을 드러낸 범죄자들을 격리시켜야 한다. 미래에도 그들은 정부의 관리를 받을 것이다.

그러나 다양한 범죄행위를 처벌하는 방식에는 중요한 변화가 있을 것이다. 합리적인 선고와 새로운 형태의 재활이 이루어질 것이라는 뜻이다. 처벌을 강조하는 지금의 체제에서 뇌의 문제와 사회적 문제를 모두 인식하고 의미 있게 대처하는 체제로 바뀔 것이다.[37] 한 예로, 이번 장에서 우리는 라이벌들로 이루어진 팀이라는 틀이 재활 전략 면에서 새로운 희망을 제공해줄 수 있다는 것을 배웠다.

또한 뇌에 대한 지식이 늘어나면서, 좋은 행동을 장려하고 나쁜 행동을 저지하는 사회적인 인센티브를 구축하는 데 집중할 수 있다. 효과적인 법에는 효과적인 행동모델이 필요하다. 우리가 사람들에게 원하는 행동방식뿐만 아니라 **실제** 행동방식 또한 이해해야 한다. 신경과학, 경제학, 의사결정 사이의 관계를 연구하다 보면, 그 결과를 효율적으로 이용하는 사회정책을 구축하기도 수월해질 수 있다.[38] 그러면 인과응보보다는 사전예방을 위한 정책 마련에 더 방점이 찍힐 것이다.

이번 장에서 내 목적은 잘못에 대한 책임을 다시 규정하는 것이 아니라, 이 책임을 법적인 배경에서 분리하는 것이었다. 잘못에 책임을 묻는 것은 과거를 돌아보는 일이며, 인간이 살아온 삶의 궤적을 구성하는 유전자와 환경의 복잡한 연결망을 가닥가닥 풀어내는 불가능한 작업이 필요한 일이다. 예를 들어, 지금까지 알려진 연쇄살인범이 모두 아동학대의 피해자라면 어떨까?[39] 그러면 그들의 책임이 줄어드는가? 아니, 이것은 잘못된 질문이다. 그들이 과거 학대당했다는 사실은 우리에게 아동학대를 예방해야겠다는 의욕을 불어넣지만, 그렇다고 해서 법정에 선 연쇄살인범을 대하는 태도가 달라지지는 않는다. 그는 여전히 사회에서 격리되어야 한다. 그가 과거에 어떤 불행을 겪었든, 그를 거리에 풀어놓을 수는 없다. 아동학대는 생물학적으로 의미 있는 사유가 될 수 없고, 판사는 반드시 사회의 안전을 지키기 위한 조치를 취해야 한다.

잘못의 책임이라는 개념을 **교정 가능성**이라는 개념으로 대체해야 한다. 미래지향적인 이 용어는 이렇게 묻는다. 이제부터 우리가 할 수 있는 일이 무엇인가? 재활이 가능한가? 그렇다면 다행이다. 그렇지 않다면 징역형으로 미래의 행동을 교정할 수 있는가? 그렇다면 그를 감옥으로 보낸다. 만약 처벌로 효과를 볼 수 없다면 응보가 아니라 자격정지를 위해 국가가 그를 관리한다.

나는 자주 변할 뿐만 아니라 십중팔구 틀릴 수 있는 직관보다 증거를 기반으로 뇌와도 조화를 이룰 수 있는 사회정책을 구축하면 좋겠다는 꿈을 갖고 있다. 선고에 과학적인 시각을 도입하는 것이 불공정하지 않은지 의문을 제기하는 사람도 있다. 인간적인 고려는 어디 있느냐는 것이다. 그러나 이런 의문에는 또 다른 의문으로 맞서야 한다. 대안이 있는가? 지금은 못생긴 사람이 매력적인 사람보다 긴 징역형을 선고받는다. 정신과의사는 다시 범죄를 저지를 성범죄자를 미리 추측할 능력이 없다. 감옥은 구금보다 재활이 더 효과적일 약물 중독자들로 미어터진다. 그렇다면 현재의 선고 시스템이 증거를 기반으로 한 과학적인 방법보다 정말로 더 나은가?

신경과학은 과거 철학자와 심리학자의 영역에서만 다뤄지던 질문들을 아직 표면에서만 조금씩 긁적이고 있다. 사람들이 결정을 내리는 방식, 인간이 진정으로 '자유로운가'에 대한 질문들이다. 한가한 질문으로 생각하면 안 된다. 이들이 법률 이론의 미래와 생물학 지식이 가미된 법체계라는 꿈의 기틀이 될 것이다.[40]

7장
왕좌 이후의 삶

"인간, 즉 저마다 서로 떨어져 수많은 미립자로 이루어진 생명을
품고 있는 작은 연못 같은 인간이 강줄기 너머까지 이어진
물길이 아니라면 무엇이었을까?"

_로렌 아이슬리, '흐르는 강물,'《광대한 여행》

폐위에서 민주주의로

갈릴레오 갈릴레이가 1610년에 직접 만든 망원경으로 목성의 위
성을 발견했을 때, 종교적인 논평가들은 그가 새로 내놓은 태양 중심
가설이 인간을 옥좌에서 끌어내렸다고 비난했다. 그 뒤로도 여러 차
례 폐위가 이어질 것을 그들은 짐작하지 못했다. 100년 뒤 스코틀랜
드의 농부 제임스 허튼은 퇴적층 연구로 지구의 나이에 대한 교회의
추정치를 무너뜨렸다. 그가 밝혀낸 지구의 나이는 교회 추정치의 80
만 배나 되었다. 그 뒤 오래지 않아 찰스 다윈은 인간을 수많은 동물
이 우글거리는 동물계의 가지 하나로 격하시켰다. 1900년대 초에는
양자역학이 현실의 구조에 대한 우리의 관념을 영원히 바꿔놓았다.
1953년에는 프랜시스 크릭과 제임스 왓슨이 DNA 구조를 해독해, 신

비로운 생명의 근원을 네 글자로 이뤄진 시퀀스로 기록해서 컴퓨터에 저장할 수 있게 해주었다.

그리고 지난 1세기 동안 신경과학은 의식이 고삐를 쥐고 있지 않다는 것을 보여주었다. 우리가 우주의 중심에서 밀려난 지 고작 400년 만에, 우리 자신의 중심에서도 밀려나게 된 것이다. 이 책의 1장에서 우리는 두개골 속 시스템에 의식이 느리게 접근하거나 아예 접근하지 못한다는 것을 알게 되었다. 그 다음에는 세상을 바라보는 우리 시각이 반드시 실제와 일치하지는 않는다는 것을 배웠다. 시각은 뇌가 구축한 것이며, 우리가 경험하는 상호작용(예를 들어 잘 익은 과일, 곰, 배우자와의 상호작용) 수준에서 유용한 이야기를 만들어내는 것이 시각의 유일한 임무다. 착시현상에는 그보다 더 깊은 의미가 숨어 있다. 우리가 직접 접근할 수 없는 뇌 조직이 우리 생각을 만들어낸다는 것. 유용한 루틴이 뇌 회로에 각인되고 나면 우리는 더 이상 그 루틴에 접근할 수 없다. 의식은 회로에 각인되어야 하는 루틴에 목표를 정해주는 역할을 하는 것 같다. 그러고는 이렇다 할 일을 하지 않는다. 5장에서 우리는 정신이 여럿으로 구성되어 있기 때문에, 우리가 자신을 향해 욕을 하고, 자신을 비웃고, 자신과 계약을 맺을 수 있다는 것을 배웠다. 6장에서는 뇌중풍, 종양, 마약 등 생물학적 여건을 바꿔놓는 다양한 요인으로 인해 뇌의 작동 방식이 상당히 달라질 수 있다는 것을 살펴보았다. 그 덕분에 잘못에 대한 책임이라는 간단한 관념이 흔들렸다.

과학 발전의 여파로 많은 사람의 마음속에 떠오른 곤란한 질문이 하나 있다. 이렇게 몇 차례나 폐위를 겪은 지금 인간에게 무엇이 남아 있는가? 어떤 사람들은 우주의 광대함이 분명해진 만큼 인류의 하찮음도 분명해졌다고 본다. 우리의 중요성은 사실상 소실점을 향해 가고 있다는 것이다. 여러 시대로 구분된 문명은 지구상에서 이어져 온 다세포 생물의 긴 역사에 비하면 한 순간에 불과하다. 그리고 생물의 역사 또한 지구의 역사에 비하면 한 순간에 불과하다. 심지어 지구조차 광대한 우주에서는 아주 작은 점에 불과하다. 이 점은 둥글게 휘어진 황량한 우주에서 우주적인 속도로 다른 점들로부터 멀어지고 있다. 앞으로 2억 년이 흐르고 나면, 이 생기 있고 생산적인 행성이 태양의 팽창에 휘말릴 것이다. 레슬리 폴은 《인간의 절멸》에서 다음과 같이 썼다.

> 모든 생명이 죽고, 모든 정신이 멈추고, 모든 것이 없었던 일처럼 될 것이다. 솔직히 그것이 진화의 목적지, 맹렬한 삶과 맹렬한 죽음의 '자애로운' 종말이다……. 모든 생명은 어둠 속에서 불이 붙었다가 바람에 꺼지는 성냥 한 개비에 지나지 않는다. 최종 결과는…… 모든 의미가 완전히 사라지는 것이다.[1]

많은 옥좌를 만들었으나 거기서 모두 밀려난 인류는 주위를 둘러보며, 자신이 아무런 목적도 없는 맹목적인 우주의 행사 속에서 우연히 창조된 건 아닌지 생각해보았다. 그리고 어떻게든 목적의식을 조금이라도 유지해보려고 애썼다. 신학자 E. L. 매스콜은 다음과 같이 썼다.

문명화된 서구인은 오늘날 우주에서 자신에게 특별한 지위가 배정되어 있다고 자신을 설득하는 데 어려움을 겪는다…… 우리 시대의 아주 흔하고 괴로운 특징인 수많은 심리 장애의 근원이, 내 생각에는, 여기에 닿아 있을 것 같다.[2]

하이데거, 야스퍼스, 셰스토프, 키르케고르, 후설 같은 철학자들은 모두 옥좌에서 밀려나면서 우리에게 남겨진 무의미함에 서둘러 주의를 돌렸다. 알베르 카뮈는 1942년에 발표한 저서 《시시포스 신화》에서 자신의 부조리 철학을 소개했다. 인간이 근본적으로 무의미한 세상에서 의미를 찾아 헤맨다는 주장이다. 이런 맥락에서 카뮈는 철학에서 진정한 의문은 자살할 것인가 말 것인가밖에 없다고 말했다. (그는 자살하면 안 된다는 결론을 내렸다. 비록 삶에 언제나 희망이 없을지라도, 자살하는 대신 부조리한 삶에 맞서 반항하기 위해 살아야 한다는 것이다. 그가 자신의 처방을 따르지 않고 반대의 결론을 내렸다면 책 판매에 악영향을 미쳤을 테니 어쩔 수 없이 이런 결론을 내렸을 가능성이 있기는 하다. 까다로운 딜레마다.)

내 생각에는 철학자들이 폐위 소식을 조금 너무 심각하게 받아들인 것 같다. 폐위 이후 인류에게 남은 것이 정말로 전혀 없는가? 상황은 오히려 반대일 가능성이 높다. 더 깊이 파고 들어가보면, 현재 우리 레이더 스크린에 잡히는 아이디어보다 훨씬 더 광범위한 아이디어들이 보일 것이다. 과거 우리가 멋들어진 현미경 세계와 무한한 우주를 처음 발견했을 때와 같다. 폐위는 우리보다 더 큰 어떤 것, 우리가 처음 상상했던 것보다 더 근사한 아이디어를 열어주는 경향이 있다. 각각의 발견에서 우리는 현실이 인간의 상상력과 추측을 훨씬 능가한다는 것을 배웠다. 이런 발전 덕분에 직관의 힘, 미래를 알려주는 신탁처럼 작용하던 전통의 힘이 기세를 잃고, 대신 더 생산적인 아이디어, 더 커다란 현실, 새로운 차원의 경외심이 나타났다.

우리가 우주의 중심이 아니라는 갈릴레이의 발견으로 우리는 이제 훨씬 더 대단한 것을 알게 되었다. 우리 태양계가 헤아릴 수 없이 많은 항성계 중 하나라는 사실. 앞에서 언급했듯이, 생명이 태어나는 행성이 10억 개 중 한 개 꼴이라면, 우주에는 생명활동이 분주한 행성이 수백만×수백만 개나 될 것이다. 내 생각에는 이것이 차갑고 먼 별빛들에 에워싸여 고독하게 중심에 앉아 있는 것보다 훨씬 더 크고 밝은 상상이다. 폐위가 더 풍요롭고 더 심오한 지식으로 이어져, 우리는 자기중심주의를 잃은 대신 놀라움과 경이로 그 자리를 메웠다.

지구의 나이를 알게 된 것도 전에는 미처 상상하지 못했던 시간적 시야를 열어주었다. 그리고 그 덕분에 자연선택을 이해할 가능성이 열렸다. 자연선택은 전 세계 실험실에서 질병과 싸울 박테리아 콜로니를 선택할 때 매일 사용하는 방법이다. 양자역학은 우리에게 트랜지스터(전자산업의 핵심), 레이저, 자기공명영상, 다이오드, USB 드라이브 등을 주었다. 또한 어쩌면 곧 양자 컴퓨팅, 터널링, 텔레포트라는 혁명을 우리에게 선사해줄지도 모른다. DNA 지식과 유전에 대한 분자 수준의 이해 덕분에 우리는 반세기 전만 해도 상상조차 할 수 없었던 방법으로 질병을 겨냥할 수 있게 되었다. 과학의 성과를 진지하게 받아들인 우리는 천연두를 뿌리 뽑고, 달 여행을 하고, 정보혁명에 불을 붙였다. 이미 수명이 세 배로 늘어났는데, 분자 수준에서 질병을 겨냥한다면 곧 평균수명을 100세 너머까지 훌쩍 늘릴 수 있을 것이다. 폐위는 곧 발전일 때가 많다.

의식의 폐위를 통해서도 우리는 인간의 행동을 이해할 수 있는 훌륭한 길을 발견했다. 우리는 왜 아름다움을 느끼는가? 논리적인 주장에 왜 약한가? 스스로에게 화를 내며 욕설을 내뱉을 때, 누가 누구에게 욕하는 건가? 사람들은 왜 변동금리 모기지의 유혹에 빠지는가? 자동차 운전은 아주 잘하면서, 그 과정은 왜 설명하지 못하는가?

인간의 행동에 대한 지식 향상은 사회 정책의 향상으로 곧바로 치환될 수 있다. 예를 하나 들자면, 뇌에 대한 지식이 인센티브 구성에 중요하다. 5장에서 우리는 사람들이 자신과 협상을 벌여 한없이 율리시스의 계약을 맺는다는 것을 배웠다. 여기서 파생된 것이 역시 5장에서 제시한 다이어트 프로그램이다. 살을 빼고 싶은 사람이 상당한 액수의 돈을 예치해둔 뒤, 정해진 날짜까지 목표만큼 살을 빼면 돈을 돌려받는다. 살을 빼는 데 실패하면 돈을 모두 잃는다. 이 프로그램을 받아들인 사람들은 정신이 멀쩡할 때 단기적인 의사결정에 맞설 지원군을 얻는 셈이다. 어차피 미래에 음식의 유혹을 느낄 것을 알기 때문이다. 인간의 본성에서 이런 측면을 이해하고 나면, 이런 종류의 계약을 다양한 방식으로 유용하게 도입할 수 있다. 예를 들면, 직원에게 월급 중 소액을 떼어 개인 퇴직금 계좌에 적립하게 하는 계획이 있다. 이렇게 미리 돈을 떼어두면, 나중에 돈을 쓰고 싶다는 유혹을 피할 수 있다.

내면의 우주에 대한 지식이 깊어지면, 철학적인 개념들도 더 선명하게 바라볼 수 있다. 미덕을 예로 들어보자. 수천 년 전부터 철학자들은 미덕이 무엇인지, 그리고 미덕을 기르기 위해 무엇을 할 수 있는지를 고민했다. 여기서 라이벌들로 이루어진 팀이라는 틀이 새로운 길을 제시해준다. 뇌 속의 라이벌 관계는 엔진과 브레이크의 관계와 유사해 보일 때가 많다. 어떤 요소는 행동을 하게 만들고, 또 어떤 요소는 그 행동을 막으려 하기 때문이다. 언뜻 보기에 미덕은 곧 나쁜 일을 하고 싶지 않은 마음으로 구성된 것 같을지도 모른다. 그러나 좀 더 섬세하게 들여다보면, 미덕이 있는 사람 역시 외설적인 충동을 강하게 느낄 수 있지만 그 충동을 충분히 이길 수 있는 브레이크 또한 갖고 있다고 가정할 수 있다. (미덕이 있는 사람이 유혹을 아주 조금밖에 느끼지 않아서 훌륭한 브레이크가 필요하지 않을 가능성도 있지만, 미덕이 높은 사람일수록 처음부터 유혹을 느끼지 않기보다는 유혹에 저항하기 위해 더 큰 전투를 치른다고 볼 수도 있다.) 이런 식의 접근 방법은 우리가 두개골 안의 라이벌 관계를 명확히 이해해야만 가능하다. 사람의 마음이 하나뿐이라고 믿는다면 이런 시각을 가질 수 없다. 지식이라는 새로운 도구 덕분에 우리는 뇌의 여러 영역이 벌이는 싸움과 그 싸움의 향방을 섬세하게 바라볼 수 있다. 그러면 우리 사법 시스템 안에서 새로운 재활 기회가 열린다. 뇌의 작동 방식과 일부 사람들이 충동을 조절하지 못하는 이유를 알게 된다면, 장기적인 의사결정을 강화해서 전투의 향방을 좋은 쪽으로 유도할 새로운 전략을 개발할 수 있다.

그뿐만 아니라, 뇌에 대한 지식 덕분에 선고 시스템을 더 계몽된 형태로 발전시킬 수도 있을 것이다. 앞 장에서 보았듯이, 잘못의 책임을 따지는 문제적 방법(이 사람의 잘못이 얼마나 되나?) 대신 미래지향적이고 실용적인 교정 시스템(이제부터 이 사람이 무엇을 할 가능성이 높은가?)을 도입할 수 있을 것이라는 뜻이다. 언젠가는 의학이 허파나 뼈의 문제를 연구하듯이 사법 시스템이 뇌와 행동 문제에 접근할 수 있게 될지도 모른다. 이런 생물학적 사실주의가 범죄자의 죄를 없애주지는 않는다. 그보다는 미래지향적인 시각으로 합리적인 선고와 개별화된 재활을 도입할 수 있게 해줄 것이다.

신경생물학 지식이 늘어나면 더 나은 사회정책이 나올 가능성이 있다. 그러나 우리 자신의 삶을 이해하는 데에는 이 지식이 어떤 의미가 있을까?

너 자신을 알라

**"그렇다면 그대 자신을 알고, 하느님이 훑어볼 것이라 가정하지 말라.
인류에 대한 진정한 연구는 인간의 것이다."**

_알렉산더 포프

프랑스의 에세이 작가 미셸 드 몽테뉴는 서른여덟 번째 생일인 1571년 2월 28일 아침에 자신의 삶을 과격하게 변화시키기로 결정했다. 대중 앞에 나서는 일을 그만두고, 자신의 넓은 땅에서 후미진 곳에 있는 탑에 장서 1000권의 도서관을 만든 뒤 가장 자신의 흥미를 끄는 복잡하고 무상하고 변화무쌍한 주제, 즉 자기자신에 대해 에세이를 쓰며 남은 평생을 보냈다. 그가 가장 먼저 내린 결론은 자신을 알기 위한 탐색이 헛수고라는 것이었다. 자아가 끊임없이 변화하며,

자아를 확실하게 묘사한 글보다 항상 앞서 있기 때문이다. 그래도 그는 탐색을 멈추지 않았다. 그리고 그가 탐구한 질문은 수백 년 동안 사람들과 공명하고 있다. Que sais-je?(나는 무엇을 아는가?)

이것은 예나 지금이 좋은 질문이다. 내면의 우주를 탐구하다 보면, 처음에 우리가 자신을 아는 것에 대해 갖고 있던 단순하고 직관적인 관념의 어리석음을 확실히 깨닫게 된다. 자신을 알기 위해서는 내면작업(성찰)뿐만 아니라 외부작업(과학)도 많이 필요하다. 성찰만으로 더 나은 사람이 될 수 없다는 뜻은 아니다. 화가가 그렇듯이 우리도 자신이 보는 광경에 주의를 기울여 교훈을 얻을 수 있다. 요가 스승처럼 내면의 신호에 더 자세히 주의를 기울일 수도 있다. 그러나 성찰에는 한계가 있다. 말초신경계가 1억 개의 뉴런을 이용해 내장의 활동을 통제(장신경계)한다는 사실을 생각해보자. 우리가 아무리 성찰을 거듭해도 이 1억 개의 뉴런에 접근할 길이 없다. 아니, 애당초 그 뉴런에 접근하고 싶은 생각조차 없을 가능성이 높다. 이 신경계는 최적화된 상태인 만큼, 자동으로 움직이며 창자에서 음식을 이동시키고 화학신호를 보내서 소화 공장을 제어하는 편이 훨씬 더 낫다.

그러나 이 신경계에 접근할 길이 없는 수준을 넘어서서, 심지어 접근이 미리 저지될 가능성이 있다. 내 동료 리드 몬터규는 한때 우리 자신으로부터 우리를 보호해주는 알고리즘이 있을지도 모른다고 추측했다. 컴퓨터에 운영체계가 접근할 수 없는 부트섹터가 있는 것과 같다. 부트섹터가 컴퓨터 작동에 너무나 중요하기 때문에, 그보다 높은 수준의 다른 시스템은 어떤 상황에서도 부트섹터로 들어갈 수 없다. 몬터규는 우리가 자신에 관해 너무 많이 생각할 때마다 '눈 깜짝

할 사이에 빠져나오는' 경향이 있음을 지적했다. 아마 부트섹터에 너무 가까이 다가간 탓일 것이다. 랠프 월도 에머슨은 100여 년 전 다음과 같이 썼다. "모든 것이 우리 자신으로부터 우리를 차단한다."

나라는 사람을 구성하는 것 중 많은 부분은 우리가 평가하거나 선택할 수 있는 범위 밖에 있다. 자신이 아름답다고 느끼거나 매력을 느끼는 대상을 바꾸려고 시도해보라. 내가 현재 매력을 느끼지 못하는 젠더의 사람에게 매력을 느끼고 그 감정을 계속 유지하라고 사회가 내게 요구한다면 어떻게 될까? 내가 현재 매력을 느끼는 연령대에서 한참 벗어난 사람에게 그런 감정을 느끼라고 한다면? 나와 같은 종이 아닌 생명체가 대상이라면? 나는 할 수 있을까? 아마 할 수 없을 것이다. 우리의 가장 근본적인 충동은 신경회로에 새겨져 있고, 우리는 거기에 접근할 수 없다. 어떤 대상에 특별히 매력을 느끼면서도 우리는 그 이유를 모른다.

우리의 내면 우주 거의 전체가 이처럼 우리에게 낯설다. 문득 떠오르는 아이디어, 백일몽을 꾸며 하는 생각, 밤에 꾸는 기괴한 꿈, 이모든 것이 보이지 않는 두개골 속에서 만들어진다.

그렇다면 이 모든 것이 고대 그리스 델포이의 아폴로 신전에 선명하게 새겨져 있던 가르침("너 자신을 알라")과 관련해서 어떤 의미를 지닐까? 신경생물학을 공부하면 자신을 더 깊숙이 알 수 있을까? 알 수는 있지만 약간의 제한이 있다. 물리학자 닐스 보어는 양자물리학의 심오한 수수께끼 앞에서, '이해하다'라는 말의 정의를 바꿔야만 원자 구조를 이해할 수 있을 것 같다고 말했다. 우리가 원자를 그림으로 그릴 수 없게 된 것은 맞다. 그러나 이제는 원자의 행동에 관한 실험 결과를 소수점 이하 열네 자리까지 예측할 수 있다. 과거의 가정을 잃어버린 대신, 더 풍요로운 것을 얻었다.

같은 맥락에서, 자신을 알기 위해서는 '알다'의 정의를 바꿔야 할지도 모른다. 이제는 뇌라는 저택에서 우리 의식이 작은 방 하나만 차지하고 있다는 사실, 우리를 위해 구축된 현실을 의식이 거의 제어하지 못한다는 사실을 알아야 자신을 알 수 있다. 너 자신을 알라는 주문을 새로운 방식으로 생각해야 한다.

여러분이 너 자신을 알라는 말을 더 자세히 알고 싶어서 내게 설명을 요구한다고 가정해보자. 이때 내가 "여러분이 알아야 할 모든 것은 그리스어 글자(γνῶθι σεαυτόν) 하나하나에 들어 있습니다"라고 말해봤자 아마 도움이 되지 않을 것이다. 그리스어를 모르는 사람에게 이 글자들은 그냥 임의적인 형상에 지나지 않기 때문이다. 설사 그리스어를 아는 사람이라 해도, 글자만으로는 그 의미를 도저히 알 수 없다. 그 말이 만들어진 문화, 성찰에 대한 강조, 각성의 길이 있을 것이라는 암시에 대해 더 많은 것을 알아야 한다.[3] 그 말을 이해하려면, 단순히 글자를 익히는 것만으로는 부족하다. 우리가 수많은 뉴런과 그보다 훨씬 더 많이 오가는 단백질이나 생화학 물질을 바라볼 때의 상황도 마찬가지다. 그렇게 완전히 낯선 시각에서 우리를 알게 되는 것은 어떤 의미일까? 곧 보게 되겠지만 우리에게는 신경생물학 데이터가 필요하다. 그러나 우리 자신을 알기 위해서는 그보다 훨씬 더 많은 것이 필요하다.

생물학적 관점은 훌륭하지만 한계가 있다. 내게 시를 읽어주고 있는 연인의 목구멍 속으로 의학적인 관찰 도구를 집어넣는다고 생각해보라. 미끈거리고 반짝이는 연인의 성대가 경련하듯 수축했다가 이 안되는 모습을 아주 가까이에서 훌륭하게 관찰할 수 있을 것이다. 구역질이 날 때까지(생물학 연구에 얼마나 내성이 있는가에 따라 달라지겠지만, 아마도 금방 이렇게 될 것이다) 이렇게 성대를 연구하더라도 내가 밤에 연인과 함께 누워 나누는 대화를 왜 사랑하는지는 조금도 이해할 수 없을 것이다. 날것 그 자체인 생물학적 현상들은 부분적인 통찰력을 제공해줄 뿐이다. 지금으로서는 그것을 관찰하는 것이 최선의 방법이라 해도, 완전한 방법과는 거리가 멀다. 이제 이 점을 좀 더 자세히 살펴보자.

물리적인 부품들로 만들어졌다는 것의 의미

뇌손상의 가장 유명한 사례 중 하나로 피니어스 게이지라는 스물다섯 살의 노동자 십장이 있다. 〈보스턴 포스트〉는 1848년 9월 21일에 '소름 끼치는 사고'라는 제목으로 그의 소식을 짧게 전했다.

캐번디시 철로의 노동자 십장인 피니어스 P. 게이지가 어제 폭파를 위해 발파공을 다지던 중 화약이 폭발해 그의 머리에 지름 1과 4분의 1인치, 길이 3피트 7인치인 공구가 박혔다. 그가 당시 사용하던 공구였다. 이 쇠파이프는 그의 얼굴 측면으로 들어가며 윗턱을 박살내고, 왼쪽 눈 뒤편을 지나 정수리로 튀어나왔다.

이 철제 다짐봉은 약 25미터 떨어진 땅바닥에 요란한 소리를 내며 떨어졌다. 고속으로 날아온 물체에 두개골에 구멍이 뚫리고 뇌의 일부가 날아가버린 사건은 전에도 있었지만, 그런 사고를 당하고도 죽지 않은 사람은 게이지가 최초였다. 게이지는 심지어 의식도 잃지 않았다.

현장에 가장 먼저 도착한 의사 에드워드 H. 윌리엄스는 사고 경위에 대한 게이지의 설명을 믿지 않고 "그가 잘못 아는 것 같다고 생각했다." 그러나 곧 "게이지 씨가 일어서서 토했을 때, 그 압력 때문에 뇌가 찻잔 반 컵 분량만큼 밀려나와 바닥에 떨어지자" 윌리엄스는 상황의 심각성을 깨달았다.

게이지의 사례를 연구한 하버드의 외과의사 헨리 제이컵 비글로는 이렇게 말했다. "이 사례의 가장 두드러진 특징은 있을 수 없는 일이 벌어졌다는 점이다……. 외과학의 역사에서 유례가 없다."[4] 〈보스턴 포스트〉의 기사는 이 거짓말 같은 상황을 딱 한 문장으로 요약했다. "이 우울한 사건과 관련된 가장 독특한 사실은 그가 오늘 오후 2시에 이성을 고스란히 간직한 채 통증도 없이 살아 있었다는 점이다."[5]

게이지가 살아남은 것만으로도 의학적으로 흥미로운 사례가 되었을 텐데, 정작 이 사건이 유명해진 것은 나중에 밝혀진 다른 사실 때문이었다. 사고가 있은 지 두 달 뒤 게이지의 주치의는 그가 "모든 면에서 나아졌다……. 다시 집 안을 돌아다니고, 머리가 전혀 아프지 않다고 말한다"고 보고했다. 그러나 더 큰 문제를 슬쩍 암시하듯이, 그는 게이지가 "통제될 수만 있다면, 회복되고 있는 것으로 보인다"고

지적했다.

"통제될 수만 있다면"이 무슨 뜻일까? 알고 보니 사고 전 게이지는 팀 내에서 "아주 인기 있는" 사람이었으며, 고용주들은 그에게 "가장 능률적이고 유능한 십장"이라고 찬사를 보냈다. 그러나 그가 뇌를 다친 뒤 고용주들은 "그의 정신적 변화가 너무 두드러져서 과거의 일자리를 다시 줄 수 없을 것 같다고 생각했다." 게이지를 담당한 의사 존 마틴 할로는 1868년에 다음과 같이 썼다.

그의 지적인 능력과 동물적인 경향 사이의 평형 또는 균형이 파괴된 것으로 보인다. 그는 변덕스럽고 무례하며, 때로 지독한 언행을 일삼는다(전에는 그렇지 않았다). 동료들을 거의 존중하지 않고, 자신의 욕망과 어긋나는 구속이나 충고에 짜증을 내고, 때로 지독하게 고집을 부리면서 동시에 변덕을 부리고, 미래를 위한 계획을 수없이 세웠다가 더 현실적인 계획이 생각나면 곧바로 폐기해버린다. 지적인 능력은 아이 수준이지만, 동물적인 열정 면에서는 힘센 남자다. 부상을 당하기 전 그는 비록 학교 교육은 받지 못했지만 균형 잡힌 정신을 소유하고 있어서, 그를 아는 사람들에게서 빈틈없고 똑똑한 사업가, 몹시 원기 왕성하고 끈기 있게 계획을 실행하는 사람으로 평가되었다. 그런 면에서 그의 정신은 근본적으로 바뀌었다. 너무나 결정적인 변화라서 그의 친구들과 지인들은 그를 보고 "이제 게이지가 아니다"라고 말했다.[6]

이 사고 이후 143년 동안 우리는 자연의 비극적인 실험(뇌중풍, 종양, 퇴화, 다양한 뇌손상)을 수없이 목격했다. 개중에는 피니어스 게이지의 사례와 비슷한 것도 많았다. 이 모든 사례에서 얻을 수 있는 교훈은 똑같다. 뇌의 상태가 우리의 됨됨이를 결정하는 핵심 요소라는 것. 친구들이 알고 사랑하는 나는 뇌 속 트랜지스터와 나사가 제자리에 있어야만 존재할 수 있다. 이 말을 믿을 수 없다면, 아무 병원이든 찾아가서 신경과 병동에 들어가보라. 뇌가 아주 조금만 손상되어도 충격적일 만큼 구체적인 능력들이 사라질 수 있다. 동물의 이름을 말하는 능력, 음악을 듣는 능력, 위험한 행동을 관리하는 능력, 색깔을 구분하는 능력, 간단한 결정을 중재하는 능력. 움직임을 보는 능력을 잃은 환자(2장), 파킨슨병과 전측두엽 치매로 위험을 관리하는 능력을 잃고 각각 도박꾼과 절도범이 된 환자(6장)에게서 이미 이런 사례를 보았다. 뇌가 변화하면서 그들의 본질도 변했다.

이 모든 사실이 핵심적인 질문으로 이어진다. 생물학의 법칙을 따르는 신체와는 별도로 우리에게 영혼이 존재하는가? 아니면 우리는 그저 희망, 포부, 꿈, 욕망, 유머, 열정을 기계적으로 만들어내는 거대하고 복잡한 생물학적 네트워크에 지나지 않는가?7 지구상에 살고 있는 사람들 중 대다수는 생물학과는 상관없는 영혼이 있다는 쪽에 표를 던지겠지만, 대다수의 신경과학자는 후자에 표를 준다. 우리는 방대한 물리적 시스템에서 생겨난 자연스러운 속성을 지닌 존재에 불과하다는 것이다. 어느 쪽 답이 옳은지 우리가 알고 있는가? 확실하게 알지는 못해도, 게이지와 비슷한 사례들에서 확실히 정보를 얻을 수 있을 것 같다.

물질주의적 시각에 따르면 우리는 근본적으로 물리적인 물질로만 이루어져 있다. 뇌는 화학과 물리학 법칙에 따라 작동하는 시스템이며, 모든 생각, 감정, 결정은 국지적인 법칙을 따르는 자연스러운 반응에 의해 만들어진다. 뇌와 그 안의 화학물질이 바로 우리다. 신경계의 문고리를 조금이라도 돌리면 **우리라는 사람**이 달라진다. 물질주의 중 흔한 형태로 환원주의라는 것이 있다. 문제를 작은 생물학적 조각으로 **환원**하는 데 성공한다면, 행복, 탐욕, 자아도취, 연민, 악의, 경계심, 경외심 같은 복잡한 현상을 이해할 수 있다는 희망을 말하는 이론이다.

언뜻 환원주의를 터무니없다고 생각하는 사람이 많다. 내가 비행기에서 옆자리에 앉은 낯선 사람들에게 환원주의에 관한 의견을 물어보곤 하기 때문에 자신 있게 이렇게 말할 수 있다. 내 질문을 받은 사람들은 대개 이렇게 말한다. "음, 내가 아내를 사랑하게 된 것, 지금의 직업을 선택한 이유 등 모든 일은 내 뇌 속의 화학물질과 아무 상관이 없어요. 나는 그냥 나입니다." 사람으로서 자신의 본질과 세포들의 연합이 아무리 잘 봐줘도 서로 멀리 떨어져 있는 것 같다는 생각은 옳다. 비행기 옆좌석 승객들이 이런저런 결정을 내린 것은 그들 자신의 뜻이지, 눈에 보이지도 않을 만큼 소규모로 쏟아지는 화학물질 때문이 아니다. 그렇지 않은가?

그러나 피니어스 게이지 같은 사례와 많이 부딪힌다면 어떤 생각을 하게 될까? 뇌에 영향을 미쳐 성격을 바꿔버리는 다른 요소들(다짐봉보다 훨씬 더 섬세하다)에 조명을 비춘다면?

우리가 마약이라고 부르는 작은 분자들이 얼마나 강력한 효과를 미치는지 생각해보라. 그 분자들은 의식을 바꿔놓고, 인지에 영향을 미치고, 행동을 조종한다. 우리는 그 분자들의 노예다. 전 세계에서 사람들은 기분 전환을 위해 담배, 술, 코카인을 스스로 사용한다. 신경생물학에 대해 다른 건 전부 모른다 해도, 마약의 존재 자체가 우리 행동과 심리가 분자 수준에서 조종될 수 있다는 확실한 증거다. 코카인을 예로 들어보자. 이 마약은 뇌에서 특정한 네트워크와 상호작용을 주고받는다. 차가운 아이스티로 갈증을 푸는 일에서부터 원하는 사람에게서 미소를 이끌어내는 일, 어려운 문제를 푸는 일, "잘했어!"라는 말을 듣는 일에 이르기까지 보상과 관련된 네트워크다. 넓게 퍼져 있는 이 신경회로(중간변연 도파민 시스템)는 특정한 행동과 거기서 파생된 긍정적인 결과를 하나로 연결해서 행동을 최적화하는 법을 배운다. 그래서 우리가 먹을 것, 마실 것, 짝을 구하는 데, 일상적인 결정을 내리는 데 도움이 된다.*

코카인만 따로 떼어서 살펴보면, 그 분자에 전혀 흥미를 느낄 수 없다. 탄소원자 열일곱 개, 수소원자 스물한 개, 질소 원자 한 개, 산소원자 네 개로 이루어진 이 분자가 마약이 된 것은 그 형태가 우연히 보상 회로의 현미경적인 구조에 열쇠처럼 맞아떨어지기 때문이다. 알코올, 니코틴, (암페타민 같은) 정신자극제, (모르핀 같은) 아편제, 이 네 가지 주요 마약도 마찬가지로 보상 회로에 플러그처럼 접속할 수 있

---

* 이 보상 회로의 기본적인 구조는 진화과정에서 내내 대부분 보존되었다. 꿀벌의 뇌도 인간의 뇌와 똑같은 보상 프로그램을 이용한다. 우리 것보다 훨씬 더 작은 하드웨어에서 똑같은 소프트웨어를 돌리는 셈이다(Montague 외, "Bee foraging" 참조).

다.[8] 주사 한 방으로 중간변연 도파민 시스템에 영향을 미칠 수 있는 약물은 자기강화 효과가 있어서, 약물 사용자는 그 약을 계속 구하기 위해 상점을 털거나 노인에게 강도짓을 하게 된다. 인간의 머리카락 굵기에 비해 1000분의 1 수준인 작은 세계에서 마법을 발휘하는 이 화학물질을 사용한 사람들은 황홀경에 취해서 무적의 존재가 된 것 같은 기분이 든다. 코카인 같은 약물은 보상 체계에 접속해 시스템을 마음대로 휘두르며, 이보다 더 좋은 일은 없을 것이라고 뇌에게 말한다. 오래전부터 존재하던 회로를 하이재킹하는 것이다.

코카인 분자의 크기를 피니어스 게이지의 뇌를 뚫고 지나간 다짐봉과 비교하면 수억 분의 1에 불과하다. 그래도 교훈은 똑같다. 뇌에서 벌어지는 신경생물학적 현상의 총체가 바로 나라는 사람을 결정한다는 것.

도파민 시스템은 수많은 예 중 하나일 뿐이다. 다른 수십 가지 신경물질(예를 들어 세로토닌)의 정확한 수치가 우리가 생각하는 자신의 모습과 관련해서 몹시 중요하다. 임상 우울증을 앓고 있는 사람이라면 선택적 세로토닌 재흡수 억제제(약어로 SSRI)라고 불리는 약을 처방받을 가능성이 높다. 플루옥세틴, 설트랄린, 파록세틴, 시탈로프람 등이 여기 속한다. 이 약의 작용에 대해 우리가 알아야 하는 모든 정보는 '재흡수 억제제'라는 말에 들어 있다. 평소에는 수송체라고 불리는 채널이 뉴런 사이의 공간에서 세로토닌을 흡수한다. 그런데 이 채널의 활동을 방해하면, 뇌의 세로토닌 농도가 높아진다. 이것이 인지와 감정에 직접적인 영향을 미친다. 침대에 걸터앉아 울던 사람이 이 약을 복용하면 일어나서 샤워를 하고, 일자리도 되찾고, 주위 사람들과 건강한 관계를 회복한다. 이 모두가 신경전달물질 시스템의 미세조정 덕분이다.[9] 만약 이런 일이 그렇게 흔하지 않았다면, 그 기괴함을 좀 더 쉽게 감지할 수 있었을 것이다.

인지에 영향을 미치는 것은 신경전달물질만이 아니다. 호르몬도 마찬가지다. 눈에 보이지 않을 정도로 작은 분자인 호르몬은 혈류를 타고 다니면서 항구에 들를 때마다 소란을 일으킨다. 암컷 쥐에게 에스트로겐을 주사하면, 녀석은 성적인 상대를 찾아 나설 것이다. 수컷 쥐에게 테스토스테론을 주사하면, 공격성이 나타난다. 앞 장에서 우리는 레슬링선수 크리스 벤와의 사례를 살펴보았다. 대량의 테스토스테론을 사용한 그는 호르몬 분노에 휩싸여 아내와 자식을 살해했다. 4장에서 우리는 바소프레신이라는 호르몬이 정절과 관련되어 있음을 알게 되었다. 또 다른 예로, 정상적인 월경주기에 동반되는 호르몬 변화가 있다. 최근 내 여성 친구 한 명이 월경주기 중 기분이 바닥인 시기에 있었다. 그녀는 힘없는 미소를 지으며 이렇게 말했다. "있잖아, 매달 며칠 동안은 내가 내가 아니야." 신경과학자인 그녀는 잠시 생각에 잠겼다가 이렇게 덧붙였다. "아니면 이것이 진짜 나인지도 모르지. 한 달 중 27일 동안 내가 다른 사람이 되는 건지도 몰라." 우리는 웃음을 터뜨렸다. 그녀는 어떤 순간에든 몸속 화학물질의 총합이 곧 자신이라는 견해를 두려워하지 않았다. 우리가 그녀라고 생각하는 것이 시간을 기준으로 평균을 낸 모습이라는 사실을 알고 있었다.

이 모든 것이 합해져서, 자아에 대한 이상한 관념 같은 것이 생겨난다. 우리가 접근할 수는 없지만 몸속에서 요동치는 생물학적 현상 때문에, 평소보다 더 짜증이 나거나, 유머가 넘치거나, 말이 잘 나오거나, 차분하거나, 힘이 넘치거나, 머릿속이 맑은 날이 있다. 내면생활과 외부로 나타나는 행동을 조종하는 생물학적 칵테일에 우리는 곧바로 접근할 수도 없고 직접적인 지식도 없다.

정신생활에 영향을 미치는 요소들의 긴 목록에는 화학물질만 있는 것이 아님을 잊으면 안 된다. 여기에는 신경회로의 세부 사항도 포함되어 있다. 간질을 예로 들어보자. 간질발작이 측두엽의 특정한 지점에 집중되어 있다면, 운동발작보다는 잘 눈에 띄지 않는 증상이 나타날 것이다. 일종의 인지 발작인데, 성격변화, 과종교증(종교에 집착하고, 종교적 확신을 느끼는 증세), 하이퍼그라피아(주로 종교와 관련된 특정 주제에 관해 길게 글을 쓰는 것), 외적인 존재가 없는데도 있다고 느끼는 것, 신의 목소리로 여겨지는 목소리를 듣는 것 등이 특징적인 증상이다.[10] 역사 속 예언가, 순교자, 지도자 중 일부는 측두엽 간질 환자였던 것으로 보인다.[11] 백년 전쟁의 흐름을 바꿔 놓은 16세 소녀 잔 다르크를 생각해보자. 그녀는 대천사 미카엘, 알렉산드리아의 성 카타리나, 성 마거릿, 성 가브리엘의 목소리가 자신에게 들린다고 믿었다(프랑스 군인들도 그녀의 이 주장을 믿게 되었다). 그녀의 설명에 따르면, "열세 살 때 나 자신을 다스릴 수 있게 도와주는 하느님의 목소리를 들었다. 처음에 나는 겁에 질렸다. 목소리가 나를 찾아온 때는 정오경이었다. 여름이었고, 나는 아버지의 정원에 있었다." 나중에는 이런 말도 했다. "하느님이 내게 가라고 명령하셨으니 나는 반드시 가야 한다. 하느님이 명령하셨으니, 내게 100명의 아버지와 100명의 어머니가 있었어도, 내가 왕의 딸이었어도, 나는 갔을 것이다." 이제 와서 확실한 진단은 불가능하지만, 그녀의 전형적인 묘사, 신앙심의 증가, 지속적으로 들려오는 목소리는 확실히 측두엽 간질 증상과 일치한다. 뇌의 특정한 지점이 활성화되면 사람들은 목소리를 듣는다. 의사가 간질 약을 처방해주면 발작도 사라지고 목소리도 들리지 않는다. 우리 현실은 생물학적인 현상에 달려 있다.

인지에 영향을 미치는 요소 중에는 인간이 아닌 아주 작은 생물도 포함된다. 바이러스나 박테리아 같은 미생물이 몸속에서 보이지 않는 전투를 치르며, 지극히 구체적인 방식으로 우리 행동을 쥐고 흔든다. 미생물이 거대한 기계의 행동을 장악하는 사례로 내가 즐겨 인용하는 것은 광견병 바이러스다. 한 포유류가 다른 포유류를 물면, 작은 탄환 모양의 이 바이러스가 신경을 타고 측두엽으로 올라간다. 거기서 인근 뉴런 속으로 파고들어가 국지적인 활동패턴을 바꿔서, 숙주가 공격성과 분노, 상대를 물려고 하는 경향을 드러내게 만든다. 이 바이러스는 또한 침샘으로도 들어가서 숙주가 어떤 대상을 물 때 그쪽으로 넘어가 새로운 숙주로 삼는다. 동물의 행동을 조종해서 다른 숙주로 퍼져나갈 길을 확보하는 것이다. 생각해보라. 지름이 고작 750억 분의 1미터에 불과한 이 바이러스가 자기보다 2500만 배나 큰 동물의 몸을 조종해서 살아남는다니. 이건 사람이 키가 4만 4800미터나 되는 생물을 찾아내서 아주 영리한 방법을 동원해 멋대로 휘두르는 것과 같다.[12] 여기서 중요한 교훈은 눈에 보이지도 않을 만큼 작은 변화가 뇌에서 일어나면 행동이 크게 변할 수 있다는 것이다. 우리가 내리는 선택은 뇌의 작디작은 부분들과 불가분의 관계로 묶여 있다.[13]

우리가 생물학적인 현상에 휘둘린다는 마지막 사례로, 유전자 하나의 아주 작은 변이가 행동을 바꿔놓는다는 점도 있다. 헌팅턴병을 생각해보자. 진두피질에서 서서히 진행되는 손상 때문에 성격이 변해서 공격성, 성욕과다, 충동적인 행동, 사회적 규범 무시 등이 나타나는 병이다. 이런 일이 몇 년 동안 진행되다가, 팔다리가 경련하듯 눈에 띄게 움직이는 증상이 나타난다.[14] 여기서 중요한 점은, 유전자 하나의 변이가 헌팅턴병의 원인이라는 사실이다. 로버트 새폴스키는 이렇게 요약했다. "수만 개의 유전자 중 하나만 바뀌어도, 사람이 인생을 약 절반쯤 살았을 때 성격이 급격하게 바뀐다."[15] 이런 사례들 앞에서, 우리의 본질이 세세한 생물학적 현상에 달려 있다는 결론 외에 다른 결론을 내릴 수 있을까? 헌팅턴병을 앓는 사람에게 '자유의지'를 발휘해서 그 이상한 행동을 그만두라고 말할 수 있는가?

마약, 신경전달물질, 호르몬, 바이러스, 유전자 등 눈에 보이지도 않을 만큼 작은 것들이 우리 행동을 조종하는 운전대에 그 작은 손을 얹을 수 있다는 것을 살펴보았다. 누군가가 내 음료수에 술을 타거나, 내 샌드위치에 재채기를 하거나, 내 게놈에 변이가 발생하면, 나라는 배의 방향이 바뀐다. 아무리 애써도, 생물학적 변화가 나의 변화로 이어진다. 이런 현실을 감안하면, 우리가 어떤 사람이 되고 싶은지 '선택'할 권한을 갖고 있다고 말할 수 없다. 신경윤리학자 마사 파라의 말처럼, 항우울제가 "일상적인 문제를 극복하는 데 도움이 되고, 각성제가 일에 계속 헌신하며 마감 기한을 맞추는 데 도움이 된다면, 침착한 기질과 양심적인 성격 또한 신체적인 특징이 되어야 하는 것 아닌가? 그렇다면 사람에게 신체적인 특징이 아닌 것이 있기는 한가?"[16]

내가 어떤 사람이 될지는, 많은 요소들로 이루어진 방대한 네트워크에 달려 있다. 이 요소들이 너무 많아서 요소 하나와 행동 하나의 관계를 일대일로 파악하기는 아마 영원히 불가능할 것이다. 그래도 우리의 세계는 생물학적인 현상과 직접적으로 연결되어 있다. 만약 영혼이라는 것이 존재한다면, 현미경으로나 볼 수 있는 세세한 생물학적 현상들과 결코 풀 수 없을 만큼 얽혀 있을 것이다. 우리의 존재와 관련해서 또 무슨 일이 벌어지고 있는지는 몰라도, 우리가 생물학적 현상과 연결되어 있음은 의심의 여지가 없다. 이런 관점에서 보면, 현대 뇌과학에서 생물학적 환원주의가 탄탄한 발판을 마련한 이유를 알 수 있다. 하지만 환원주의가 전부가 아니다.

여권 색깔에서 새로운 특징까지

대부분 인간게놈프로젝트라는 말을 들어봤을 것이다. 인류가 수십억 개의 글자로 이루어진 우리 유전자 암호를 성공적으로 해독해낸 프로젝트다. 획기적인 업적인 만큼, 거기에 걸맞은 환호가 따랐다.

그 프로젝트가 어떤 의미에서는 실패였다는 말은 모두에게 알려지지 않았다. 암호 전체를 해독한 뒤에도 우리는 인류에게만 있는 유전자에 대해 기대하던 만큼 획기적인 답을 얻지 못했다. 대신 우리가 발견한 것은 생물학적 유기체의 너트와 볼트를 만드는 데 필요한 방대한 설명서였다. 우리는 다른 동물들의 게놈도 기본적으로 우리 것과 같다는 것을 알게 되었다. 그들도 우리와 똑같은 너트와 볼트로 만들어졌기 때문이다. 그 부품들이 다른 형태로 배치되어 있을 뿐이다. 인간은 개구리와 엄청나게 다른데도, 인간의 게놈과 개구리의 게놈은 엄청나게 디르지 않다. 적어도 인간과 개구리가 처음에는 상당히 달라 보이기는 한다. 그러나 두 생물에게 모두 눈, 비장, 피부, 뼈, 심장 등을 만들 설명서가 필요하다는 점을 명심해야 한다. 따라서 두 생물의 게놈은 크게 다르지 않다. 여러 공장에 가서 그곳에서 사용되는 나사의 길이와 나사산 사이의 거리를 조사한다고 생각해보자. 그래봤자 최종 생산품의 기능에 대해서는 거의 알아낼 수 없을 것이다. 최종 생산품이 토스터인지 헤어드라이어인지 구분할 수 없다는 뜻이다. 두 제품 모두 비슷한 부품으로 이루어졌으나 기능이 다르다.

우리가 기대하던 답을 얻지 못했다는 말은 인간게놈프로젝트에 대한 비판이 아니다. 이 프로젝트는 첫 단계로서 반드시 필요했다. 그러나 계속해서 더 미세한 수준까지 파고들어가더라도 인간들이 중요하게 여기는 의문의 답을 거의 알아낼 수 없을 것이라는 점을 인정해야 한다.

다시 헌팅턴병을 예로 들어보자. 유전자 하나가 이 병의 발병 여부를 결정한다. 환원주의의 성공담처럼 들리겠지만, 헌팅턴병 같은 사례는 아주 드물다. 질병이 변이 하나만으로 설명되는 경우는 몹시 희귀하다. 대부분의 질병에는 여러 유전자가 관련되어 있다. 유전자 수십 개, 때로는 수백 개가 섬세하게 영향을 미친다는 뜻이다. 과학의 발전으로 기술이 좋아지면서, 우리는 유전자에서 암호가 있는 부분만이 아니라 암호와 암호 사이의 영역도 중요하다는 사실을 점차 깨닫고 있다. 과거에는 '정크' DNA라고 여겨지던 부분이다. 대부분의 병은 수많은 사소한 변화들이 무시무시할 정도로 복잡하게 결합해서 만들어진 최악의 상황의 결과인 듯하다.

그러나 상황은 이보다 훨씬 더 심각하다. 게놈의 영향은 환경과의 상호작용이라는 맥락에서만 알아볼 수 있다. 여러 연구팀이 수십년 전부터 관련 유전자 수색에 나선 조현병을 예로 들어보자. 이 병과 관련된 유전자가 하나라도 발견되었는가? 물론 발견되었다. 사실 발견된 유전자가 수백 개나 된다. 이 유전자 중 하나라도 갖고 있으면, 그것이 젊은 나이에 조현병 증세가 나타날 것이라고 예측하는 데 큰 증거가 되는가? 별로 그렇지 않다. 유전자 하나의 변이는 조현병 발병 가능성을 예측하는 데 여권 색깔 정도의 힘을 발휘할 뿐이다.

여권이 조현병과 무슨 상관인가? 다른 나라에 이민 가서 받는 사회적 스트레스가 조현병 발병의 아주 중요한 요인 중 하나로 밝혀졌기 때문이다.[17] 여러 나라를 대상으로 한 연구에서, 문화와 외모 면에서 새로 이민 온 나라와 가장 차이가 큰 나라에서 온 이민자 집단의 위험이 가장 큰 것으로 드러났다. 사회의 다수 집단 속에 잘 받아들여지지 못하는 것과 조현병 발병 가능성 상승 사이에 상관관계가 있다는 뜻이다. 아직은 그 메커니즘이 완전히 밝혀지지 않았지만, 거듭되는 사회적 거부가 도파민 시스템의 정상적인 기능을 교란하는 듯하다. 그러나 이런 일반적인 설명으로 다 설명하지 못하는 부분도 있다. 같은 이민자 집단(예를 들어 한국인 이민자들) 안에서도 사회의 다수 집단과 자신의 차이를 심각하게 느끼는 사람이 정신질환에 걸릴 가능성이 더 크기 때문이다. 자신이 물려받은 문화와 혈통을 자랑스러워하며 편안하게 생각하는 사람은 정신적으로 비교적 안전하다.

이런 사실에 놀라는 사람이 많다. 조현병은 유전병인가 아닌가?

유전자가 어느 정도 역할을 하기는 한다. 유전자가 만들어내는 너트와 볼트 중에 모양이 살짝 이상한 것이 섞여 있다면, 시스템 전체가 특정한 환경에 놓였을 때 이례적인 행동을 할 가능성이 있다. 다른 환경에서는 너트와 볼트의 모양이 문제가 되지 않을 것이다. 모든 것을 고려해볼 때, 사람의 됨됨이는 DNA에 적혀 있는 분자 설계도만으로 결정되지 않는다.

Y 염색체 보유자가 폭력적인 범죄를 저지를 가능성이 828퍼센트 더 높다는 사실에 대해 앞에서 우리가 무슨 말을 했는지 기억하는가? 실제로 범죄 가능성이 이렇게 높은 것은 사실이지만, 여기서 중요한 질문은 이것이다. 왜 **모든** 남자가 범죄자가 되지 않는가? 감옥에 갇힌 남성 범죄자는 모든 남자의 1퍼센트에 불과하다.[18] 어떻게 된 것인가?

유전자에 대한 지식만으로는 행동에 대해 충분히 알 수 없다는 것이 이 의문의 답이다. 메릴랜드 시골의 자연환경에서 원숭이를 기르며 연구하는 스티븐 수오미는 원숭이가 태어나는 날부터 사회적인 행동을 관찰할 수 있다.[19] 원숭이의 행동에서 그가 가장 먼저 알아차린 것은 녀석들이 아주 일찍부터 저마다 다른 성격을 드러낸다는 점이었다. 거의 모든 사회적 행동이 생후 4~6개월까지 또래들과의 놀이를 통해 발전과 연습을 거쳐 완벽하게 다듬어졌다. 이 관찰 결과 하나만으로도 흥미로웠을 텐데, 수오미는 정기적인 혈액검사를 통해 호르몬과 대사물질 수치를 파악하고 유전자 분석도 할 수 있었다.

그 결과 아기 원숭이 중 20퍼센트가 사회적 불안감을 드러낸다는 것이 밝혀졌다. 약간의 스트레스가 동반되는 새로운 사회적 환경에 노출되었을 때 그 아기 원숭이들은 두려움과 불안감을 유난히 드러냈으며, 혈중 스트레스 호르몬 수치가 증가해서 오랫동안 그대로 유지되었다.

사회적 행동의 스펙트럼에서 이 아기 원숭이들과는 정반대편의 끝에 있는 5퍼센트의 아기 원숭이들은 과도하게 공격적이었다. 그들의 행동은 충동적이고, 지나치게 호전적이다. 혈액검사 결과, 신경전달물질 세로토닌의 분해와 관련된 대사물질의 수치가 낮았다.

수오미의 연구팀은 세로토닌의 운반에 관여하는 단백질과 관련해서 두 종류의 유전자 '형태'(유전학 용어로 대립유전자)가 존재한다는 것을 알아냈다.[20] 여기서는 이것을 각각 '짧은 유전자'와 '긴 유전자'로 부르기로 하자. 짧은 유전자를 지닌 원숭이는 폭력성을 잘 통제하지 못하는 반면, 긴 유전자를 지닌 원숭이는 행동을 정상적으로 통제할 수 있었다.

그러나 이것은 전체 그림의 일부에 불과했다. 원숭이의 성격을 좌우하는 요인 중에는 환경도 있었다. 원숭이를 기르는 방법은 두 가지였다. 어미와 함께 기르거나(좋은 환경), 또래들과 함께 기르는 것(불안한 애착관계). 짧은 유전자를 지닌 원숭이를 또래들과 함께 기르면 공격적인 성격을 갖게 되었지만, 어미와 함께 기르면 한결 나은 결과가 나왔다. 긴 유전자를 지닌 원숭이에게는 양육 환경이 별로 중요하지 않은 것 같았다. 그들은 어느 환경에서든 잘 적응했다.

이 결과를 해석하는 방법은 최소한 두 가지가 있다. 첫째, 긴 대립유전자가 '좋은 유전자'라서 유년기의 나쁜 환경에 맞설 수 있는 저항력을 준다는 것(아래 표에서 왼쪽 하단). 둘째, 나쁜 씨앗을 갖고 있는 원숭이에게 어미와의 좋은 관계가 어떻게든 저항력을 준다는 것(오른쪽 싱딘). 이 두 가지 해서은 서로 배타적인 관계가 아니라서, 함께 중요한 교훈으로 이어진다. 유전과 환경의 조합이 최종 결과에 중요한 역할을 한다는 교훈이다.

	또래들과 양육	어미와 양육
짧은 대립유전자	공격적	양호
긴 대립유전자	양호	양호

　원숭이 연구가 성공한 뒤 사람들은 인간을 대상으로 유전-환경 상호작용을 연구하기 시작했다.[21] 아브샬롬 카스피의 연구팀은 2001년 우울증 유전자가 있는지 알아보기로 했다. 그들이 찾아낸 답은 '아마 있는 듯'이었다. 그들은 사람의 기질을 미리 결정하는 유전자가 있다는 것을 알게 되었다. 그러나 실제로 우울증에 걸릴지를 좌우하는 것은 삶의 경험이다.[22] 카스피의 연구팀은 수십 명의 사람을 꼼꼼하게 면담해서 이런 사실을 밝혀냈다. 살면서 가장 큰 상처를 남긴 사건이 무엇이냐는 질문에 사람들은 사랑하는 사람을 잃은 것, 큰 교통사고 등을 언급했다. 연구팀은 또한 연구에 참가한 사람 모두의 유전자를 분석했다. 특히 뇌에서 세로토닌 수치를 조절하는 유전자의 형태를 중점적으로 살펴보았다. 사람은 두 벌의 유전자를 물려받기 때문에(어머니와 아버지에게서 하나씩), 가능한 유전자 조합은 세 개다. 짧은/짧은, 짧은/긴, 긴/긴. 놀랍게도 짧은/짧은 조합은 임상 우울증에 걸릴 위험이 높았지만, 살면서 나쁜 일을 점점 많이 겪어야만 실제로

병이 발병했다. 만약 이 조합을 지닌 사람이 다행히 좋은 인생을 살아간다면, 임상 우울증에 걸릴 위험이 다른 사람들보다 높지 않았다. 그러나 그들이 자신의 힘으로 전혀 통제할 수 없는 사건을 포함해서 심각한 일과 자꾸 부딪히는 불운을 겪는다면, 긴/긴 조합을 지닌 사람들에 비해 우울증에 걸릴 가능성이 두 배 이상이었다.

그 다음에 실시된 연구는 사람들이 깊이 근심하는 문제를 다뤘다. 학대하는 부모 밑에서 자란 사람이 나중에 학대하는 사람이 된다는 것. 이 말이 사실일 거라고 믿는 사람이 많지만, 정말로 사실인가? 그리고 아이가 갖고 있는 유전자의 종류가 중요한가? 연구팀의 주의를 끈 것은, 학대받은 아이들 중 일부만이 폭력적인 어른으로 자란다는 사실이었다. 뻔한 요소들을 통제하고 나서 남은 것은 아동학대만으로는 아이가 자라서 어떤 사람이 될지 예측할 수 없다는 사실이었다. 카스피의 연구팀은 폭력을 저지르는 사람과 그렇지 않은 사람 사이의 차이를 알기 위한 연구에서, 특정 유전자의 발현에 나타난 작은 변화로 아이들이 달라진다는 사실을 발견했다.[23] 그 유전자가 잘 발현되지 않은 아이들은 행동 장애를 일으켜 폭력적인 범죄자가 될 가능성이 높았다. 만약 어려서 학대를 당했다면, 이런 나쁜 결과가 나올 가능성이 훨씬 더 높아졌다. 반면 '나쁜' 형태의 유전자를 지니고 있으나 아동학대를 겪지 않았다면, 학대하는 어른으로 자랄 가능성이 낮았다. 그리고 '좋은' 형태의 유전자를 지니고 있다면 어렸을 때 심한 학대를 당했어도 반드시 폭력을 이어가는 어른으로 자라지는 않았다.

세 번째 사례는 십대 때 마리화나를 피우면 어른이 된 뒤 정신병에 걸릴 가능성이 높아진다는 관찰 결과다. 그러나 이런 상관관계는

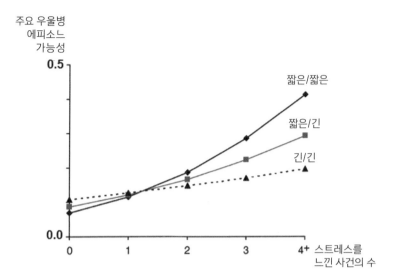

주요 우울병
에피소드
가능성

0.5

짧은/짧은

짧은/긴

긴/긴

0.0

0　　　1　　　2　　　3　　　4⁺ 스트레스를
　　　　　　　　　　　　　　　　느낀 사건의 수

유전적인 경향. 괴로운 경험이 우울증으로 이어지는 사람이 있고,
그렇지 않은 사람이 있는 이유가 무엇인가? 어쩌면 유전적 경향의 문제인지 모른다.
Caspi 외, *Science*, 2003.

일부 사람에게서만 나타난다. 지금쯤이면 여러분도 무슨 말이 이어
질지 짐작이 갈 것이다. 이 상관관계가 나타나는 데에 유전자 변이가
관련되어 있다는 것. 대립유전자의 조합에 따라 마리화나 흡연과 성
인기의 정신병이 강하게 연결될 수도 있고 그렇지 않을 수도 있다.[24]

　심리학자 앤절라 스카파와 에이드리언 레인은 비슷한 맥락에서,
반사회적 성격장애를 진단받은 사람들의 뇌기능에 어떤 차이가 있는
지 측정해보았다. 반사회적 성격장애의 특징은 타인의 감정과 권리를
완전히 무시하는 행동을 보이며, 범죄자 집단에서 이 성격장애의 유
병률이 높다. 연구팀은 과거의 불운한 환경 및 경험과 뇌 이상이 함께

존재할 때, 반사회적 성격장애가 발생할 확률이 가장 높다는 것을 알아냈다.[25] 뇌에 문제가 있지만 좋은 가정에서 자란다면, 아무 문제도 생기지 않을 가능성이 있다. 가정환경이 끔찍해도 뇌에 문제가 없다면, 역시 괜찮은 사람으로 자랄 수 있다. 그러나 뇌에 가벼운 이상이 있는 사람이 불행한 가정에서 자란다면, 몹시 불운한 시너지가 발생할 가능성이 높다.

이런 사례들은 성격이라는 최종 산물을 결정하는 것은 생물학적 현상과 환경 중 어느 하나만이 아님을 보여준다.[26] 천성인지 환경인지를 묻는 질문에서 답은 거의 항상 '둘 다'이다.

앞 장에서 보았듯이, 천성도 환경도 우리가 선택하는 것이 아니다. 둘 사이의 복잡한 상호작용도 마찬가지다. 우리는 유전자 청사진을 물려받아, 인격이 형성되는 기간 동안 우리 자신에게 선택권이 전혀 없는 세상에 태어난다. 사람들이 세상을 바라보는 시각, 성격, 의사결정 능력 등이 날 때부터 크게 다른 이유가 이것이다. 이런 것들은 우리의 선택이 아니라, 그냥 우리에게 주어지는 것이다. 앞 장에서 우리는 이런 상황에서 유무죄를 가리기가 힘들다는 점을 강조했다. 이번 장에서는 우리를 지금의 모습으로 만들어주는 메커니즘이 간단하지 않다는 사실, 여러 부품을 조합해 정신을 만드는 방법을 과학으로 이해하려면 아직 멀었다는 사실을 강조하고자 한다. 정신과 생물학적 현상이 서로 연결되어 있음에는 의심의 여지가 없지만, 순전히 환원주의적 시각만으로 우리가 그것을 이해할 수 있을 것이라는 희망은 버려야 한다.

환원주의는 두 가지 이유로 오해를 부른다. 첫째, 방금 봤듯이 유전자-환경 상호작용이 상상조차 할 수 없을 만큼 복잡한 탓에, 한 사람이 평생 동안 겪는 일, 대화, 학대, 기쁨, 음식, 기분전환용 약물, 처방약, 살충제, 교육 등이 그 사람에게 어떤 영향을 미칠지 이해하기에는 우리 능력이 아직 한참 부족하다. 모든 것이 너무 복잡하고, 아마 앞으로도 계속 그럴 것이다.

둘째, (뇌중풍과 호르몬과 마약과 미생물을 통해 확실히 알 수 있듯이) 우리를 구성하는 분자와 단백질과 뉴런에 우리가 묶여 있는 것은 사실이지만, 그렇다고 해서 이런 부품들로만 인간을 묘사하는 것이 최선의 방법이라는 논리는 성립하지 않는다. 우리가 세포의 총합에 지나지 않는다는 극단적인 환원주의적 주장은 인간의 행동을 이해하는 데 전혀 도움이 되지 않는다. 어떤 시스템이 여러 부품으로 이루어졌다고 해서, 그 부품들이 시스템의 작용에 필수적이라고 해서, 부품들만으로 전체를 묘사하는 것은 올바르지 않다.

그렇다면 애당초 환원주의가 인기를 얻은 이유가 무엇일까? 환원주의의 역사적인 뿌리만 조사해봐도 답을 알 수 있다. 최근 몇 세기 동안 생각할 줄 아는 사람들은 갈릴레이, 뉴턴 등의 결정론적 방정식이라는 형태로 결정론적 과학이 성장하는 것을 지켜보았다. 갈릴레이나 뉴턴 같은 과학자들은 끈을 잡아당기고, 공을 굴리고, 무거운 것을 떨어뜨리는 실험을 해서 물체의 움직임을 간단한 방정식으로 예측하는 실력을 점점 키웠다. 19세기 무렵 피에르 시몽 라플라스는 우주에 있는 모든 입자의 위치를 알 수 있다면, 계산을 통해 미래 전체를 알아낼 수 있다(그리고 방정식을 반대 방향으로 돌려서 모든 과거를 알아낼 수 있다)는 의견을 내놓았다. 이 이론이 환원주의의 핵심이다. 환원주의는 기본적으로 큰 것을 구성하는 작고 작은 조각들을 일일이 이해하면, 큰 것 전체 또한 이해할 수 있다고 주장한다. 여기서 이해를 가리키는 화살표는 모두 점점 작아지는 쪽을 향한다. 생물학적 현상으로 인간을 이해할 수 있고, 화학이라는 언어로 생물학을 이해할 수 있고, 원자 물리학의 방정식으로 화학을 이해할 수 있다는 식이다. 환원주의는 르네상스 이전부터 과학의 엔진 역할을 하고 있다.

그러나 환원주의가 모든 것에 적용되지는 않는다. 뇌와 정신 사이의 관계는 확실히 환원주의로 설명할 수 없다. 창발emergence이라는 개념 때문이다.[27] 대량의 부품들을 하나로 조립했을 때, 그 결과물이 부품들의 총합보다 더 뛰어날 수 있다는 개념이다. 비행기를 구성하는 금속덩어리들에는 '비행'이라는 속성이 없지만, 그들을 올바르게 조립하면 그 결과물이 공중으로 떠오른다. 가느다란 금속 막대 하나는 재규어를 통제하는 데 별로 도움이 되지 않겠지만, 금속 막대 여러 개를 평행으로 배열하면 '감금'이라는 속성이 생긴다. 창발이라는 개념은 어느 부품에도 원래부터 존재하지 않던 새로운 속성이 생겨날 수 있다는 뜻이다.

도시의 고속도로를 계획하는 사람을 또 다른 예로 들어보자. 이 사람은 해당 도시의 교통 흐름을 이해해야 한다. 차가 막히는 지점, 사람들이 속도를 내는 지점, 사람들이 가장 위험한 시도를 하는 지점도 알아내야 한다. 이런 것들을 이해하려면 운전자의 심리에 대한 모델이 필요하다는 사실을 깨닫는 데에는 시간이 오래 걸리지 않을 것이다. 엔진 점화전의 연소효율과 나사의 길이를 연구하자고 제안했다가는 이 사람이 일자리를 잃을 것이다. 교통체증을 이해하는 데 도움이 되지 않는 요소들이기 때문이다.

그렇다고 작은 부품들이 중요하지 않다는 뜻은 아니다. 중요하다. 뇌를 살펴보면서 알게 되었듯이 마약이 들어오거나, 신경전달물질 수치가 변하거나, 유전자 변이가 일어나면 한 사람의 본질이 급격하게 변할 수 있다. 비슷한 맥락에서 점화전과 나사를 수정한다면 엔진의 작동 방식이 달라져 자동차의 속도가 변할 수 있고, 다른 자동차들과 충돌할 수도 있다. 따라서 결론은 명확하다. 교통 흐름이 부품의 완전성에 달려 있기는 해도, 부품과 동등하지는 않다. 텔레비전 프로그램 〈심슨 가족〉이 왜 재미있는지 알고 싶다면, 텔레비전 속 트랜지스터와 축전기를 연구하는 방법으로는 별로 성과를 거둘 수 없을 것이다. 전자 부품들을 명료하게 설명할 수 있게 되고 전기에 대해서도 한두 가지 배울 수는 있겠지만, 〈심슨 가족〉의 유머를 이해하는 데에는 조금도 다가가지 못한다. 우리가 〈심슨 가족〉을 텔레비전으로 시청하려면 반드시 트랜지스터가 온전해야 한다. 그러나 그 부품 자체가 재미있지는 않다. 비슷한 맥락에서, 정신이 뉴런의 완전성에 기대고 있기는 해도 뉴런 자체에 사고능력이 있는 것은 아니다.

그렇다면 뇌를 과학적으로 설명하는 방법을 다시 생각해보아야 한다. 뉴런과 화학물질을 물리적으로 완전히 이해한다면, 그것으로 정신을 명료하게 설명할 수 있을까? 그렇지 않을 것이다. 뇌가 물리학의 법칙을 깨지는 않는 것 같지만, 그렇다고 생화학적 상호작용을 세세하게 묘사한 방정식만으로 뇌를 올바르게 설명할 수 있는 것은 아니다. 복잡성 이론가 스튜어트 카우프만은 다음과 같이 말했다. "센 강변을 걷고 있는 연인들은 실제로 센 강변을 걷고 있는 연인들이지,

움직이는 입자들이 아니다."

　인간의 몸속에서 벌어지는 생물학적 현상을 설명하는 이론을 화학과 물리학으로 쪼갤 수는 없다. 진화, 경쟁, 보상, 욕망, 평판, 탐욕, 우정, 신뢰, 굶주림 등 인간과 관련된 언어로 그 이론을 이해해야 한다. 교통 흐름을 이해하려 할 때 나사나 점화전이 아니라 속도제한, 러시아워, 교통체증으로 인한 짜증, 퇴근길에 최대한 빨리 집으로 돌아가고 싶어하는 사람들을 생각해야 하는 것과 같다.

　신경계의 부품만으로는 인간의 경험을 온전히 이해할 수 없는 이유가 하나 더 있다. 사람의 됨됨이를 결정하는 데 영향을 미치는 생물학적 요인은 뇌만이 아니다. 뇌는 내분비계, 면역체계와 항상 쌍방향 소통을 한다. 그래서 이 두 시스템까지 합해서 '대大신경계'로 생각할 수 있다. 이 대신경계는 자신의 발달에 영향을 미치는 화학적 환경(영양, 납 페인트, 대기 오염 등)과 또한 불가분의 관계다. 그리고 우리가 속해 있는 복잡한 사회적 네트워크가 상호작용을 통해 우리의 생물학적 현상을 바꿀 수도 있고, 우리 행동이 그 네트워크를 바꿀 수도 있다. 따라서 경계선이 어디인지 물어보게 된다. '나'를 어떻게 규정해야할까? 나의 경계선은 어디인가? 유일한 해법은 뇌를 '나다움'의 가장 조밀한 집적체로 생각하는 것이다. 뇌는 산꼭대기일 뿐, 산 전체가 아니다. 우리가 '뇌'와 행동에 대해 말하는 것은 훨씬 더 광범위한 사회생물학 시스템의 영향이 포함된 어떤 것을 간략히 표현하는 방법이다.* 뇌는 정신이 있는 곳이라기보다 정신의 허브다.

　지금 우리가 어디쯤에 있는지 요약해보자. 아주 작은 것을 향한 일방통행로를 따라가는 것은 환원주의의 실수이며, 우리가 피해야 하는 함정이다. '우리 뇌가 곧 우리다' 같은 단순한 문장을 볼 때마다, 신경과학이 뇌를 거대한 원자 덩어리 또는 광대한 뉴런 정글로만 이해할 것이라는 뜻으로 받아들이면 안 된다. 정신의 이해는 뇌에서 일어나는 활동의 패턴을 해독하는 데 달려 있다. 그리고 이 패턴에는 내적인 작용 및 주변 세계와의 상호작용이 모두 영향을 미친다. 전 세계의 연구소들은 물질과 주관적인 경험 사이의 관계를 이해하는 법을 알아내려고 노력 중이지만, 문제 해결까지는 아직 갈 길이 멀다.

* * *

1950년대 초 철학자 한스 라이헨바흐는 인류가 세상을 과학적이고 객관적으로 완전히 설명하기 직전이라고 말했다. 이른바 '과학적 철학'이다.[28] 오늘날 우리는 그 설명에 도달했는가? 아직 아니다.

사실 아직도 갈 길이 한참 남아 있다. 어떤 사람들은 과학이 모든 것을 알아내기 직전인 것처럼 군다. 실제로 과학자들은 중요한 문제를 금방 풀 수 있는 것처럼 행동해야 한다는 커다란 압박에 시달린다. 연구비 지원기관이나 대중매체가 모두 이런 압박의 근원이다. 그러나 사실 우리 앞에는 물음표들의 밭이 저 멀리 소실점까지 펼쳐져 있을 뿐이다.

---

* 생물학자 스티븐 로즈는 《라이프라인》에서 "환원주의 이념은 우리가 이해하려고 하는 현상에 대해 생물학자가 충분히 생각하는 것을 방해하기만 하는 것이 아니다. 사회적으로 두 가지 중요한 결과를 낳는다. 첫째, 어떤 현상의 사회적 뿌리와 결정 요소를 탐구하기보다…… 사회문제를 개인의 것으로 돌린다. 둘째, 사회에서 분자로 시선과 자금을 돌린다."

그러니 문제를 탐구할 때 개방성이 필요하다. 예를 들어 양자역학에는 **관찰**이라는 개념이 포함되어 있다. 관찰자가 광자의 위치를 측정하면 특정 위치에 대한 그 광자의 상태가 무너진다. 조금 전만 해도 그 광자의 상태에는 무한한 가능성이 있었다. 이것이 **관찰**에 어떤 의미를 지니는가? 인간의 정신은 우주의 물질과 상호작용을 주고받는가?[29] 과학은 이 의문을 전혀 해결하지 못했다. 앞으로 이 주제는 물리학과 신경과학이 만나는 중요한 지점이 될 것이다. 현재 대부분의 과학자는 이 두 분야를 별개의 것으로 본다. 두 분야 사이의 연관성을 깊숙이 들여다보려고 노력하는 학자들이 변방으로 밀려나는 것이 슬픈 현실이다. 많은 과학자가 다음과 같은 말로 이런 학자들을 놀릴 것이다. "양자역학은 신비롭고, 의식도 신비롭다. 따라서 이 둘은 틀림없이 같다." 이렇게 무시하는 태도는 연구에 좋지 않다. 분명히 말하지만, 나는 양자역학과 의식 사이에 연관성이 있다고 단언하는 것이 아니다. 연관성이 있을 **가능성**이 있으며, 그 가능성을 성급하게 부정해버리는 것은 과학적 탐구와 발전의 정신에 어긋난다는 말을 하고 있을 뿐이다. 고전 물리학으로 뇌 기능을 완전히 설명할 수 있다고 누가 단언한다면, 이것이 그냥 단언에 불과하다는 점을 반드시 인식해야 한다. 우리가 퍼즐의 어떤 조각을 아직 찾지 못한 것인지는 과학의 모든 시대를 통틀어 알기 어렵다.

내가 뇌의 '라디오 이론'이라고 부르는 것을 예로 들어보자. 칼라하리 사막의 부시맨이 사막에서 트랜지스터라디오를 우연히 발견한다. 그가 그것을 주워서 손잡이를 돌리다 보니, 세상에나, 이상하게 생긴 이 작은 상자에서 사람 목소리가 흘러나온다. 그 부시맨이 호기심 많은 성격이고 과학적인 정신을 갖고 있다면, 뭐가 어떻게 된 일인지 알아보려 할 것이다. 어쩌면 뒤쪽 커버를 열어서 전선이 둥지처럼 얽혀 있는 모습을 보게 될지도 모른다. 이제 그는 목소리가 나오게 된 원인을 과학적으로 꼼꼼히 연구하기 시작한다. 그가 초록색 전선을 잡아당기면 목소리가 멈춘다. 그 전선을 다시 넣어서 접속시키면, 목소리가 다시 시작된다. 빨간 전선도 마찬가지다. 검은 전선을 홱 잡아당기면 목소리가 엉키고, 노란 전선을 제거하면 소리의 크기가 속삭이는 수준으로 작아진다. 그는 모든 전선을 조심스레 건드려본 뒤 명확한 결론에 도달한다. 목소리를 전적으로 좌우하는 것은 회로의 온전성이라고. 회로를 바꾸면 목소리가 손상된다고.

이 새로운 발견에 뿌듯해진 그는 전선의 배치를 달리해서 마법 같은 목소리를 만들어내는 방법을 학문으로 만드는 데 평생을 바친다. 그런데 도중에 어떤 젊은이가 그에게 간단한 전기신호 루프가 **어떻게** 음악과 대화를 만들어낼 수 있느냐고 묻는다. 그는 자기도 모른다는 사실을 인정하면서도, 자신의 학문이 이제 곧 그 문제의 답을 찾아낼 것이라고 주장한다.

그가 내린 결론에 한계가 있는 것은, 그가 전파에 대해서, 그리고 그보다 더 넓은 개념인 전자기복사에 대해서 아무것도 모르기 때문이다. 멀고 먼 도시에 전파 중계탑이라는 것이 있어서 눈에 보이지 않고 빛의 속도로 움직이는 파동을 교란하는 방식으로 신호를 보낸다는 사실이 그에게는 너무나 이질적이라서 그는 그것을 꿈에서도 짐작하지 못한다. 전파를 맛볼 수도 없고, 눈으로 볼 수도 없고, 냄새를 맡을 수도 없다. 그가 전파에 대해 창의적인 공상을 꽃피워야 할 절박한 이유가 있는 것도 아니다. 만약 그가 눈에 보이지는 않지만 목소리를 전달하는 전파를 실제로 꿈에서 알게 되었다 한들, 이 가설을 누가 믿어주겠는가? 그에게는 전파의 존재를 증명할 기술이 전혀 없다. 모두가 그에게 책임지고 자신들을 설득해보라고 요구하는 것은 정당한 일이다.

그래서 그는 라디오 물질주의자가 되어 어떻게든 전선을 올바로 배치하기만 한다면 클래식 음악과 지적인 대화가 만들어진다는 결론을 내릴 것이다. 자신의 퍼즐에 엄청나게 커다란 조각이 빠져 있다는 사실을 전혀 알지 못할 것이다.

뇌가 라디오와 같다고 말하려는 것이 아니다. 우리가 다른 곳에서 오는 신호를 받는 수신기에 불과하고 신호 수신을 위해 신경회로가 제자리에 있어야 한다는 뜻이 아니다. 이런 가설이 어쩌면 사실일 수도 있다고 말하는 것뿐이다. 현재 우리가 알고 있는 과학지식으로는 이 가능성을 배제할 수 없다. 지금 이 시대에 우리가 아는 것이 별로 없기 때문에, 아직 판단을 내릴 수 없는 이런 개념들을 커다란 아이디어 캐비닛에 보관해두어야 한다. 현재 활동 중인 과학자 중에 괴짜 가설을 중심으로 실험을 설계할 사람이 거의 없기는 해도, 증거가 나타날 때까지는 가능성이 있는 아이디어들을 계속 내놓고 가꿔야 한다.

과학자들은 절약의 법칙에 대해 자주 이야기한다(예를 들어, 오캄의 면도날이라고도 불리는 '가장 간단한 설명이 정확할 가능성이 높다'는 법칙). 그러나 겉으로 보기에 우아한 절약적 주장에 유혹당하면 안 된다. 이런 주장은 지금껏 최소한 성공만큼 실패도 많이 했다. 절약의 법칙을 따르는 가정을 예로 들면 다음과 같다. 태양이 지구 주위를 돈다. 아주 작은 원자도 큰 물체와 같은 규칙에 따라 작동한다. 우리는 세상의 실제 모습을 지각한다. 절약 법칙을 따르는 주장들이 이런 가정을 오랫동안 옹호했다. 그런데 모두 틀린 가정이다. 내가 보기에 절약 법칙을 따르는 주장은 사실 주장이 아니다. 그저 대부분 흥미로운 토론을 막는 기능을 할 뿐이다. 역사를 지침으로 삼을 수 있다면, 과학적인 문제를 곧 해결할 수 있을 것이라고 가정하는 것은 결코 좋지 않다.

지금 시대에 대다수의 신경과학자는 물질주의와 환원주의를 따르며, 세포, 혈관, 호르몬, 단백질, 체액의 총합이 곧 인간이라고 볼 수 있다는 모델을 이용한다. 그리고 이 각각의 요소들은 모두 화학과 물리학의 기본 법칙을 따른다. 신경과학자는 매일 실험실에 나와서, 인간을 구성하는 요소들에 대해 충분히 알게 되면 인간 전체를 알 수 있을 것이라는 가정 하에 열심히 연구한다. 이렇게 전체를 가장 작은 조각으로 나누는 방식은 지금까지 물리학, 화학, 전자장치의 역설계에서 성공을 거뒀다.

그러나 뇌과학에서도 이 방법이 효과를 발휘할 것이라는 보장은 어디에도 없다. 자기만의 주관적인 경험을 하는 뇌는 우리가 지금까지 씨름했던 문제들과 다르다. 우리가 환원주의적 방식으로 뇌 문제를 해결하기 직전이라고 말하는 신경과학자가 있다면, 그는 문제의 복잡성을 전혀 알지 못하는 사람이다. 우리 이전의 모든 세대도 우주를 이해하는 데 중요한 도구를 모두 갖고 있다는 가정 하에 움직였지만 모두 예외 없이 틀린 생각이었다. 광학을 모른 채 무지개에 관한 이론을 구축하려고 애쓰는 사람, 전기에 대한 지식도 없이 번개를 이해하려고 애쓰는 사람, 신경전달물질이 발견되기도 전에 파킨슨병을 해결해보려고 애쓰는 사람을 상상해보라. 우리가 완벽한 시대에 태어나, 포괄적인 과학을 할 수 있게 됐다는 가정이 마침내 사실이 된 최초의 운 좋은 세대라는 말이 합리적으로 들리는가? 아니면 100년 뒤 사람들이 우리 시대를 되돌아보며 사람이 어떻게 그리 무지하게 살았는지 모르겠다고 생각할 가능성이 더 높아 보이는가? 4장에서 앞이 안 보이는 사람들의 사례를 설명한 것처럼, 우리는 정보가 없어서 까맣게 비어버린 구멍의 존재를 알지 못한다. 뭔가가 빠져 있다는 사실을 인식하지 못한다.[30]

물질주의가 옳지 않다고 말하려는 것이 아니다. 물질주의가 틀렸기를 내가 바라는 것도 아니다. 사실 물질주의 시각에서 바라본 우주도 여전히 정신을 차릴 수 없을 정도로 놀라울 것이다. 수십억 년 동안 분자들이 하나로 뭉쳐서 자연선택이라는 과정을 천천히 밟아 우리가 생겨났다. 또한 우리는 체액과 화학물질이 이동하는 고속도로로만 이루어져 있다. 화학물질은 수십억 개의 춤추는 세포 속에서 길을 따라 미끄러지고, 몇조 개나 되는 시냅스들의 대화가 동시에 웅웅거리고, 달걀 모양의 초미세 회로 덩어리가 현대 과학으로는 꿈도 꿀 수 없는 알고리즘을 운영하고, 이 신경 프로그램에서 의사결정, 사랑, 욕망, 두려움, 포부가 생겨난다. 내가 보기에는 이런 것을 이해하는 것이 신비로운 경험일 듯하다. 세상 모든 경전에 나오는 어떤 이야기보다도 낫다. 과학의 한계 너머에 무엇이 있는지는 미래 세대의 몫이다. 그러나 만약 엄격한 물질주의가 정답으로 판명되더라도, 그 또한 충분할 것이다.

　아서 C. 클라크는 충분히 발달한 기술은 마법과 구분할 수 없다는 말을 즐겨 했다. 나는 우리가 자신의 중심에서 폐위당한 것을 우울한 일로 보지 않는다. 그것을 마법으로 본다. 이 책에서 우리는 '우리'라는 생물학적 덩어리 안에 들어 있는 모든 것이 직관을 훨씬 넘어선 곳에 있음을 보았다. 우리 능력으로는 그토록 광대한 상호작용에 대해 생각할 수 없고, 성찰로도 감당할 수 없다. 우리라는 시스템이 너무나 복잡해서, 클라크가 묘사한 마법 같은 기술과 구분할 수 없을 정도다. 누군가의 말 그대로다. 만약 우리 뇌가 쉽게 이해할 수 있을 만큼 간단한 구조였다면, 우리는 그 구조를 이해할 수 있을 만큼 똑똑하지 못할 것이다.

　우주가 이렇게 광대할 줄을 우리가 결코 상상하지 못했듯이, 우리 자신이 이렇게 대단할 줄을 직관과 성찰로 알아내지 못했다. 이제 우리는 내면 우주의 광대함을 처음으로 언뜻 목격하는 중이다. 우리 내부에 숨어 있는 우주는 자기만의 목표, 책임, 논리를 갖고 있다. 뇌는 우리에게 외계의 것처럼 낯설게 느껴지는 기관이지만, 그 세세한 회로 패턴이 우리의 내면생활을 조각해낸다. 뇌는 얼마나 당혹스러운 걸작인지. 그리고 이 뇌에 주의를 돌릴 수 있는 의지와 기술이 있는 시대에 살게 된 우리는 얼마나 행운아인지. 우리가 우주에서 발견한 가장 놀라운 것. 그것이 뇌이고, 그것이 우리다.

감사의 말

이 책을 쓰는 데 많은 사람이 영감을 주었다. 개중에는 나의 원자들이 모여서 내가 되기 전에 원자로 돌아간 사람들도 있다. 내가 그들의 원자를 일부 물려받았을 수도 있지만, 그보다 더 중요한 것은 그들이 병 속에 담긴 편지처럼 남기고 간 생각들을 내가 운 좋게 물려받았다는 점이다. 엄청나게 머리가 좋은 사람들과 같은 시대를 살고 있는 것도 내게는 행운이다. 먼저 내 부모님인 아서와 시렐, 그리고 대학원 시절 논문 지도교수였던 리드 몬터규, 그 다음에는 소크 연구소의 테리 세지노프스키와 프랜시스 크릭 같은 멘토들로 그 맥이 이어졌다. 동료, 학생, 친구에게서 매일 영감을 얻는 것도 즐겁다. 그들 중 몇 명만 언급하자면 조너선 도나, 브렛 멘시, 체스 스텟슨, 돈 본, 압둘 쿠드라스, 브라이언 로젠탈 등이 있다. 편집에 대해 전문적인 조언을 해준 댄 프랭크와 닉 데이비스, 원고를 한 줄 한 줄 읽어준 내 연구실의 모든 학생들, 티나 보르자, 토미 스프레이그, 스테피 톰슨, 벤 부만, 브렌트 파슨스, 밍보 카이, 데이지 톰슨레이크에게 감사한다. 조녀선 D. 코언에게도 감사한다. 그가 주최한 세미나 덕분에 나는 5장에서 소개한 내 주장의 틀을 일부 잡을 수 있었다. 제목을 제안해준 쇼나 달링 로버트슨에게도 감사한다. 와일리 에이전시의 탄탄한 기반 위에서 내 책을 발표할 수 있게 된 것도 감사한 일이다. 재능 많은 앤드루 와일리, 보기 드물게 비범한 새라 챌펀트, 그리고 와일리의 모든 유능한 직원들에게 감사한다. 나와 내 책을 처음부터 믿어준 내 첫 대리인 제인 겔프먼에게 깊이 감사한다. 한없는 열정과 든든한 응원을 해준 제이미 빙에게도 감사한다. 마지막으로 감사할 사람은 사랑과 유머와 격려를 준 아내 새라다. 며칠 전 나는 간단히 '행복'이라고만 적힌 간판을 보았다. 그리고 그 간판을 보자마자 머릿속에 새라가 떠올랐음을 깨달았다. 내 뇌를 빽빽이 메운 뉴런의 숲 속 깊은 곳에서 행복과 새라가 시냅스 차원의 동의어가 되어 있었다. 내 삶에 그녀가 있어서 감사하다.

* * *

이 책에서 필자는 '나' 대신 '우리'를 자주 사용했다. 여기에는 세 가지 이유가 있다. 첫째, 대량의 지식을 종합적으로 다루는 책이 항상 그렇듯이, 이 책도 수백 년 동안 활약한 수천 명의 과학자 및 역사가와의 합작품이다. 둘째, 책을 읽는 경험이 독자와 필자 사이의 적극적인 협업이 되어야 한다. 셋째, 우리 뇌는 광대하고, 복잡하고, 자꾸 변하는 부품들로 이루어져 있으며, 우리는 그 부품들에 거의 접근하지 못한다. 이 책은 몇 년 동안 여러 명의 다른 사람 손에서 집필되었다. 그들의 이름은 모두 데이비드 이글먼이었으나, 흐르는 시간 속에서 그들은 조금씩 달라졌다.

주

1장

1 Music: Tremendous Magic, *Time*, December 4, 1950.

2 항상 내 가슴을 뛰게 만드는 사실 하나. 갈릴레이가 사망한 해(1642년)에 아이작 뉴턴이 태어나, 태양 주위를 도는 행성들의 궤도에 관한 기본 방정식을 밝혀냄으로써 갈릴레이의 연구를 완성했다.

3 Aquinas, *Summa theologiae*.

4 특히 라이프니츠는 구슬(이진법 숫자를 상징)을 사용하는 기계를 구상했다. 요즘으로 치면 펀치카드의 사촌이라고 할 수 있는 도구가 이 구슬들을 유도하는 역할을 했다. 소프트웨어 분리라는 개념을 내놓은 공이 대체로 찰스 배비지와 에이다 러브레이스의 몫으로 간주되고 있지만, 현대 컴퓨터는 라이프니츠가 구상한 기계와 기본적으로 다르지 않다. "이 [이진법] 계산법을 다음과 같은 방법으로 (바퀴 없이) 기계로 실행할 수 있다. 확인하기 쉽고 힘들지도 않다. 기계를 담는 그릇에는 열고 닫을 수 있는 구멍들이 마련될 것이다. 1에 해당하는 자리에서는 구멍을 열고, 0에 해당하는 자리에서는 구멍을 닫는다. 열린 구멍을 통해서는 작은 정육면체나 구슬이 트랙으로 떨어지겠지만, 닫힌 구멍에서는 아무것도 떨어지

지 않는다. [구멍의 배치는] 필요에 따라 줄 단위로 달라질 수 있다." Leibniz, *De Progressione Dyadica* 참조. 문헌에서 이 자료를 찾아준 조지 다이슨에게 감사한다.

5 Leibniz, *New Essays on Human Understanding*, 1765년 출판. '인지하지 못하는 소체'라는 말은 뉴턴, 보일, 로크 등 여러 사람이 갖고 있던 믿음과 관련되어 있다. 물질적인 물건이 인지하지 못하는 작은 소체로 구성되어 있으며, 이 소체에서 생겨난 물건의 성질을 우리가 인지한다는 믿음이다.

6 Herbart, *Psychology as a Science*.

7 Michael Heidelberger, *Nature from Within*.

8 Johannes Müller, *Handbuch der Physiologie des Menschen, dritte verbesserte Auflage*, 2 vols (Coblenz: Hölscher, 1837–1840).

9 Cattell, "The time taken up," 220–242.

10 Cattell, "The psychological laboratory," 37–51.

11 http://www.iep.utm.edu/f/freud.htm.

12 Freud and Breuer, *Studien über Hysterie*.

2장

1 Eagleman, "Visual illusions."

2 Sherrington, *Man on His Nature*. Sheets-Johnstone, "Counsciousness: a natural history"도 참조.

3 MacLeod and Fine, "Vision after early blindness."

4 Eagleman, "Visual illusions."

5 우리가 세상에서 지각하는 부분이 얼마나 적은지에 관한 쌍방향 시범을 보려면 eagleman.com/incognito 참조. 변화맹에 대한 훌륭한 리뷰를 보려면 다음을 참조. Rensink, O'Regan, and Clark, "To see or not to see"; Simons, "Current approaches to change blindness"; and Blackmore, Brelstaff, Nelson, and Troscianko, "Is the richness of our visual world an illusion?"

6 Levin and Simons, "Failure to detect changes to attended objects."

7 Simons and Levin, "Failure to detect changes to people."

8 Macknik, King, Randi, et. al., "Attention and awareness in stage magic."

9   2.5D 스케치라는 개념을 도입한 사람은 신경과학자 고 데이비드 마다. 원래 그는 완전한 3D 모델 개발을 향한 시각 시스템의 여정에서 중간단계로 이 개념을 제안했으나, 그 뒤로 실제 뇌에서는 온전한 3D 모델이 결코 만들어지지 않으며, 세상을 살아가는 데 필요하지도 않다는 사실이 분명해졌다. Marr, *Vision* 참조.

10 O'Regan, "Solving the real mysteries of visual perception," and Edelman, *Representation and Recognition in Vision*. 1978년에 일찌감치 이 문제를 인식한 그룹이 있지만, 이 문제가 널리 인식되는 데에는 많은 세월이 걸렸다. "지각의 1차적 기능은 우리 내면의 틀을 광대한 외부 기억, 외부 환경 그 자체와 잘 맞추는 것이다." Reitman, Nado, Wilcox, "Machine Perception," 72.

11 Yarbus, "Eye movements."

12 이 현상은 양안경합이라고 불린다. 리뷰를 보려면 다음을 참조. Blake and Logothetis, "Visual competition" and Tong, Meng, and Blake, "Neural bases."

13 광수용기가 없는 구역이 생기는 것은, 시신경이 망막의 이 지점을 지나가면서 빛을 감지하는 세포들이 들어설 자리가 남지 않기 때문이다. Chance, "Ophthalmology"; Eagleman, "Visual illusions."

14 Helmholtz, Handbuch.

15 Ramachandran, "Perception of shape."

16 Kersten, Knill, Mamassian, and Bülthoff, "Illusory motion."

17 Mather, Verstraten, and Anstis, *The Motion Aftereffect*, and Eagleman, "Visual illusions."

18 Dennett, *Consciousness Explained*.

19 Baker, Hess, and Zihl, "Residual motion"; Zihl, von Cramon, and Mai, "Selective disturbance"; and Zihl, von Cramon, Mai, and Schmid, "Disturbance of movement vision."

20 McBeath, Shaffer, and Kaiser, "How baseball outfielders."

21 전투기 조종사도 추적 임무 중에 똑같은 알고리즘을 사용하는 것으로 드러났다. 물고기와 꽃등에도 마찬가지다. 조종사: O'Hare, "Introduction." 물고기: Lanchester&Mark, "Pursuit and prediction." 꽃등에: Collett와 Land, "Visual control."

22 Kurson, *Crashing Through*.

23 일부 시각장애인은 자신이 촉감으로 파악한 세상을 2차원이나 3차원 그림으로

전환할 수 있다는 말을 해둘 필요가 있다. 그러나 소실점으로 수렴하는 복도의 선을 그리는 것이 그들에게는 인지적인 훈련인 듯하다. 앞이 보이는 사람들이 감각으로 즉시 그 선을 인지하는 것과는 다르다.

24 Noë, *Action in Perception*.

25 P. Bach-y-Rita, "Tactile sensory substitution studies."

26 Bach-y-Rita, Collins, Saunders, White, and Scadden, "Vision substitution."

27 이런 연구를 종합적으로 다룬 글을 보려면 다음을 참조. Eagleman, *Live-Wired*. 요즘은 촉감 디스플레이가 혀에 직접 설치된 전극에서 오는 방식이 널리 사용된다. Bach-y-Rita, Kaczmarek, Tyler, and Garcia-Lara, "Form perception."

28 Eagleman, *Live-Wired*.

29 C. Lenay, O. Gapenne, S. Hanneton, C. Marque, and C. Genouel, "Sensory substitution: Limits and perspectives," in *Touching for Knowing, Cognitive Psychology of Haptic Manual Perception* (Amsterdam: John Benjamins, 2003), 275-92, and Eagleman, *Live-Wired*.

30 브레인포트는 가소성 선구자 폴 바흐이리타가 설립한 Wicab, Inc가 만들었다.

31 Bach-y-Rita, Collins, Saunders, White, and Scadden, "Vision substitution"; Bach-y-Rita, "Tactile sensory substitution studies"; Bach-y-Rita, Kaczmarek, Tyler, and Garcia-Lara, "Form perception"; M. Ptito, S. Moesgaard, A. Gjedde, and R. Kupers, "Cross-modal plasticity revealed by electrotactile stimulation of the tongue in the congenitally blind," *Brain* 128 (2005), 606-14; and Bach-y-Rita, "Emerging concepts of brain function," *Journal of Integrative Neuroscience* 4 (2005), 183-205.

32 Yancey Hall, "Soldiers may get 'sight' on tips of their tongues," *National Geographic News*, May 1, 2006.

33 B. Levy, "The blind climber who 'sees' with his tongue," *Discover*, June 23, 2008.

34 Hawkins, *On Intelligence*, and Eagleman, *Live-Wired*.

35 Gerald H. Jacobs, Gary A. Williams, Hugh Cahill, and Jeremy Nathans, "Emergence of novel color vision in mice engineered to express a human cone photopigment," *Science* 23 (2007): vol. 315. no. 5819, 1723-25. 이 실험의 결과를 깎아내린 의견을 보려면, Walter Makous, "Comment on 'Emergence of novel color vision in mice engineered to express a human cone photopigment,'" *Science* (2007): vol. 318. no. 5848, 196 참조. 이 글에서 마커스는 생쥐의 내적인 경험에 대해 어떤 식으로든 결

론을 내리기가 불가능하다고 주장한다. 생쥐의 내적인 경험에 대한 결론은, 생쥐가 빛과 어둠의 농도와는 다른 색을 경험한다고 주장하는 데 필요한 선결조건이다. 생쥐의 내적 경험이 무엇이든, 그들의 뇌가 새로운 광색소에서 나온 정보를 통합해서, 전에는 구분할 수 없던 것을 구분하게 되었음은 분명하다. 중요한 것은, 이런 기법을 이제 붉은털원숭이에게도 사용할 수 있다는 점이다. 이 방법을 사용하면, 지각에 관해 올바르고 상세한 질문을 던질 수 있는 문이 열릴 것이다.

36 Jameson, "Tetrachromatic color vision."

37 Llinas, *I of the Vortex*.

38 Brown, "The intrinsic factors." 비록 브라운은 1920년대에 선구적인 신경생리학 실험으로 상당히 유명했지만, 1930년대에는 세계적으로 유명한 산악 원정과 몽블랑 정상으로 가는 새로운 등반로 발견으로 훨씬 더 유명해졌다.

39 Bell, "Levels and loops."

40 McGurk and MacDonald, "Hearing lips," and Schwartz, Robert-Ribes, and Escudier, "Ten years after Summerfield."

41 Shams, Kamitani, and Shimojo, "Illusions."

42 Gebhard and Mowbray, "On discriminating"; Shipley, "Auditory flutterdriving"; and Welch, Duttonhurt, and Warren, "Contributions."

43 Tresilian, "Visually timed action"; Lacquaniti, Carrozzo, and Borghese, "Planning and control of limb impedance"; Zago, et. al., "Internal models"; McIntyre, Zago, Berthoz, and Lacquaniti, "Does the brain model Newton's laws?"; Mehta and Schaal, "Forward models"; Kawato, "Internal models"; Wolpert, Ghahramani, and Jordan, "An internal model"; and Eagleman, "Time perception is distorted during visual slow motion," Society for Neuroscience, abstract, 2004.

44 MacKay, "Towards an information-flow model"; Kenneth Craik, *The Nature of Explanation* (Cambridge, UK: Cambridge University Press, 1943); Grush, "The emulation theory." Kawato, Furukawa, and Suzuki, "A hierarchical neural-network model"; Jordan and Jacobs, "Heirarchical mixtures of experts"; Miall and Wolpert, "Forward models"; and Wolpert and Flanagan, "Motor prediction."

45 Grossberg, "How does a brain...?"; Mumford, "On the computational architecture"; Ullman, "Sequence seeking"; and Rao, "An optimal estimation approach."

46 MacKay, "The epistemological problem."

47 간지럼에 대해 더 알아보려면, Blakemore, Wolpert, and Frith, "Why can't you tickle yourself?" 참조. 일반적으로, 감각적인 기대와 어긋나는 일이 벌어지면, 뇌는 책임에 대한 정보를 얻을 수 있다. 즉, 내가 그 행동의 원인인지 다른 누군가가 원인인지 알게 된다는 것이다. 조현병 환각은 자신의 행동에 대한 기대와 거기서 나온 감각신호가 일치하지 않아서 생길 수 있다. 자신의 행동과 다른 독립적인 행위자의 행동을 구분하지 못한다는 것은, 환자가 내면의 목소리를 다른 사람의 것으로 치부한다는 뜻이다. 이 부분에 대해 더 알고 싶다면, Frith and Dolan, "Brain mechanisms" 참조.

48 Symonds and MacKenzie, "Bilateral loss of vision."

49 Eagleman and Sejnowski, "Motion integration," and Eagleman, "Human time perception."

50 Eagleman and Pariyadath, "Is subjective duration...?"

3장

1 Macuga, et al., "Changing lanes."

2 Schacter, "Implicit memory."

3 Ebbinghaus, *Memory: A Contribution to Experimental Psychology*.

4 Horsey, *The Art of Chicken Sexing*; Biederman and Shiffrar, "Sexing day-old chicks"; Brandom, "Insights and blindspots of reliabilism"; and Harnad, "Experimental analysis."

5 Allan, "Learning perceptual skills."

6 Cohen, Eichenbaum, Deacedo, and Corkin, "Different memory systems," and Brooks and Baddeley, "What can amnesic patients learn?"

7 무의식 차원에서 정보를 한데 묶는 사례를 하나 더 들어보자. 피험자에게 탄산음료를 준 뒤, 의자를 흔들어 멀미를 유도한 실험이 있었다. 그 결과 피험자는 탄산음료를 몹시 싫어하게 되었다. 그 음료수가 구역질을 유발하는 움직임과 아무런 상관이 없다는 사실을 (의식적으로) 잘 아는데도 소용없었다. Arwas, Rolnick, and Lubow, "Conditioned taste aversion" 참조.

8 Greenwald, McGhee, and Schwartz, "Measuring individual differences."

9 이 암묵적인 연상 테스트를 온라인에서 해볼 수 있다. https://implicit.harvard. edu/implicit/demo/selectatest.html.

10 Wojnowicz, Ferguson, Dale, and Spivey, "The self-organization of explicit attitudes." Freeman, Ambady, Rule, and Johnson, "Will a category cue attract you?"

11 Jones, Pelham, Carvallo, and Mirenberg, "How do I love thee?"

12 같은 글.

13 Pelham, Mirenberg, and Jones, "Why Susie sells," and Pelham, Carvallo, and Jones, "Implicit egotism."

14 Abel, "Influence of names."

15 Jacoby and Witherspoon, "Remembering without awareness."

16 Tulving, Schacter, and Stark, "Priming effects." 단어를 도저히 기억할 수 없을 것이라는 확신이 들 만큼 내가 여러분의 정신을 산만하게 만든다 해도 같은 효과가 나타난다. 여러분은 여전히 훌륭한 솜씨로 빈칸을 채울 것이다. Graf and Schacter, "Selective effects" 참조.

17 점화효과라는 개념은 문학과 엔터테인먼트에서 풍요로운 역사를 지니고 있다. 제임스 그레이엄 밸러드의 《서브리미널 맨The Subliminal Man》(1963)에서 길가에 높고 거대하게 서 있는 수십 개의 텅 빈 판들이 사실은 잠재의식적인 광고기계로서 사람들에게 더 많이 일하고 더 많은 제품을 사라고 부추기고 있을 것이라고 의심하는 사람은 해서웨이라는 인물뿐이다. 코미디언 케빈 닐런이 〈새터데이 나이트 라이브〉에서 연기한 캐릭터는 이처럼 잠재의식에 휘둘리는 사람을 익살맞게 표현했다. 그는 토크쇼 인터뷰 도중에 "나는 항상 이 프로그램을 즐겨 봤어요(토할 것 같아). 이 프로그램에 게스트로 나오니 재미있네요(고문이야). 마치 내게 제2의 고향 같아요(타이태닉 같아)"라고 말한다.

18 Graf and Schacter, "Implicit and explicit memory."

19 Tom, Nelson, Srzentic, and King, "Mere exposure" 참조. 뇌가 주의를 기울이지 않은 상태에서도 눈에 보인 것을 흡수할 수 있다는 사실에 대해 더 기본적인 시각을 보려면, Gutnisky, Hansen, Iliescu, and Dragoi, "Attention alters visual plasticity" 참조.

20 누가 이 말을 가장 먼저 했는지 아무도 확실히 모른다는 점이 얄궂다. 이 말의 주인으로 지목된 사람은 Mae West, P. T. Barnum, George M. Cohan, Will Rogers, W. C. Fields 등 다양하다.

21 Hasher, Goldstein, and Toppino, "Frequency and the conference of referential validity."

22 Begg, Anas, and Farinacci, "Dissociation of processes in belief."

23 Cleeremans, *Mechanisms of Implicit Learning*.

24 Bechara, Damasio, Tranel, and Damasio, "Deciding advantageously."

25 Damasio, "The somatic marker hypothesis"; Damasio, *Descartes' Error*; and Damasio, *The Feeling of What Happens*.

26 Eagleman, *Live-Wired*.

27 Montague, *Your Brain Is (Almost) Perfect*.

28 운동선수들을 자세히 관찰하면, 그들이 정신을 집중하기 위해 신체적으로 똑같은 동작을 되풀이할 때가 많다는 것을 알 수 있다. 드리블을 정확히 세 번 하거나 목을 왼쪽으로 꺾은 다음 슈팅을 하는 식이다. 이렇게 정해진 동작은 예측 가능성을 제공해줌으로써, 운동선수들이 좀 더 무의식적인 상태로 들어갈 수 있게 해준다. 종교의식에서도 같은 목적으로 반복적이고 예측 가능한 절차가 일상적으로 사용된다. 외워서 읊는 기도문, 묵주 헤아리기, 성가 영창은 모두 소란스럽고 분주한 의식을 느긋하게 만드는 데 도움이 된다.

4장

1 Blaise Pascal, *Pensées*, 1670.

2 이 모든 신호들(텔레비전 신호, 무선 신호, 마이크로웨이브, X선, 감마선, 휴대전화 신호 등)은 손전등에서 나오는 빛과 정확히 똑같다. 파장이 다를 뿐이다. 이 사실을 이미 알던 독자들도 있을 것이다. 알지 못하던 독자라면, 이 간단하고 놀라운 과학적 사실을 빨리 머리에 넣고 싶을 것이다.

3 야코프 폰 윅스퀼은 1909년에 움벨트라는 개념을 도입해, 1940년대까지 연구했다. 이 개념은 그 뒤로 수십 년 동안 사라졌다가, 1979년 기호학자 토머스 세벅이 재발견해 되살렸다. Jakob von Uexküll, "A stroll through the worlds of animals and men." Giorgio Agamben, 10장, "Umwelt", *The Open: Mand and Animal*, trans. Kevin Attell (Palo Alto: Stanford University Press, 2004) 참조. 이탈리아어 원서는 2002년에 출간된 *L'aperto: l'uomo e l'animale*.

4 K. A. Jameson, S. Highnote, and L. Wasserman, "Richer color experience in observers with multiple photopigment opsin genes," *Psychonomic Bulletin & Review*, 8, no. 2 (2001): 244–61; and Jameson, "Tetrachromatic color vision."

5   공감각에 대해 더 알고 싶다면, Cytowic and Eagleman, *Wednesday Is Indigo Blue* 참조.

6   여러분에게 공감각이 있는 것 같다면? www.synesthete.org에서 무료 온라인 테스트를 해볼 수 있다. Eagleman, et al., "A standardized test battery for the study of synesthesia" 참조.

7   우리 연구소는 행동에서부터 뇌 촬영과 유전학에 이르기까지 공감각을 자세히 연구하기 시작했다. 뇌의 사소한 차이가 때로 현실 지각의 큰 차이로 나타나는 경위를 연구하는 진입로로 이용하기 위해서다. www.synesthete.org 참조.

8   다시 말해서, 형태가 정신적 공간 안의 어떤 지점에 있어서 그 위치를 지목할 수 있다는 뜻이다. 공간순서 공감각자가 아닌 사람이라면, 자신 앞의 공간에 자동차가 주차되어 있는 모습을 상상해보라. 환각을 볼 때와 달리 물리적으로 자동차를 볼 수는 없지만, 자동차 앞바퀴, 운전석 창문, 뒤 범퍼 등의 위치를 지목하는 데에는 아무 문제가 없을 것이다. 그 사람의 정신적 공간에서 자동차가 3차원 좌표를 갖고 있기 때문이다. 자동적으로 나타나는 수형도 마찬가지다. 환각과 달리, 수형은 외부 시각세계에 덮어씌워지지 않고, 정신적 공간 안에 살아 있다. 사실 시각장애인도 수형 공감각을 경험할 수 있다. Wheeler and Cutsforth, "The number forms of a blind subject" 참조. 공간순서 공감각에 대한 더 광범위한 논의를 보려면, Eagleman, "The objectification of overlearned sequences," and Cytowic and Eagleman, *Wednesday Is Indigo Blue* 참조.

9   Eagleman, "The objectification of overlearned sequences."

10 흥미로운 추측 중 하나는 모든 뇌가 공감각을 갖고 있다는 것이다. 그러나 대다수의 사람들은 의식의 수면 아래 뇌에서 진행되는 이 감각융합을 의식하지 못한다. 사실 모든 사람이 순서에 대해 암묵적인 수직선數直線을 갖고 있는 것 같다. 누가 물어보면 사람들은 수직선에 표시된 정수가 왼쪽에서 오른쪽으로 갈수록 커진다는 데에 아마 동의할 것이다. 공간순서 공감각자는 순서를 3차원에서 자동적이고 일관되고 구체적인 형태로 경험한다는 점이 다르다. Eagleman, "The objectification of overnotes learned sequences", and Cytowic and Eagleman, *Wednesday Is Indigo Blue* 참조.

11 Nagel, *The View from Nowhere.*

12 개괄적인 설명을 보려면, Cosmides and Tooby, *Cognitive Adaptations* 참조. 깊이 있고 훌륭한 책을 원한다면, Steven Pinker, *The Blank Slate* 참조.

13 Johnson and Morton, "CONSPEC and CONLERN."

14 Meltzoff, "Understanding the intentions of others."

15 Pinker, *The Blank Slate.*

16 Wason and Shapiro, "Reasoning," and Wason, "Natural and contrived experience."

17 Cosmides and Tooby, *Cognitive Adaptions.*

18 Barkow, Cosmides, and Tooby, *The Adapted Mind.*

19 Cosmides and Tooby, "Evolutionary psychology: A primer," 1997; http://www.psych.ucsb.edu/research/cep/primer.html

20 James, *The Principles of Psychology.*

21 Tooby and Cosmides, *Evolutionary Psychology: Foundational Papers* (Cambridge, MA: MIT Press, 2000).

22 Singh, "Adaptive significance" and "Is thin really beautiful," and Yu and Shepard, "Is beauty in the eye?"

23 일반적으로 허리가 이보다 가느다란 여성은 공격적이고 야망이 있는 것처럼 보이는 반면, 허리가 이보다 굵은 여성은 상냥하고 성실하게 보인다.

24 Ramachandran, "Why do gentlemen...?"

25 Penton-Voak, et al., "Female preference for male faces changes cyclically."

26 Vaughn and Eagleman, "Faces briefly glimpsed."

27 Friedman, McCarthy, Förster, and Denzler, "Automatic effects." 술과 관련된 다른 개념들을(이를테면 사교성) 또한 알코올과 관련된 단어들로 활성화될 수 있을지 모른다. 포도주 한 잔을 (마시지 않고) 보는 것만으로도 대화가 더 편안해지고 눈을 마주치는 횟수가 늘어날 수 있다는 뜻이다. 이보다는 불확실하지만 그래도 가능성이 있는 일을 하나 꼽는다면, 고속도로변의 술 광고를 보고 운전 실력이 떨어질 가능성이 있다는 추측이 있다.

28 은폐된 배란(그리고 밖으로 알을 낳는 것과는 대비되는 체내 수정)은 남성이 자신의 짝인 여성에게 항상 똑같이 주의를 기울이게 만들어 남성에게 버림받을 가능성을 줄여주는 메커니즘으로 생겨났을 가능성이 있다.

29 Roberts, Havlicek, and Flegr, "Female facial attractiveness increases."

30 배란 기간 중 귀, 젖가슴, 손가락의 균형에 대해서는, Manning, Scutt, Whitehouse,

Leinster, and Walton, "Asymmetry," Scutt and Manning, "Symmetry," 피부색이 밝아지는 것에 대해서는, Van den Berghe and Frost, "Skin color preference" 참조.

31 G. F. Miller, J. M. Tybur, and B. D. Jordan, "Ovulatory cycle effects on tip earnings by lap-dancers: Economic evidence for human estrus?" *Evolution and Human Behavior*, 28 (2007): 375–81.

32 Liberles and Buck, "A second class." 인간도 이런 유형의 수용기 유전자를 갖고 있기 때문에, 인간과 관련된 페로몬의 역할을 찾는다면 코로 냄새를 맡아보는 방법이 가장 유망하다.

33 Pearson, "Mouse data."

34 C. Wedekind, T. Seebeck, F. Bettens, and A. J. Paepke, "MHC-dependent mate preferences in humans." *Proceeding of the Royal Society of London Series B: Biological Sciences* 260, no. 1359 (1995): 245–49.

35 Varendi and Porter, "Breast odour."

36 Stern and McClintock, "Regulation of ovulation by human pheromones." 함께 사는 여성들의 월경주기가 동기화된다는 믿음이 널리 퍼져 있으나, 이는 사실이 아닌 것으로 보인다. 이런 주장을 소개한 원래 보고서들(과 그 뒤에 이루어진 대규모 실험 결과)을 꼼꼼히 연구한 결과, 통계적 변동으로 월경주기가 동기화된 듯이 보이지만 사실은 그것이 우연한 일에 불과하다는 사실이 밝혀졌다. Zhengwei and Schank, "Women do not synchronize" 참조.

37 Moles, Kieffer, and D'Amato, "Deficit in attachment behavior."

38 Lim, et al., "Enhanced partner preference."

39 H. Walum, L. Westberg, S. Henningsson, J. M. Neiderhiser, D. Reiss, W. Igl, J. M. Ganiban, et al., "Genetic variation in the vasopressin receptor 1a gene (AVPR1A) associates with pair-bonding behavior in humans." *PNAS* 105, no.37 (2008): 14153–56.

40 Winston, *Human Instinct*.

41 Fisher, *Anatomy of Love*.

5장

1 Marvin Minsky, *Society of Mind*.

2 Diamond, *Guns, Germs, and Steel*.

3 '사회' 아키텍처의 장단점을 구체적으로 알고 싶다면, 로봇 과학자 로드니 브룩스 (Brooks, "A robust layered")가 개척한 포섭 아키텍처라는 개념을 생각해보라. 포섭 아키텍처의 기본 조직 단위는 모듈이다. 각각의 모듈은 독자적인 하급 임무를 전문적으로 담당한다. 예를 들어, 센서나 작동장치를 제어하는 기능이 여기 속한다. 모듈은 독자적으로 활동하면서 각자 맡은 일을 하며, 입력신호와 출력신호를 갖고 있다. 모듈의 입력신호가 미리 지정된 역치를 넘어서면, 출력이 활성화된다. 입력신호는 센서 또는 다른 모듈에서 온다. 각각의 모듈은 또한 억제신호와 금지신호도 받아들인다. 억제신호는 정상적인 입력신호를 무효로 돌린다. 금지신호는 출력을 완전히 금지시킨다. 이런 신호들 덕분에 행동이 서로를 무효화해서, 시스템이 조리 있는 행동을 할 수 있게 된다. 조리 있는 행동을 위해 모듈은 여러 층으로 배치되어 있다. 각각의 층은 하나의 행동, 예를 들어 '방황'이나 '움직이는 물체 따라가기'를 실행할 수 있다. 모듈의 층에는 위계가 있어서, 높은 층이 금지 신호나 억제 신호로 낮은 층의 행동을 금지할 수 있다. 각각의 층이 저마다 다른 수준의 제어능력을 갖고 있다는 뜻이다. 이 아키텍처는 지각과 행동을 단단히 연결시켜, 반응성이 높은 기계를 만들어낸다. 그러나 이 시스템 안에서 모든 행동 패턴이 미리 회로에 새겨져 있다는 점이 단점이다. 포섭 에이전트는 빠르지만, 전적으로 세상의 명령에 의존한다. 순전히 반응만 할 뿐이다. 포섭 에이전트는 부분적으로 지능과 거리가 먼 행동을 한다. 결론을 내릴 때 바탕으로 삼을 세상의 내적 모델이 없기 때문이다. 로드니 브룩스는 이것이 장점이라고 주장한다. 모델이 없으므로, 그 모델을 읽고, 쓰고, 이용하고, 유지할 시간이 필요하지 않다는 것이다. 그런데도 인간의 뇌는 여기에 시간을 들일 뿐만 아니라, 작업을 영리하게 해낸다. 나는 격리된 전문가들이 서 있는 조립 라인이라는 개념에서, 갈등을 기반으로 한 정신의 민주주의라는 개념으로 옮겨가야만 인간의 뇌를 시뮬레이션할 수 있다고 주장한다. 정신의 민주주의에서는 다양한 정당이 같은 주제를 놓고 투표를 한다.

4 예를 들어, 이 방법은 인공신경망에서 흔히 사용된다. Jacobs, Jordan, Nowlan, Hinton, "Adaptive mixtures."

5 Minsky, *Society of Mind*.

6 Ingle, "Two visual systems." 이는 다음에서 더 논의되었다. Milner and Goodale, *The Visual Brain*.

7 뇌에서 갈등의 중요성에 대해서는, Edelman, Computing the Mind 참조. 서로 갈등하는 행위자들로 최적화된 뇌가 구성될 수 있다. Livnat and Pippenger, "An optimal brain"; Tversky and Shafir, "Choice under conflict"; Festinger, *Conflict, Decision, and Dissonance*. Cohen, "The vulcanization," and McClure et al., "Conflict monitoring" 참조.

8 Miller, "Personality," Livant and Pippenger, "An optimal brain"에서 재인용.

9 이중과정 주장에 대한 리뷰를 보려면, "Dual-processing accounts" 참조.

10 같은 글의 표1 참조.

11 Freud, *Beyond the Pleasure Principle* (1920). 사람의 심리가 세 부분으로 이루어졌다는 가설은 3년 뒤 《자아와 이드Das Ich und das Es》에서 더욱 확장되었다. Freud, The Standard Edition에서 볼 수 있음.

12 예를 들어, Mesulam, *Principles of Behavioral and Cognitive neurology*; Elliott, Dolan, and Frith, "Dissociable functions"; and Faw, "Pre-frontal executive committee" 참조. 이 분야 내에 신경해부학과 논의의 섬세한 부분이 많이 존재하지만, 이런 세부 사항은 내 주장에서 핵심적인 위치에 있지 않으므로 참고문헌으로만 다뤄질 것이다.

13 일부 저자들은 이 시스템들을 건조하게 시스템 1, 시스템 2로 지칭했다(예를 들어, Stanovich, *Who is rational?* or Kahneman and Frederick, "Representativeness revisited" 참조). 이 책에서는 (혹시 불완전하더라도) 가장 직관적으로 받아들여질 것 같은 감정 시스템과 이성 시스템을 사용하겠다. 이 이름은 이 분야에서 흔히 사용된다. 예를 들어, Cohen, "The vulcanization," and McClure, et al., "Conflict monitoring" 참조.

14 이런 의미에서 감정적인 반응을 정보처리 과정으로 볼 수 있다. 수학문제만큼 복잡하지만, 바깥세계보다는 내면세계에 집중하는 과정이다. 이 처리 결과(뇌의 상태와 신체적 반응)는 생명체가 따를 수 있는 간단한 행동 계획("이것을 하라, 저것은 하지 마라")을 제공해줄 수 있다.

15 Greene, et al., "The neural bases of cognitive conflict."

16 Niedenthal, "Embodying emotion," and Haidt, "The new synthesis" 참조.

17 Frederick, Loewenstein, and O'Donoghue, "Time discounting."

18 McClure, Laibson, Loewenstein, and Cohen, "Separate neural systems." 구체적으로 말해서, 먼 미래에 큰 보상이 돌아오는 쪽을 선택할 때, 외측 전전두엽 피질과 후 두정 피질이 더 활발해졌다.

19 R. J. Shiller, "Infectious exuberance," *Atlantic Monthly*, July/August 2008.

20 Freud, "The future of an illusion," in The Standard Edition.

21 Illinois Daily Republican, Belvidere, IL, January 2, 1920.

22 Arlie R. Slabaugh, *Christmas Tokens and Medals* (Chicago: printed by Author, 1966), ANA Library Catalogue No. RM85.C5S5.

23 James Surowiecki, "Bitter money and christmas clubs," Forbes.com, February 14, 2006.

24 Eagleman, "America on deadline."

25 Thomas C. Schelling, *Choice and Consequence* (Cambridge, MA Harvard University Press, 1984); Ryan Spellecy, "Reviving Ulysses contracts," *Kennedy Institute of Ethics Journal* 13, no. 4 (2003): 373–92; Namita Puran, "Ulysses contracts: Bound to treatment or free to choose?" *York Scholar* 2 (2005): 42–51.

26 없다. 그러나 율리시스의 계약에서 미래에 대한 불완전한 지식은 항상 존재하는 요소다.

27 이 구절은 내 동료 조너선 도나에게서 빌려온 것이다. 그는 이렇게 말했다. "자신의 배외측 전전두엽 피질을 믿을 수 없다면, 다른 사람의 것을 빌려와." 나는 그가 원래 했던 말을 사랑하지만, 이 책에 사용하기 위해 좀 더 간단하게 수정했다.

28 수십 년에 걸친 갈라진 뇌 연구의 상세한 요약을 보려면, Tramo, et al., "Hemispheric Specialization" 참조. 일반인을 위한 요약 설명을 보려면, Michael Gazzaniga, "The split-brain revisited" 참조.

29 Jaynes, *The Origin of Consciousness*.

30 예를 들어, Rauch, Shin, and Phelps, "Neurocircuitry models" 참조. 무서운 기억과 시간 지각의 관계를 조사한 글을 보려면, Stetson, Fiesta, and Eagleman, "Does time really...?" 참조.

31 기억과 끊임없는 재창조 가설에 대해 생각해야 할 측면이 하나 더 있다. 신경과학자들은 기억을 하나의 현상이 아니라 여러 하위 유형의 집합체로 본다. 가장 광범위한 분류로는 단기기억과 장기기억이 있다. 예를 들어, 전화번호를 다 누를 때까지 기억하는 것이 단기기억이다. 장기기억 카테고리에는 서술기억(예를 들어, 아침

식사로 무엇을 먹었고, 결혼한 해가 언제인지)과 비서술기억(자전거 타는 법)이 있다. 개괄적인 글을 보려면, Eagleman and Montague, "Models of learning" 참조. 이런 분류가 도입된 것은 때로 여러 하위 유형 중 하나만 손상될 수 있기 때문이다. 이런 관찰 결과 때문에 신경과학자들은 기억을 여러 사일로에 분류해서 저장할 수 있을 것이라는 희망을 품게 되었다. 그러나 최종적으로 기억은 자연스러운 카테고리로 그렇게 깔끔하게 분류되지 않을 것이다. 그보다는 이번 장의 테마처럼, 여러 기억 메커니즘의 영역이 서로 겹치는 형태가 될 것이다. (예를 들어, 내측두엽과 기저핵에 각각 의존하며 분리가 가능한 '인지' 기억 시스템과 '습관' 기억 시스템의 리뷰를 보려면, Poldrack and Packard, "Competition" 참조.) 기억에 조금이라도 기여하는 회로는 모두 강화되어 기여할 수 있게 될 것이다. 이 가설이 옳다면, 신경과 클리닉에 들어오는 젊은 레지던트들에게 오랜 수수께끼인 '실제 환자와 교과서의 사례 설명이 드물게만 일치하는 이유는 무엇인가?'를 설명하는 데 도움이 될 것이다. 교과서는 깔끔한 분류를 가정하는 반면, 실제 뇌는 서로 겹치는 전략을 끊임없이 재창조한다. 그래서 실제 뇌는 원기 왕성하며, 인간중심적인 꼬리표에도 저항한다.

32 운동감지기의 다양한 모델을 리뷰한 글을 보려면, Clifford and Ibbotson, "Fundamental mechanisms" 참조.

33 현대 신경과학에 이처럼 여러 해법이 포함된 사례는 많다. 2장에서 언급한 운동 여파를 예로 들어보자. 폭포를 1분 정도 빤히 바라보다가 다른 곳(예를 들어 폭포 옆의 바위)으로 시선을 돌리면, 정지해 있는 바위가 위로 올라가는 것처럼 보일 것이다. 이런 착시현상은 시스템이 적응한 결과다. 뇌의 시각 영역은 아래로 떨어지는 움직임에서 새로운 정보가 거의 들어오지 않는다는 사실을 깨닫고 그 하강 움직임을 상쇄하는 방향으로 내부 파라미터를 조정하기 시작한다. 그 결과, 정지해 있는 것이 위로 올라가는 것처럼 보이게 된다. 과학자들은 이런 적응이 망막 단계, 시각 시스템의 초기 단계, 후기 단계 중 어디에서 일어나는지를 놓고 수십 년 동안 논쟁을 벌였다. 오랫동안 꼼꼼한 실험들이 실시된 끝에 마침내 논쟁이 끝났다. 애당초 질문 자체가 잘못되어서 하나의 정답을 구할 수 없다는 결론이 내려진 것이다. 시각 시스템의 여러 단계에서 적응이 일어난다(Mather, Pavan, Campana, Casco, "The motion aftereffect"). 어떤 영역은 빨리 적응하고, 어떤 영역은 느리게 적응하고, 또 어떤 영역은 중간 속도로 적응한다. 이런 전략 덕분에 뇌의 일부는 들어오는 데이터 스트림에서 변화를 민감하게 따라갈 수 있는 반면, 다른 부분들은 확실한 증거가 없으면 고집스럽게 변화를 거부한다. 앞에서 이야기한 기억 이슈로 돌아가

서, 여러 시간 단위로 기억을 저장하는 여러 방법을 자연이 찾아냈으며, 이 모든 시간 단위의 상호작용으로 새로운 기억보다 오래된 기억이 더 안정적으로 유지된다는 가설을 세울 수 있다. 오래된 기억이 더 안정적이라는 사실은 리보의 법칙으로 알려져 있다. 시간 단위별 가소성을 이용하는 아이디어에 대해 더 자세히 보려면, Fusi, Drew, and Abbott, "Cascade models" 참조.

34 좀 더 넓은 생물학적 맥락에서, 라이벌들로 이루어진 팀 가설은 뇌가 다윈주의적 시스템이라는 주장과 일치한다. 바깥세상에서 온 자극이 신경회로의 일부 패턴하고만 우연히 공명하는 시스템을 말한다. 바깥세상의 자극에 우연히 반응하는 회로는 강화되고, 다른 회로는 공명할 대상을 찾을 때까지 계속 떠돌아다닌다. 만약 자신을 '흥분시켜줄' 것을 끝내 찾지 못하면, 그들은 죽어서 사라진다. 이것을 반대 방향에서 다시 설명한다면, 바깥세상의 자극이 뇌 속의 회로를 '선택한다'고 할 수 있다. 그들이 일부 회로와 상호작용을 주고받는 것은 우연이다. 라이벌들로 이루어진 팀 가설은 신경 다윈주의와 훌륭하게 양립할 수 있으며, 신경회로의 다윈주의적 선택이 어떤 자극이나 임무와 우연히 공명한 여러 회로(기원이 아주 다양하다)를 강화하는 경향을 보일 것이라고 강하게 시사한다. 이런 회로들은 뇌의 의회에서 여러 파벌을 이룬다. 뇌를 다윈주의 시스템으로 본 견해를 보려면, Gerald Edelman, *Neural Darwinism*; Calvin, *How Brains Think*; Dennett, *Consciousness Explained*; or Hayek, *The Sensory Order* 참조.

35 Weiskrantz, "Outlooks" and *Blindsight*.

36 엄밀한 의미에서 파충류는 혀가 닿는 범위 밖에 있는 것은 별로 보지 못한다. 격하게 움직이는 물체가 있을 때만 예외다. 따라서 도마뱀에서 3미터 거리에 놓인 소파에 사람이 쉬고 있어도, 도마뱀에게 그 사람은 거의 존재하지 않는 것과 마찬가지다.

37 좀비 시스템이라는 용어의 사용에 대해서는 예를 들어, Crick and Koch, "The unconscious homunculus," for use of the term zombie systems 참조.

38 최근의 연구 결과는 최면후암시를 따라 스트룹 효과가 사라질 수 있음을 보여준다. 아미르 라즈의 연구팀은 최면이 가능한 피험자들을 선택해서, 완전히 독립적인 테스트를 사용했다. 피험자들은 최면 상태에서 나중에 과제가 제시되면 잉크 색깔에만 주의를 기울이라는 지시를 받았다. 그리고 나서 피험자들에게 시험을 실시하자, 스트룹 간섭이 사실상 나타나지 않았다. 최면은 신경계 차원에서 잘 밝혀진 현상이 아니다. 유독 최면에 잘 걸리는 사람이 존재하는 이유도 알려지지

않았다. 최면의 효과를 설명하는 데 주의력의 역할이나 보상패턴의 역할이 정확히 무엇인지도 역시 밝혀지지 않았다. 그래도 실험 데이터는 도망치고 싶은 욕망과 그 자리에 남아 싸우고 싶은 욕망 사이의 갈등처럼 내적인 변수들 사이의 갈등 감소에 대해 흥미로운 의문을 제기한다. Raz, Shapiro, Fan, and Posner, "Hypnotic suggestion" 참조.

39 Bem, "Self-perception theory"; Eagleman, "The where and when of intention."

40 Gazzaniga, "The split-brain revisited."

41 Eagleman, Person, and Montague, "A computational role for dopamine." 이 논문에서 우리는 뇌의 보상 시스템을 기반으로 모델을 구축하고, 이 모델을 같은 컴퓨터 게임에 돌려보았다. 놀랍게도 이 간단한 모델이 인간 전략의 중요한 특징들을 포착했다. 놀라울 정도로 단순한 기저 메커니즘이 사람들의 선택을 좌우한다고 암시하는 결과다.

42 M. Shermer, "Patternicity: Finding meaningful patterns in meaningless noise," *Scientific American*, December 2008.

43 간단한 설명을 위해 꿈 내용의 무작위 활동 가설을 이야기했다. 전문용어로는 활성화-종합 모델이라고 한다(Hobson, McCarley, "The brain as a dream state generator"). 사실 꿈에 대해서는 많은 이론이 있다. 프로이트는 꿈이 위장된 소원 실현 시도라는 의견을 내놓았으나, 외상후 스트레스장애 환자의 반복적인 꿈을 생각하면 옳은 의견일 가능성이 낮은 것 같다. 1970년대에 융은 성격 중에서 깨어 있을 때 방치되는 일면들을 꿈이 보상한다는 의견을 내놓았다. 여기서 문제는 꿈의 테마가 문화권과 세대 구분 없이 어디서나 똑같은 것처럼 보인다는 점이다. 길을 잃는 테마, 식사를 준비하는 테마, 시험에 늦는 테마 등이 그렇다. 또한 이런 것들이 방치된 성격과 무슨 관계가 있는지 설명하기도 조금 어렵다. 나는 활성화-종합 가설이 신경생물학계에서 인기를 얻고 있기는 해도 전체적으로 봤을 때 꿈의 내용에 관해 아직 제대로 설명할 수 없는 부분이 많다는 점을 강조하고 싶다.

44 Crick and Koch, "Constraints."

45 Tinbergen, "Derived activities."

46 Kelly, *The Psychology of Secrets*.

47 Pennebaker, "Traumatic experience."

48 Petrie, Booth, and Pennebaker, "The immunological effects."

49 라이벌들로 이루어진 팀이라는 가설 자체가 AI 문제를 모두 해결해주는 것은 분

명히 아니다. 앞으로는 하위 부분들을 제어하는 법, 전문적인 하위 시스템에 제어
권을 역동적으로 할당하는 법, 싸움을 중재하는 법, 최근의 성공과 실패를 바탕
으로 시스템을 업데이트하는 법, 가까운 미래에 유혹과 낯낙뜨렸을 때 각각의 부
분들이 보일 행동에 대한 메타지식을 발전시키는 법 등을 학습하는 데에서 어려
움을 겪을 것이다. 우리 전두엽은 생물학의 가장 좋은 방법들을 이용해서 오랜 세
월 동안 발달해왔다. 우리는 전두엽 회로의 수수께끼를 아직 알아내지 못했다. 그
래도 처음부터 정확한 아키텍처를 이해하는 것이 앞으로 나아가는 최선의 방법
이다.

6장

1 Lavergne, *A Sniper in the Tower.*

2 Governor, Charles J. Whitman Catastrophe, Medical Aspects, September 8, 1966.

3 S. Brown, and E. Shafer, "An Investigation into the functions of the occipital and
temporal lobes of the monkey's brain," *Philosophical Transactions of the Royal Society of
London: Biological Sciences* 179 (1888): 303–27.

4 Klüver and Bucy, "Preliminary analysis." 보통 성욕과다증과 구순고착증이 동반되
는 이 증상들은 클뤼버-부시 증후군이라고 불린다.

5 K. Bucher, R. Myers, and C. Southwick, "Anterior temporal cortex and maternal
behaviour in monkey," *Neurology* 20 (1970): 415.

6 Burns and Swerdlow, "Right orbitofrontal tumor."

7 Mendez, et al., "Psychiatric symptoms associated with Alzheimer's disease"; Mendez,
et al., "Acquired sociopathy and frontotemporal dementia."

8 M. Leann Dodd, Kevin J. Klos, James H. Bower, Yonas E. Geda, Keith A. Josephs,
and J. Eric Ahlskog, "Pathological gambling caused by drugs used to treat Parkinson
disease," *Archives of Neurology* 62, no. 9 (2005): 1377–81.

9 보상 시스템의 탄탄한 기초와 명확한 설명을 보려면, Montague, *Your Brain Is
(Almost) Perfect* 참조.

10 Rutter, "Environmentally mediated risks"; Caspi and Moffitt, "Gene-environment
interactions."

11 죄를 저지르려는 마음을 범의mens rea라고 한다. 죄가 되는 행동actus reus을 저질 렀으나 십중팔구 범의가 없었던 것으로 짐작된다면, 그 사람은 유죄가 아니다.

12 Broughton, et al., "Homicidal somnambulism."

13 이 글을 쓰고 있는 현재까지 북아메리카와 유럽의 법원이 다룬 몽유병 살인은 모 두 68건이다. 그중 최초의 사건은 1600년대에 기록되었다. 이 사건들 중 일부는 피 고인이 몽유병을 거짓으로 호소한 사례일 것으로 짐작되지만, 모두가 그렇지는 않다. 몽유병 살인보다 나중에 법원에 등장한 사건수면 중에는 수면 중 섹스(예를 들어 수면 중 강간이나 불륜)가 있는데, 여러 사건에서 같은 근거로 무죄판결이 나 왔다.

14 Libet, Gleason, Wright, and Pearl, "Time"; Haggard and Eimer, "On the relation"; Kornhuber and Deecke, "Changes"; Eagleman, "The where and when of intention"; Eagleman and Holcombe, "Causality"; Soon, et al., "Unconscious determinants of free decisions."

15 리벳의 간단한 실험으로 자유의지를 의미 있게 시험할 수 있다는 데에 모두가 동 의하지는 않는다. 미국의 정신과의사 폴 맥휴는 다음과 같이 지적했다. "행위자에 게 결과도 의미도 없는 변덕스러운 행동을 연구하면서 다른 결과를 기대할 수 있 는가?"

16 범죄 행동이 모두 행위자의 유전자에만 달려 있지 않다는 점을 명심해야 한다. 당 뇨병과 폐병에는 유전적 기질뿐만 아니라 각각 당분이 많은 음식과 악화된 대기 오염도 영향을 미친다. 같은 맥락에서, 범죄 행동에서도 생물학적 현상과 외부환 경이 상호작용을 주고받는다.

17 Bingham, Preface.

18 Eagleman and Downar, *Cognitive Neuroscience*.

19 Eadie and Bladin, *A Disease Once Sacred*.

20 Sapolsky, "The frontal cortex."

21 Scarpa and Raine, "The psychophysiology," and Kiehl, "A cognitive neuroscience perspective on psychopathy."

22 Sapolsky, "The frontal cortex."

23 Singer, "Keiner kann anders, als er ist."

24 여기서 '이상상태'는 오로지 통계적인 의미로만 쓰였다. 대부분의 사람이 어떤 행 동을 한다고 해서, 그것이 포괄적인 도덕적 의미의 옳은 행동이라는 뜻은 아니다.

그 지역의 법률, 관습, 특정 시간대에 한 집단이 지닌 도덕관을 보여줄 뿐이다. '범죄'도 항상 이렇게 느슨한 제약에 의해 규정된다.

25 Monahan, "A jurisprudence," or Denno, "Consciousness" 참조.

26 행동에 대한 생물학적 설명으로 쉽게 설명할 수 없는 것은 좌파와 우파가 각각 다른 주제를 민다는 점이다. Laland & Brown, Sense and Nonsense; O'Hara, "How neuroscience might advance the law." 적절한 경계심이 대단히 중요하다. 인간의 행동에 대한 생물학적 설명이 특정한 주장을 지원하는 데 오용된 사례가 있기 때문이다. 그러나 과거에 이런 사례가 있다는 이유로 생물학적인 연구를 포기할 수는 없다. 오히려 더 훌륭한 연구를 해야 한다.

27 예를 들어, Bezdjian, Raine, Baker, and Lynam, "Psychopathic personality," or Raine, *The Psychopathology of Crime* 참조.

28 전두엽 절제술이 대체로 범죄를 저지르지 않은 환자에게 성공적으로 적용할 수 있는 방법으로 여겨진 것은 환자 가족들의 열렬한 반응 때문이었다. 그들의 반응이 얼마나 편견에 차 있는지 사람들은 금방 알아차리지 못했다. 거칠고, 시끄럽고, 행동이 과장되고, 말썽을 부리는 아이를 부모들이 데려와 수술을 받게 하면, 훨씬 더 다루기 쉬운 아이가 되었다. 정신적인 문제를 지닌 아이가 얌전한 아이로 변한 것이다. 따라서 환자 가족들의 피드백은 긍정적이었다. 한 여성은 어머니가 전두엽 절제술을 받은 뒤의 상황을 다음과 같이 보고했다. "전에 어머니는 완전히 폭력적으로 자살을 시도했다. 안와경유 전두엽 절제술을 받은 뒤에는 그런 행동이 전혀 없었다. 즉시 그 행동이 사라졌다. 오로지 평화뿐이었다. 이것을 어떻게 설명해야 할지 모르겠다. 마치 동전을 뒤집은 것 같았다. 그만큼 신속했다. 그러니 [프리먼 박사가] 한 일이 무엇이든, 제대로 해낸 것 같다."

이 수술의 인기가 높아지면서, 수술 한계연령도 낮아졌다. 이 수술을 받은 가장 어린 환자는 하워드 덜리라는 열두 살 소년이었다. 그의 계모는 자신이 보기에 수술이 필요한 것 같은 행동을 한다고 설명했다. "잠자리에 들기 싫다고 해놓고 잠은 잘 자요. 백일몽을 꿀 때가 많은데, 누가 물어보면 '모르겠다'고 합니다. 밖에 해가 환히 떠 있는데도 방에 불을 켜요." 그렇게 해서 아이는 얼음송곳으로 전두엽을 절제하는 수술을 받았다.

29 예를 들어, Kennedy and Grubin, "Hot-headed or impulsive?", and Stanford and Barratt, "Impulsivity" 참조.

30 LaConte, et al., "Modulating," and Chiu, et al., "Real-time fMRI" 참조. 스티븐 라

콘트는 기능성 자기공명영상fMRI으로 실시간 피드백을 받는 방법을 선구적으로 개척했으며, 이런 연구를 주도하고 있다. 심리학과 중독 전문가인 펄 추는 이 기술을 이용해서 흡연자의 중독을 치료하는 실험을 선두에서 이끌고 있다.

31 재활 성공률이 100퍼센트인 판타지 세상을 상상해보자. 그런 세상에서는 처벌 시스템이 사라질까? 완전히 사라지지는 않을 것이다. 두 가지 이유로 처벌이 여전히 필요할 것이라고 합리적으로 주장할 수 있다. 첫째, 미래의 범죄 억제. 둘째, 자연스러운 인과응보 충동 충족.

32 Eagleman, "Unsolved mysteries."

33 Goodenough, "Responsibility and punishment."

34 Baird and Fugelsang, "The emergence of consequential thought."

35 Eagleman, "The death penalty."

36 Greene and Cohen, "For the law."

37 이 짧은 장에서 제시된 주장들에는 중요한 뉘앙스와 섬세함이 있는데, 다른 곳에 좀 더 자세히 설명되어 있다. 더 자세한 정보에 관심이 있다면, 증거를 바탕으로 한 사회정책 구축을 목표로 신경과학자, 법률가, 윤리학자, 정책 입안자를 한자리에 모은 Initiative on Neuroscience and Law(www.neulaw.org)를 참조하기 바란다. 관련 문헌을 더 읽어보려면, Eagleman, "Neuroscience and the law," or Eagleman, Correro, and Singh, "Why neuroscience matters" 참조.

38 인센티브 구축에 대해 더 알고 싶다면, Jones, "Law, evolution, and the brain" or Chorvat and McCabe, "The brain and the law" 참조.

39 Mitchell and Aamodt, "The incidence of child abuse in serial killers."

40 Eagleman, "Neuroscience and the law."

7장

1 Paul, *Annihilation of Man*.

2 Mascall, *The Importance of Being Human*.

3 이 말의 역사와 관련해서 로마의 시인 유베날리스는 "너 자신을 알라"가 하늘에서de caelo 곧바로 내려왔다고 말했다. 그보다 진지한 학자들은 스파르타의 킬론, 헤라클레이토스, 피타고라스, 소크라테스, 아테네의 솔론, 밀레투스의 탈레스 등

을 지목하거나 간단히 대중적인 속담이었다고 주장한다.

4 Bigelow, "Dr. Harlow's case."

5 Boston Post, 1848년 9월 21일사는 이보다 일찍 나온 *Ludlow Free Soil Union*(버몬트의 신문)의 보도를 출처로 밝혔다. 이 책에서 인용한 기사는 원래 보도에 '둘레'라고 표기된 것을 '지름'으로 올바르게 수정했다. Macmillan, *An Odd Kind of Fame* 참조.

6 Harlow, "Recovery."

7 분명히 밝히지만, 영혼에 관한 전통적인 종교의 주장은 내게 영향을 미치지 못한다. 내가 여기서 말하는 '영혼'은 현재 우리가 알고 있는 생물학적 현상들의 꼭대기 또는 외부에 존재하는 일반적인 정수精髓에 가깝다.

8 Pierce and Kumaresan, "The mesolimbic dopamine system."

9 동물 모델에서 연구자들은 세로토닌 수용체를 닫아 불안감과 행동이 변하는 것을 보여준 다음, 수용체를 되살려 정상적인 행동을 회복시킨다. 예를 들어, Weisstaub, Zhou and Lira, "Cortical 5-HT2A" 참조.

10 Waxman and Geschwind, "Hypergraphia."

11 측두엽 간질 환자의 과도한 독실함에 대한 연구를 보려면, Trimble & Freeman, "An investigation" 참조. 간질과 과도한 독실함에 대한 개괄적 설명을 보려면, Devinsky & Lai, "Spirituality" 참조. 잔 다르크의 간질이 새로운 유형, 즉 청각적 특징을 지닌 특발성 부분간질(IPEAF)이었다는 견해를 보려면, d'Orsi & Tinuper, "'I heard voices'" 참조. 무함마드를 역사적으로 진단한 글을 보려면, Freemon, "A differential diagnosis" 참조. 이 글에서 그는 "현존하는 지식으로는 확실한 결론을 내릴 수 없지만, 측두엽 간질의 정신운동성 발작 또는 복잡한 부분 발작이 가장 가망 있는 진단인 것 같다"고 결론지었다.

12 나는 인간의 성행동이 증진된 것이 성병 바이러스의 생존을 위한 가장 뻔한 메커니즘이 아닌지 자주 생각해본다. 내가 아는 한 이 생각을 지지하는 데이터는 없지만, 한번 찾아봐야 할 것 같다.

13 작은 생물학적 변화가 큰 변화를 야기하는 사례는 아주 많다. 포진상뇌염 환자는 뇌의 특정 영역이 손상되어 말을 사용하거나 말의 의미를 이해하는 데 문제가 생긴 상태로 의사를 찾아올 때가 많다. 예를 들어, 'drive'와 'drove'처럼 불규칙한 과거형 변화를 헷갈리는 식이다. 불규칙 과거형 변화처럼 쉽게 인지할 수 없는 것이 현미경으로만 볼 수 있는 어떤 것과 직접 연결되어 있지는 않을 거라는 직감이 든

다면, 다시 생각해보기 바란다. 비정상적으로 접힌 단백질인 프리온이 유발하는 크로이츠펠트-야코브 병은 거의 항상 전체적인 치매로 연결되어, 자기방치, 무관심, 성마름 같은 증상이 나타난다. 이상한 것은 환자들이 쓰기, 읽기, 좌우 헷갈림 등 특정한 문제를 나타낸다는 점이다. 머리카락 너비의 2000분의 1밖에 안 되는 단백질의 접힘 구조가 좌우를 구분하는 감각을 좌우한다고 누가 생각이나 했을까? 그러나 그것이 현실이다.

14 Cummings, "Behavioral and psychiatric symptoms."

15 Sapolsky, "The frontal cortex."

16 Farah, "Neuroethics."

17 조현병과 이민 사이의 관계에 관한 한 가설에 따르면, 지속적인 사회적 패배감이 뇌에서 도파민의 기능을 교란한다. 리뷰를 보려면, Selten, Cantor-Graae, and Kahn, "Migration," or Weiser, et al., "Elaboration" 참조. 이 문헌을 처음 내게 알려준 내 동료 조너선 도나에게 감사한다.

18 2008년 현재, 미국의 수감자 수는 230만 명으로 수감자 비율이 세계 최고다. 폭력적인 상습범을 감금하는 것이 사회에 이로운 일이긴 해도, 실제 수감자 중에는 구금보다 더 생산적인 방식으로 다룰 수 있는 사람이 많다(예를 들어, 마약 중독자).

19 Suomi, "Risk, resilience."

20 이 유전자 변화는 세로토닌 수송체(5-HTT) 유전자의 프로모터 영역에 있다.

21 Uher and McGuffin, "The moderation," and Robinson, Grozinger, and Whitfield, "Sociogenomics."

22 Caspi, Sugden, Moffitt, et al., "Influence of life stress on depression."

23 Caspi, McClay, Moffitt, et al., "Role of genotype." 그들이 찾아낸 유전자 변화는 모노아민 산화효소 A(MAOA) 유전자의 프로모터 영역에 있었다. MAOA는 기분과 감정 조절에 필수적인 두 신경전달물질 시스템(노르아드레날린과 세로토닌)을 조절하는 분자다.

24 Caspi, Moffitt, Cannon, et al., "Moderation." 이 경우 연결고리는 카테콜메틸전이효소COMT 유전자의 작은 변화다.

25 Scarpa and Raine, "The psychophysiology of antisocial behaviour."

26 유전자-환경 상호작용을 이해하면 예방적인 접근에 도움이 될 수 있을까? 생각실험을 해보자. 우리가 유전자를 파악한 뒤 개조해야 할까? 어렸을 때 학대를 겪은 사람이 모두 성인이 되어 폭력의 길로 접어들지는 않는다는 것을 이미 보았다. 역

사적으로 사회학자들은 일부 아이들을 보호해줄 수 있는 사회적 경험에 초점을 맞췄다.(예를 들어, 우리가 학대 가정에서 아이를 구출해 안전하고 애정 어린 환경에서 기를 수 있는가?) 그러나 유전자의 보호 역할은 아직 탐구해본 적이 없다. 유전자가 환경의 모욕에 맞서 우리를 보호해줄 수 있는가? 이 아이디어가 지금은 SF의 영역에 있지만, 오래지 않아 누군가가 이런 상황에 사용할 수 있는 유전자 치료법, 즉 폭력 백신을 제안할 것이다.

그러나 이런 식의 개입에는 문제가 하나 있다. 유전자 변이가 이롭게 작용한다는 점. 예술가, 운동선수, 회계사, 건축가 등이 태어나려면 변이가 필요하다. 스티븐 수오미는 이렇게 말한다. "붉은털원숭이와 인간의 특정 유전자에서 관찰되지만 다른 영장류에서는 나타나지 않는 듯 보이는 변이가 실제로 그들의 놀라운 적응 능력과 회복력에 기여하는 것 같다." 다시 말해서, 어느 유전자 조합이 사회에 가장 이로운 결과를 낳을지 우리는 몹시 무지하다. 그리고 이런 무지야말로 유전자 개입에 반대하는 가장 탄탄한 근거가 된다. 게다가 환경에 따라 똑같은 유전자가 범죄자 대신 탁월한 사람을 만들어낼 수도 있다. 공격적인 기질 유전자가 재능 있는 기업가나 CEO를 만들어낼 수도 있고, 폭력성 유전자가 많은 사람의 찬사를 받으며 두둑한 연봉을 받는 미식축구 영웅을 만들어낼 수도 있다.

27 Kauffman, *Reinventing the Sacred*.

28 Reichenbach, *The Rise of Scientific Philosophy*.

29 신경과학과 양자역학 사이의 관계를 알아내는 데 난제가 될 가능성이 있는 사실 하나는 뇌조직이 켈빈 온도로 대략 300도이며 인접한 환경과 항상 상호작용을 주고받는다는 점이다. 이런 특징은 양자얽힘 같은, 흥미로운 양자 행동을 잘 받아들이지 않는다. 그래도 이 두 분야 사이의 간격이 점점 좁아지기 시작한다. 양쪽 과학자들이 간격 너머로 의미심장하게 손을 뻗기 위해 몸을 풀고 있기 때문이다. 게다가 광합성이 똑같은 온도 범위 안에서 양자역학 원칙에 따라 작동한다는 사실이 이제는 분명히 밝혀졌다. 한 방면에서 이런 술수를 사용하는 법을 알아낸 자연이 다른 방면에서도 같은 술수를 사용하려 할 것이라는 가능성을 더욱 보여주는 사실이다. 뇌에서 양자효과가 발생할 가능성에 대해 더 자세히 알고 싶다면, Koch and Hepp, "Quantum mechanics," or Macgregor, "Quantum mechanics and brain uncertainty" 참조.

30 우리는 때로 운 좋게 빠진 것에 대한 힌트를 얻는다. 예를 들어, 알베르트 아인슈타인은 시간의 흐름을 이해하는 문제에서 우리가 심리적인 필터에 갇혀 있다고

확신했다. 그는 절친한 친구 미셸 베소가 세상을 떠난 뒤 그의 누이와 아들에게 다음과 같은 편지를 보냈다. "미셸은 나보다 조금 앞서서 이 이상한 세계를 떠났지만, 그것은 중요하지 않아. 확신을 지닌 물리학자인 우리에게 과거, 현재, 미래의 구분은 환상에 불과하다. 아무리 끈질기게 이어진 구분이라 해도." 아인슈타인-베소 서한, Pierre Speziali 편집(Paris: Hermann, 1972), 537-539.

찾아보기

무의식은 어떻게 나를 설계하는가
: 나를 살리기도 망치기도 하는 머릿속 독재자

1판 1쇄 발행 2024년 11월 22일
1판 9쇄 발행 2025년 3월 10일

지은이 데이비드 이글먼
옮긴이 김승욱

발행인 양원석 **편집장** 김건희 **책임편집** 곽우정
디자인 형태와내용사이
영업마케팅 조아라, 박소정, 이서우, 김유진, 원하경

펴낸 곳 ㈜알에이치코리아
주소 서울시 금천구 가산디지털2로 53, 20층 (가산동, 한라시그마밸리)
편집문의 02-6443-8932 **도서문의** 02-6443-8800
홈페이지 http://rhk.co.kr **등록** 2004년 1월 15일 제2-3726호

ISBN 978-89-255-7439-4 (03400)